普通高等教育电气信息类规划教材

U0038863

电气控制及 PLC 应用

佟维妍 卢芳菲 卢奭瑄 高 成 编著

机 械 工 业 出 版 社

本书主要讲解常用低压电器、西门子 S7 – 200 系列 PLC、MM440 变频器以及监控组态软件的知识。以传统的继电器控制为基础，从典型控制线路出发，通过 PLC 基本指令和设计方法的教学，培养学生在传统继电控制的基础上应用 PLC 进行设计和开发的能力；本书中还引入了变频器和监控组态软件的内容，使学生通过学习能熟练掌握基本电气控制系统的分析设计方法并建立对完整电气控制系统的初步认识。

根据教学内容设置了相应的实训项目，理论教学与实践教学同步进行，使学生在实践中得到锻炼和提高，加强本专业各科知识综合运用能力和分析问题能力，提高实际动手能力和理论联系实际的能力，培养学生的自学能力和综合分析能力。

本书适用于电气工程及其自动化、自动化等应用型本科专业，也可供从事电气控制系统设计、使用、维护和管理的工程技术人员参考或作为自学读物。

图书在版编目（CIP）数据

电气控制及 PLC 应用/佟维妍等编著 . —北京：机械工业出版社，2017. 11
普通高等教育电气信息类规划教材
ISBN 978–7–111–59785–8

Ⅰ. ①电…　Ⅱ. ①佟…　Ⅲ. ①电气控制 – 高等学校 – 教材　②PLC 技术 – 高等学校 – 教材　Ⅳ. ①TM571. 2　②TM571. 6

中国版本图书馆 CIP 数据核字（2018）第 087360 号

机械工业出版社（北京市百万庄大街 22 号　邮政编码 100037）
策划编辑：时　静
责任编辑：时　静
责任印制：张　博
三河市宏达印刷有限公司印刷
2018 年 6 月第 1 版·第 1 次印刷
184mm×260mm · 21 印张 · 509 千字
0001—3000 册
标准书号：ISBN 978–7–111–59785–8
定价：59. 80 元

前　言

本书内容面向应用型本科，依据技术领域和职业岗位（群）的任职要求，参照相关的职业资格标准，以适应社会需求为目标、以培养技术应用能力为主线，将理论与实践能力的培养融入各个项目中，采用理论与实践一体化的教学方法编写。

本书将常用低压电器、S7 - 200 系列 PLC、西门子 MM440 变频器以及监控组态软件的知识有机地融合在一起。以传统的继电器控制为基础，从典型控制线路出发，使学生掌握传统低压电气控制的应用；通过 PLC 基本指令和设计方法的教学，培养学生在传统继电控制的基础上，应用 PLC 进行设计和开发的能力；同时本书中还引入了变频器和监控组态软件两部分内容，使学生通过学习能熟练掌握基本电气控制系统的分析设计方法并建立对完整电气控制系统的初步认识。这种融合加强了课程内容间的联系，避免了专业知识的脱节和课程内容的重复，节省了学时。同时根据教学内容设置了相应的实训项目，使理论教学与实践教学同步进行，使学生在实践中得到锻炼和提高，加强本专业各科知识的综合运用能力和分析问题能力，提高实际动手能力及理论联系实际的能力，培养学生的自学能力和综合分析能力。

本教材第 1 ~ 3 章介绍了传统继电控制，包括常用低压电器、典型继电器 - 接触器控制电路和典型生产机械的电气控制系统；第 4 ~ 7 章以西门子 S7 - 200CN 系列 PLC 为研究对象，详细讲解了数字量控制系统梯形图设计方法、功能指令的应用及程序设计、PLC 在模拟量闭环控制中的应用以及编程软件 STEP 7 的使用；第 8 章介绍了西门子 MM440 系列变频器的应用；第 9 章介绍了市面上使用较多的组态王软件，并简单介绍了西门子人机界面（HMI）SMART LINE IE 触摸屏及其 HMI 软件 WinCC flexible，为没有接触过人机界面的读者拓宽知识面，引导读者进行深入学习。

本书适用于电气工程及其自动化、自动化等应用型本科专业，也可供从事电气控制系统设计、使用、维护和管理的工程技术人员参考或作为自学读物。

本书参阅了大量相关书籍和资料，力求论述全面系统，内容丰富新颖，同时感谢前辈们提供的宝贵财富，参考文献一并列出。本书的顺利出版，要感谢沈阳工业大学的领导和老师给予的大力支持和帮助。

由于时间仓促，编者水平有限，书中难免存在不妥之处，请读者原谅，并提出宝贵意见。

作　者

目　　录

IX

第1章　常用低压电器

1.1　低压电器的基本知识

1.1.1　电器的作用与分类

在工业意义上，电器是指能根据特定的信号和要求，自动或手动地接通或断开电路，断续或连续地改变电路参数，实现对电路或非电对象的切换、控制、保护、检测、变换和调节的电气设备。电器的种类繁多、构造各异、作用不同，通常按以下方法分为几类：

① 按电压等级分为高压电器和低压电器

低压电器是指工作在直流 1500 V 或交流 1200 V 及以下的电路中，以实现对电路或非电路对象的接通、断开、保护、控制和调节作用的电器，如接触器、刀开关及低压熔断器等。

高压电器是指工作电压高于直流 1500 V 或交流 1200 V 的各种电器，如高压断路器、隔离开关、高压熔断器及避雷器等。

② 按所控制的对象分为低压配电电器和低压控制电器

低压配电电器主要用于低压配电系统和动力回路，常用的有刀开关、转换开关、熔断器、自动开关及接触器等。

低压控制电器主要用于电力传输系统和电气自动控制系统中，常用的有主令电器、继电器、起动器、控制器、电阻器及万能转换开关等。

③ 按工作职能分为手动操作电器和自动控制电器

手动操作电器是指需要人工直接操作才能完成指令任务的电器，如刀开关、控制按钮等。

自动控制电器是指不需要人工操作，而是按照电信号或非电信号自动完成指令任务的电器，如交流接触器、继电器等。

④ 按有无触点分为有触点电器和无触点电器

有触点电器是指电器通断电路的功能由触点来实现，如刀开关、接触器等。

无触点电器是指电器通断电路的功能不是通过机械接触而是根据输出信号的高低实现的，如固态继电器、接近开关等。

⑤ 按电器组合分为单个电器、成套电器与自动化装置。

⑥ 按使用系统分为电力系统用电器、电力拖动及自动控制系统用电器以及自动化通信系统用电器。

⑦ 按使用场合分为一般工业用电器、特殊工矿用电器、农用电器、家用电器以及其他场合（如航空、船舶、热带、高原）用电器。

本书主要涉及低压电器，如交流接触器、各类继电器、行程开关、熔断器及主令电器等。

1.1.2 电磁机构及执行机构

电磁式低压电器在电气控制系统中的应用最为普遍，其类型也很多，而各类电磁式低压电器在工作原理和结构上基本相同。从结构上看，电磁式电器主要由电磁机构和执行机构组成，电磁机构按其电源种类可分为交流和直流两种，执行机构则可分为触点系统和灭弧装置两部分。

1. 电磁机构

电磁机构是电磁式低压电器的重要组成部分，它将电磁能转换成机械能，带动触点使之闭合或断开。电磁机构由吸引线圈、铁心（静铁心）和衔铁（动铁心）等几部分组成。

从衔铁运动形式上看，其结构形式大致可分为拍合式和直动式两大类，如图 1-1 所示。图 1-1a 为衔铁沿棱角转动的拍合式铁心，铁心由电工软铁制成，它广泛用于直流电器中；图 1-1b 为衔铁沿轴转动的拍合式铁心，铁心形状有 E 形和 U 形两种，铁心由硅钢片叠成，多用于容量较大的交流电器中；图 1-1c 为衔铁直线运动的双 E 形直动式铁心，它也是由硅钢片叠压而成，衔铁在线圈内做直线运行，多用于中小型容量的交流电器中。

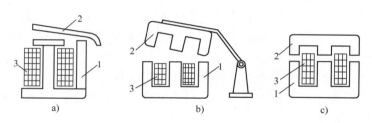

图 1-1　电磁机构的三种结构形式
1—铁心　2—衔铁　3—吸引线圈
a）衔铁沿棱角转动的拍合式铁心　b）衔铁沿轴转动的拍合式铁心　c）双 E 形直动式铁心

电磁机构的工作原理是：当吸引线圈中通入工作电流时，产生一定大小的磁通，磁通经铁心、衔铁和工作气隙形成闭合回路，此时衔铁被磁化产生电磁吸力，电磁吸力克服弹簧的反作用力，使得衔铁与铁心闭合，由连接机构带动相应的触点动作。

吸引线圈通入的电流可以是直流电也可以是交流电。通入直流电的线圈称为直流线圈，直流线圈产生恒定磁场，铁心中没有磁滞损耗和涡流损耗，只有线圈本身的铜损，因此铁心不发热，只有线圈发热，所以其线圈做成高而薄的瘦长型，且不设线圈骨架，使线圈与铁心直接接触，易于散热。

通入交流电的线圈称为交流线圈，由于交流电磁铁的铁心存在磁滞和涡流损耗，不仅线圈要发热而且铁心也要发热，所以其线圈设有骨架，使铁心与线圈相互隔离开且将线圈做成短而厚的矮胖型，以改善线圈和铁心的散热情况。在交流电流产生的交变磁场中，为避免因磁通经过零点造成衔铁的抖动，需在交流电器铁心的端部开槽，嵌入一铜短路环，使环内感应电流产生的磁通与环外磁通不同时过零，使电磁吸力总是大于弹簧的反作用力，因而可以消除交流铁心的抖动。

根据线圈在电路中的连接方式的不同，吸引线圈可分为串联线圈和并联线圈。串联线圈又称为电流线圈，串接于线路中，流过的电流大，为了减小对电路的影响，线圈的导线粗、匝数少且阻抗较小。并联线圈又称为电压线圈，并联在线路上，为减小分流作用，其阻抗较大，线圈的导线细、匝数多。

2. 执行机构

执行机构由动触点、静触点、灭弧装置和导电部件组成。触点又称为触点，起接通和分断电路的作用。触点要求导电、导热性良好，接触电阻小，触点通常由铜、银、镍及其合金材料制成，有时也在触点表面镀一层银质材料。为了使触点接触得更加紧密，以减小接触电阻，并消除开始接触时产生的振动，一般采用安装触点弹簧的方法。

触点的结构有桥式和指式两类，如图 1-2 所示。触点的接触方式有点接触、线接触和面接触三种。图 1-2a 所示是两个点接触的桥式触点，图 1-2b 是两个面接触的桥式触点。桥式触点的两个触点串联于同一电路中，电路的接通与断由两个触点共同完成，点接触形式适用于电流不大，且触点压力小的场合；面接触形式适用于电流较大的场合。图 1-2c 所示是指式触点，其接触区为一直线，触点接通或分断时产生滚动摩擦，以利于去掉氧化膜，故其触点可以用紫铜制造，特别适合于触点分合次数多、电流大的场合。

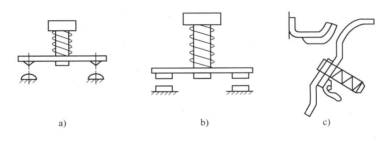

图 1-2　触点的结构形式
a）点接触的桥式触点　b）面接触的桥式触点　c）线接触的指式触点

触点按其原始状态可分为常开触点和常闭触点。当线圈未通电时触点断开，线圈通电后闭合的触点称为常开触点或动合触点；当线圈未通电时触点闭合，线圈通电后触点断开的触点称为常闭触点或动断触点。线圈断电后所有触点恢复到原始状态，称为触点复位。按触点控制的电路又分为主触点和辅助触点。主触点用于接通和断开主电路，允许通过较大的电流，一般装有灭弧装置；辅助触点用于接通和断开控制电路，只允许通过较小的电流。

当开关电器触点在大气中断开电流时，如果电路电压不低于 $10 \sim 20\,V$，电流不小于 $80 \sim 100\,mA$，则在触点间隙（弧隙）中会产生温度极高、发出强光和能够导电的气体，称为电弧。开关触点分断瞬间，电场强度很大，温度很高，触点表面的电子逸出，进入触点间隙的介质中去，形成自由电子。自由电子在高速运动中碰撞到中性质点，使中性质点分解为带电的正离子和自由电子。这些被碰撞游离出来的带电质点在电场力的作用下，继续参加碰撞游离，结果使触点间介质中的离子数越来越多，当离子浓度足够大时，介质击穿而发生电弧。电弧的温度很高，表面温度达 $3000 \sim 4000\,℃$，弧心温度可高达 $10000\,℃$。在如此高温下，电弧中的中性质点可游离为正离子和自由离子，从而进一步加强了电弧中游离。电弧的高温会烧坏触点，降低电器寿命和可靠性；电弧还会使断开电路的时间延长，严重时引起开关电器着火和爆炸，形成火灾。因此，在开关电器设备中应设置适当的灭弧装置，迅速熄灭电弧。

开关电器中常用的灭弧方法有速拉灭弧法、冷却灭弧法、吹弧灭弧法、真空灭弧法和六氟化硫（SF_6）灭弧法等。在开关电器设备中，常常根据具体情况利用以上灭弧法来达到迅速灭弧的目的。

1.2 手动控制电器与主令电器

手动控制电器与主令电器在控制电路中用于发布命令，使控制系统的状态发生改变，其包括刀开关、按钮、转换开关以及行程开关等，属于非自动切换的开关电器。

1.2.1 刀开关

刀开关是低压配电电器中结构最简单、应用最广泛的手动控制电器，可将电路与电源明显地隔开，作电源隔离开关使用，一般不可分断负载电流，但可用于不频繁地接通与分断较小工作电流的负载，如小型电动机、电阻炉等。其图形文字符号如图1-3所示。

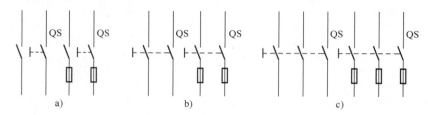

图1-3　刀开关的图形文字符号

a）单极　b）双极　c）三极

刀开关其结构由触刀（动触点）、静插座（静触点）、铰链支座、手柄和绝缘底板等组成。按其极数分，有单极、双极与三极。按其操作方式分，有单投和双投。按其灭弧结构分，有不带灭弧罩和带灭弧罩的两种。不带灭弧罩的刀开关，一般只能在无负荷或小负荷下操作，作隔离开关使用。带有灭弧罩的刀开关，则能通断一定的负荷电流。按型号分，常用的刀开关有HD系列单投刀开关、HS系列双投刀开关、HR系列熔断器式刀开关以及HK系列闸刀开关等。

1. 常用刀开关

图1-4所示为HD13系列开启式刀开关，适用于交流50Hz、额定电压至380V或直流额定电压至220V、电流至3000A的成套配电装置中，可用于不频繁地手动接通和分断交直流电路或作隔离开关使用。

低压刀开关型号的表示和含义如下：

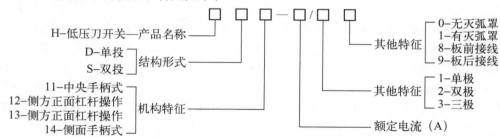

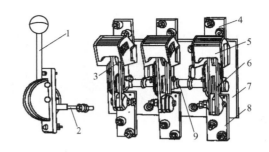

图 1-4　HD13 系列开启式刀开关
1—操作手柄　2—传动连杆　3—静触点　4—上接线端子　5—灭弧罩
6—闸刀　7—底座　8—下接线端子　9—主轴

　　熔断器式隔离开关即熔断器式刀开关，又称刀熔开关，是低压刀开关与低压熔断器组合而成的开关电器，具有刀开关和熔断器的双重功能。采用这种组合型开关电器，可以简化配电装置的结构，经济实用，因此越来越广泛地在低压配电屏上安装使用。如图 1-5 所示为 HR3 系列熔断器式隔离开关，适用于交流 50 Hz、380 V、额定电流至 1000 A 的配电系统中作为短路保护和电缆、导线的过载保护之用。

图 1-5　HR3 系列熔断器式隔离开关

　　隔离开关主要用来断开无负荷电流的电路、隔离电源，可不频繁地切断小电流，它没有专门的灭弧装置，不能切断负荷电流及短路电流，在短路情况下，由熔断器分断电流。因此，隔离开关只能在电路已被断路器断开的情况下才能进行操作，严禁带负荷操作，以免造成严重的人身和设备事故。

　　低压刀熔开关型号的表示和含义如下：

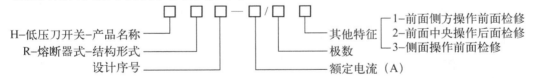

　　低压负荷开关是由低压刀开关和熔断器串联组合而成、外装封闭式铁壳或开启式胶盖的开关电器。低压负荷开关具有带灭弧罩刀开关和熔断器的双重功能，能切断额定负荷电流和一定的过载电流，但短路熔断后，需更换熔体才能恢复供电。

　　图 1-6 所示为瓷底胶盖刀开关，简称闸刀开关，属于开启式负荷开关，是由刀开关和熔断器（即常用的保险管或保险丝）组合而成的一种结合外力实现操作的开关电器。该开关设有专门的灭弧装置，它利用胶木盖来防止电弧的烧伤。这种刀开关使用广泛，常用作交流额定电压 380/220 V、额定电流至 100 A 的照明配电线路的电源开关和小容量电动机不频繁起动的操作开关。利用瓷底胶盖刀开关直接控制电动机时，只能控制 5.5 kW 以下的电动机。

　　图 1-7 所示为 HH3 系列封闭式负荷开关，适用于额定工作电压 380 V、额定工作电流至 600 A、频率为 50 Hz 的交流电路中，可作为手动不频繁地接通分断有负载的电路，并对电路有过载和短路保护作用。

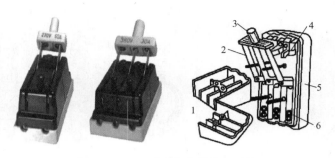

图 1-6 HK2 系列瓷底胶盖刀开关

1—胶盖 2—动触点 3—手柄 4—静触点 5—瓷底 6—熔丝接头

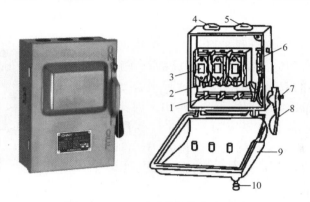

图 1-7 HH3 系列封闭式负荷开关

1—动触刀 2—静夹座 3—熔断器 4—进线孔 5—出线孔 6—速断弹簧
7—转轴 8—手柄 9—开关盖 10—开关盖锁紧螺栓

低压负荷开关型号的表示和含义如下：

HH-封闭式负荷开关
HK-开启式负荷开关

产品名称
设计序号
极数
额定电流（A）

2. 刀开关的选用

刀开关选用时应考虑以下两个方面：

（1）作用和结构形式的选择

应根据刀开关的作用和装置的安装形式来选择。是否带灭弧装置，若分断负载电流时，应选择带灭弧装置的刀开关；根据装置的安装形式来选择，是正面、背面还是侧面操作，是直接操作还是杠杆传动，是板前接线还是板后接线。

（2）额定电流的选择

刀开关的额定电压应等于或大于电路额定电压。刀开关的额定电流应等于（在开启和通风良好的场合）或大于（在封闭的开关柜内或散热条件较差的工作场合，一般选 1.15 倍）所分断电路中各个负载额定电流的总和。对于电动机负载，应考虑其起动电流，所以应选用额定电流大一级的刀开关。若再考虑电路出现的短路电流，还应选用额定电流更大一级的刀开关。

3. 刀开关安装与使用的注意事项

（1）安装前，应检查动触点与静触点的接触是否良好，是否同步。如有问题，应予以修理或更换。

（2）在安装瓷底胶盖刀开关时，手柄要向上合闸，不得倒装或平装。只有安装正确，作用在电弧上的电动力和热空气的上升方向一致，才能促使电弧迅速拉长而熄灭；反之，两者方向相反，电弧就不易熄灭，严重时会使触点及刀片烧灼，甚至造成极间短路。此外，如果倒装，手柄可能会因自动下落而误动作合闸，可能造成人身和设备的安全事故。没有胶盖的刀开关不能使用。

（3）开关安装高度距地面的高度为 1.3~1.5 m。

（4）刀开关在接线、拆线时，应首先断电。接线时，螺钉应紧固到位，电源进线必须接刀开关上方的静触点接线柱，通往负载的引线接下方的接线柱，熔断器接在负载侧。封闭式负荷开关的外壳应保护接零或接地。

（5）安装后，应检查刀开关和静触点是否成直线和紧密可靠连接。

（6）更换熔丝时，必须先拉闸断电，再按原规格安装熔丝。

1.2.2 控制按钮和指示灯

主令电器是一种机械操作的控制电器，其作用是对各种电气系统发出控制指令，使继电器和接触器动作，从而改变电力拖动系统中电动机的起动、停车、制动以及调速。主令电器是用来闭合和断开控制电路的，但不能直接分合主电路。常用的主令电器有按钮、行程开关及转换开关等。

1. 控制按钮

控制按钮是一种接通或分断小电流的主令电器，主要用于低压控制电路中，手动操作发出操作信号以控制接触器、继电器等电磁装置，以切换自动控制电路，也可作为电路中的电气联锁。

控制按钮的一般结构示意图如图 1-8 所示，具有常开触点（动合触点）和常闭触点（动断触点）的复合结构。按钮的主要技术参数有额定电压和额定电流，一般为 AC500 V、5 A。按钮的结构形式有多种，适用于不同的场合：紧急式装有突出的蘑菇形钮帽，便于紧急操作；指示灯式在按钮内装有信号灯，用作信号显示；钥匙式为了安全起见，需用钥匙插入，方可旋转操作。

图 1-8 控制按钮

1—按钮帽 2—复位弹簧 3—动触点 4—常闭触点 5—常开触点

7

为了标明各种按钮的作用，避免误操作，通常将按钮帽做成不同的颜色，以示区别。按钮的颜色有红、绿、黑、黄、蓝及白等多种，供不同场合选用。"停止"和"急停"按钮的颜色必须是红色，当按下红色按钮时，必须使设备停止工作或断电；"起动"按钮的颜色是绿色。

操作时，按钮在外力作用下，动触点向下运动，先与常闭触点分开，然后与常开触点闭合；当操作人员将手指放开后，在复位弹簧的作用下，动触点向上运动，先是常开触点分断，然后是常闭触点闭合，恢复初始位置。控制按钮的图形文字符号如图1-9所示。

图1-9　控制按钮的图形文字符号

按钮型号的表示和含义如下：

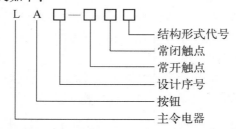

控制按钮的选用主要依据需要的按钮数（如单钮、双钮、三联式等）、触点对数、使用场合（如防爆式、防腐式、防水式等）、按钮形式（如钥匙式、指示灯式、紧急式等）及颜色等要求。

2. 指示灯

指示灯在各类电器设备及电气线路中作电源指示和指挥信号、预告信号、运行信号、故障信号及其信号的指示。指示灯由壳体、发光体及灯罩等组成，外形结构多种多样，如图1-10所示。指示灯的发光颜色有黄、红、绿、蓝和白五种。红色表示危险或告急，有危险或须立即采取行动；黄色表示注意，有变化或将变化；绿色表示安全，正常或允许进行；蓝色按需要指定用意；白色无特定用意。

图1-10　指示灯的外形和图形符号

指示灯和照明灯的图形符号如图1-10所示，指示灯的文字符号为 HL，照明灯的文字符号为 EL。

指示灯选用时，需满足额定电压、发光颜色及指示灯颈部直径等要求。

1.2.3　行程开关

1. 行程开关

行程开关又称限位开关，属于位置开关，是一种常用的小电流主令电器。利用生产机械运动部件的碰撞使其触点动作，将机械位移转变为电信号，来实现接通或分断控制电路，可使运动机械按一定的位置或行程自动停止、反向运动、变速运动或自动往返运动等，从而达到一定的控制目的。

行程开关的种类按运动形式分为直动式、转动式；按结构形式分为直动式、滚动式和微动式。行程开关由触点系统、推杆、复位弹簧及外壳等部件组成，如图1-11所示。其动作原理与控制按钮类似，只是行程开关是用运动部件的撞块碰撞行程开关的顶杆来带动触点动作，使常闭触点分断，常开触点闭合；当外力去掉后，在复位弹簧的作用下顶杆上升，动触点又向下跳动，恢复初始状态。

行程开关可以安装在相对静止的物体（如固定架、门框等，简称静物）上或者运动的物体（如行车、门等，简称动物）上。行程开关广泛用于各类机床和起重机械控制系统中，用以控制其行程、进行终端限位保护。其优点是结构简单，成本较低，其缺点是触点的分合速度取决于撞块移动的速度，若移动速度小于 0.4 m/min 时，触点就不能瞬时切断电路，使电弧在触点上停留的时间过长，可能烧蚀触点，此时应采用滚动旋转式行程开关。当生产机械的行程较小且作用力也很小时，可采用具有瞬时动作和微小行程的微动开关。行程开关的一般结构和图形文字符号如图 1-12 所示。

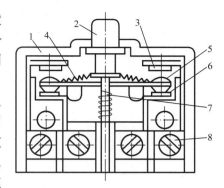

图 1-11　直动式行程开关结构
1—外壳　2—顶杆　3—常开静触点
4—触点弹簧　5—动触点
6—常闭静触点　7—复位弹簧　8—螺钉

图 1-12　常用行程开关及图形文字符号

行程开关型号的表示和含义如下：

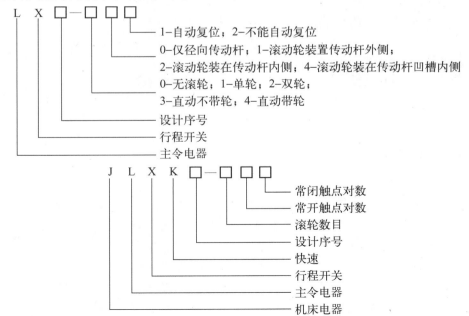

9

行程开关的选用，主要是根据机械位置对行程开关形式的要求和控制电路对触点的数量要求以及电流、电压等级来确定其型号。

2. 微动开关

微动开关是一种尺寸很小而又非常灵敏的由弹簧引动的磁吸附式行程开关，其文字符号为 SM。

外机械力通过传动元件（按销、按钮、杠杆或滚轮等）将力作用于动作簧片上，当动作簧片位移到临界点时产生瞬时动作，使动作簧片末端的动触点与定触点快速接通或断开。当传动元件上的作用力移去后，动作簧片产生反向动作力，当传动元件反向行程达到簧片的动作临界点后，瞬时完成反向动作。微动开关的触点间距小、动作行程短、按动力小、通断迅速，其动触点的动作速度与传动元件动作速度无关。微动开关的一般结构如图 1–13 所示。

3. 接近开关

接近开关又称无触点行程开关，是一种无需与运动部件进行直接接触而可以操作的位置开关，当物体进入接近开关的动作距离内，不需要机械接触及施加任何外力即可使开关动作，从而驱动直流电器或给计算机装置提供控制指令。它既有行程开关、微动开关的特性，同时还是一种非接触式的检测装置。在自动控制系统中可作为限位、计数、定位控制和自动保护环节等。

接近开关按其工作原理分，有电感式、电容式、霍尔式及光电式，工作可靠、寿命长、功耗低、复定位准确度高、频率响应快抗干扰能力强，并具有防水、防震及耐腐蚀等特点。接近开关按其外型形状可分为圆柱型、方型、沟型、穿孔（贯通）型和分离型等。接近开关的一般结构和图形文字符号如图 1–14 所示。

图 1–13　常用微动开关

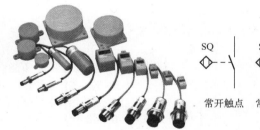

图 1–14　接近开关及图形文字符号

1.2.4　转换开关

1. 转换开关

转换开关是一种可供两路或两路以上电源或负载转换用的开关电器，又称组合开关，可作为电源的引入开关，也可以用来不频繁地接通和断开电路、换接电源和负载，以及控制小容量异步电动机的正反转和星–三角起等，也可用来控制局部照明电路。

转换开关有单极、双极和三极 3 种，由若干个动触点及静触点分别装在数层绝缘件内组成，动触点随手柄旋转而变化其通断位置。与刀开关的操作不同，转换开关是左右旋转的平面操作。如图 1–15a 所示，静止时触点位置不同，但当手柄转动 90° 时，三对动、静触点均闭合，接通电路。转换开关的图形文字符号如图 1–15b 所示。

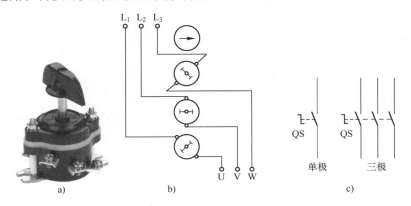

图 1–15　转换开关结构示意图及图形文字符号

a）实物图　b）结构示意图　c）图形文字符号

转换开关在使用时，不得超负荷运行，不要带负荷接通和切断电源，以免损坏开关触点。

转换开关型号的表示和含义如下：

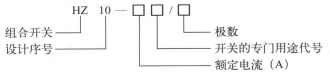

2. 万能转换开关

万能转换开关适用于交流 50 Hz、额定工作电压 380 V 及以下、直流 220 V 及以下、额定电流至 160 A 的电气线路中。万能转换主要用于各种控制线路的转换、电压表、电流表的换相测量控制、配电装置线路的转换和遥控等。万能转换开关还可以用于直接控制小容量电动机的起动、调速和换向。转换开关由多节触点组合而成，即由动触片（动触点）、静触片（静触点）、转轴、手柄、定位机构及外壳等部分组成。其动、静触片分别叠装于数层绝缘壳内，当转动手柄时，每层的动触片随方形转轴一起转动。万能转换开关图形文字符号及触点接线表如图 1–16 所示。

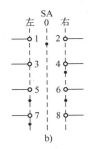

触点	位置		
	左	0	右
1-2		×	
3-4			×
5-6	×		×
7-8	×		

图 1–16　转换开关图形文字符号及触点接线表

a）实物　b）图形及文字符号　c）触点接线表

图 1–16 中用 "·" 表示手柄的位置。当手柄处于 0 位置时，触点 1–2 闭合；当手柄处于左边位置时，触点 5–6 和 7–8 处于闭合状态；当手柄处于右边位置时，触点 3–4 和 5–6 处于闭合状态。图 1–16 中用 "×" 表示闭合。

万能转换开关型号的表示和含义如下：

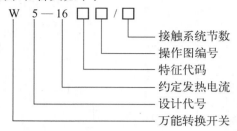

```
W  5 — 16 □ □ / □
```
接触系统节数
操作图编号
特征代码
约定发热电流
设计代号
万能转换开关

1.3 自动控制电器

1.3.1 接触器

接触器是电气控制系统中最常用的元件，是用来频繁接通和断开交直流主电路和控制电路的一种自动切换电器。

接触器由触点系统、电磁机构、弹簧、灭弧装置和支架底座等组成，根据接触器主触点所通过电流的种类，分为交流接触器和直流接触器。

1. 交流接触器

交流接触器是用于远距离控制电压至 380 V、电流至 600 A 的交流电路，以及频繁起动和控制交流电动机的控制电器。它利用电磁力来接通和断开大电流电路，常用在控制电动机的主电路上。

它主要由电磁机构、触点系统及灭弧装置等部分组成。交流接触器的结构示意图如图 1-17 所示。

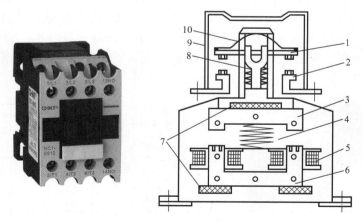

图 1-17 CJ20 系列交流接触器
1—动触点 2—静触点 3—衔铁 4—缓冲弹簧 5—电磁线圈
6—静铁心 7—垫毡 8—触点弹簧 9—灭弧罩 10—触点压力弹簧

（1）触点系统

触点系统是接触器的执行元件，采用双断点桥式触点，两个触点串联于同一电路中，同时闭合或断开。接触器的触点有主触点和辅助触点之分，主触点用于通断主电路，辅助触点用于通断控制电路。

（2）电磁机构

电磁机构由静铁心、线圈和衔铁等组成，其作用是将电磁能转换成机械能，通过传动机构来操纵主、辅触点的闭合和断开。

（3）灭弧装置

交流接触器分断大电流电路时，会在动、静触点之间产生很强的电弧。电弧会烧伤触点，还会延长电路切断时间，所以灭弧是接触器的主要任务。灭弧装置因电流等级而异，有电动力灭弧装置、绝缘材料灭弧罩、多纵缝灭弧室、栅片灭弧室、串联磁吹和真空灭弧室等。

交流接触器除了电磁机构、触点系统及灭弧装置外，还有一些辅助零件和部件，如传动结构、外壳和接线端子等。

交流接触器的工作原理是：线圈通电后产生磁场，使静铁心产生足够的吸力，克服反作用弹簧与动触点压力弹簧片的反作用力，将衔铁吸合，同时带动传动杠杆，使主触点及辅助常开触点闭合、辅助常闭触点断开；当操作线圈断电或电压显著下降时，由于铁心电磁吸力消失，衔铁在重力和弹簧力作用下跳闸，主触点和辅助触点复位。交流接触器的图形文字符号如图1-18所示。

| 线圈 | 主触点 | 辅助常开触点 | 辅助常闭触点 |

图1-18　交流接触器的图形文字符号

交流接触器型号的表示和含义如下：

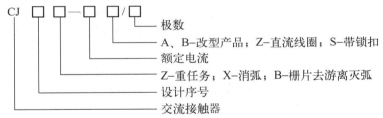

交流接触器的线圈电压在85%～105%额定电压时，能保证可靠工作。电压过高，磁路趋于饱和，线圈电流将显著增大；电压过低，电磁吸力不足，衔铁吸合不上，线圈中的电流往往达到额定电流的十几倍。因此，电压过高或过低都会造成线圈过热而烧毁。

2. 直流接触器

直流接触器主要由电磁机构、触点与灭弧系统组成。线圈中通入的是直流电，线圈的匝数较多，做成长而薄的圆筒状，且不设线圈骨架，线圈与铁心直接接触。直流接触器的主触点一般为单极或双极，采用滚动接触的指形触点；辅助触点采用点接触的双断点桥式触点。一般采用磁吹式灭弧装置。

直流接触器型号的表示和含义如下：

3. 接触器的主要技术参数

（1）额定电压

额定电压指主触点的额定工作电压，交流线圈有 220 V、380 V 及 500 V 等。直流有 24 V、48 V、110 V、220 V 及 440 V 等。此外，还规定了辅助触点和线圈的额定电压。

（2）额定电流

额定电流指主触点的额定工作电流，它是在规定条件下（额定电压、使用类别、额定工作制及操作频率等）保证电器正常工作的电流值，若改变使用条件，额定电流也要随之改变。目前生产的接触器的额定电流有 5 A、10 A、40 A、60 A、100 A、150 A、250 A、400 A 和 600 A。

（3）机械寿命和电气寿命

接触器是频繁操作电器，应具有较高的机械寿命和电气寿命。机械寿命是指接触器在不需要修理的条件下所能承受的无负载操作次数，目前接触器的机械寿命通常为 1000 万次以上；电气寿命是指接触器的主触点在额定负载条件下所允许的极限操作次数，目前接触器的电气寿命通常为 100 万次以上。

（4）操作频率

操作频率指每小时允许的操作次数，目前一般为 300 次/h、600 次/h 及 1200 次/h 等几种。

（5）接通与分断能力

接通与分断能力指接触器的主触点在规定条件下能可靠地接通和分断的电流值。在此电流下接通时，主触点不应发生触点熔焊；分断时，主触点不应发生长时间燃弧。

（6）工作制

接触器的工作制有 8 小时工作制、长期工作制、断续周期工作制、短时工作制和周期工作制几种。

4. 接触器的选用

1）接触器的类型：应根据电路中负载电流的种类来选择。

2）接触器的额定电压：接触器主触点的额定电压应等于或大于负载的额定电压。

3）接触器额定电流的选择：接触器主触点的额定电流应根据控制对象的工作情况而定。主触点额定电流一般根据电动机功率 P 计算，即

$$I_C \geqslant \frac{P \times 10^3}{KU_d}$$

式中，K——经验常数，一般取 $1 \sim 1.4$。

  P——电动机功率（kW）。

  U_d——电动机额定线电压（V）。

  I_C——接触器主触点电流（A）。

4）接触器线圈的额定电压及频率：应与所控制的电路电压、频率一致，一般选用 220 V 或 380 V。

5）接触器的触点数量、种类及触点额定电流：其触点数量、种类及触点额定电流应满足主电路和控制线路的要求。

6）额定操作频率（次/h），即允许的每小时接通的最多次数。

1.3.2 继电器

继电器是一种根据外界输入的电量（电压、电流等）或非电量（热、时间及转速等）的变化使触点动作，接通或断开控制电路，以实现自动控制和保护电力拖动装置的自动切换电器。继电器的种类很多，按用途来分，有控制继电器和保护继电器；按反映的信号来分，有电压继电器、电流继电器、时间继电器、热继电器和速度继电器等；按工作原理来分，有电磁式继电器、感应式继电器、电动式继电器、机械式继电器和电子式继电器等；按输出形式分，有触点继电器和无触点继电器。

继电器一般由检测机构、中间机构和执行机构三个基本部分组成。检测机构的作用是接受外界输入信号并将信号传递给中间机构；中间机构的作用是对信号的变化进行判断、物理量转换并放大等；当输入信号变化到一定值时，执行机构（一般是触点）动作，从而使其所控制的电路状态发生变化，接通或断开某部分电路，达到控制或保护的目的。继电器一般不直接用于控制主电路，而是通过接触器或其他电器来对主电路进行控制，因此与接触器相比，继电器的触点通常接在控制电路中，触点断流容量较小，一般不需要灭弧装置，但对继电器动作的准确性要求较高。

1. 电磁式电流继电器

电流继电器的线圈串联于被测量的电路中，反映电路电流的变化，对电路实现过电流与欠电流保护。为了使电流继电器串入后不影响电路正常工作，电磁式电流继电器的线圈阻抗小、导线粗，匝数尽量少，只有这样，线圈的功率损耗才小。根据实际应用的要求，电磁式电流继电器又有过电流继电器和欠电流继电器之分，电流继电器的图形文字符号如图1-19所示。

图 1-19　JL14 系列电流继电器及图形文字符号

过电流继电器在电路正常工作时，线圈通过的电流在额定值范围内，衔铁不动作；当通过线圈的电流超过某一整定值时，衔铁闭合，则常开触点闭合，常闭触点断开。交流过电流继电器调整在额定电流的 110 ~ 350% 时动作，直流过电流继电器调整在额定电流的 70 ~ 300% 时动作。有的过电流继电器带有手动复位结构，当过电流故障得到处理后，衔铁不会自动返回，采用手动复位结构，松开锁扣装置后，衔铁才会在复位弹簧作用下恢复原始状态，从而避免重复过电流事故的发生。这种继电器主要用于频繁起动的场合，作为电动机或主电路的过载和短路保护。

欠电流继电器在电路电流正常时，衔铁吸合；当通过线圈的电流降低到某一整定值时，继电器衔铁被释放。欠电流继电器的吸引电流为线圈额定电流的 30% ~ 65%，释放电流为额定电流的 10% ~ 20%。因此，当继电器线圈电流降低到额定电流的 10% ~ 20% 时，继电器释放，输出信号，使控制电路做出相应反应。这种继电器常用于直流电动机和电磁吸盘的失磁保护。

JL14 系列电磁式电流继电器型号的表示和含义如下：

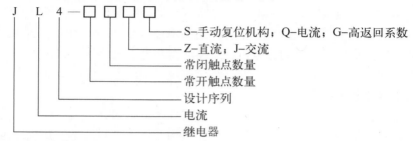

2. 电磁式电压继电器

电磁式电压继电器线圈与被测电路并联，反映电路电压的变化，可作为电路的过电压和欠电压保护。为使并联的继电器不影响电路的正常工作，其线圈的匝数多、导线细，线圈阻抗大。根据电磁式电压继电器动作电压值的不同常分为过电压继电器、欠电压继电器和零电压继电器。

过电压继电器在电路正常工作时，衔铁不动作，处于释放状态；当电路电压为额定电压的105%～120%时吸合；欠电压继电器在电路正常工作时，衔铁处于吸合状态，当电路电压为额定电压的40%～70%时，衔铁释放；零电压继电器在电路电压为额定电压的5%～25%时释放。它们分别用作过电压、欠电压和零电压保护，电压继电器的图形文字符号如图1-20所示。

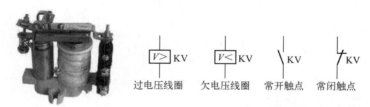

图 1-20　JT4 系列电压继电器及图形文字符号

JT4 系列电磁式电压继电器型号的表示和含义如下：

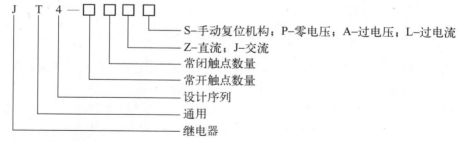

3. 电磁式中间继电器

中间继电器实质上为电压继电器。中间继电器的触点对数较多，并且没有主、辅之分，各对触点允许通过的电流大小是相同的，其额定电流约为 5 A。当线圈电压为额定电压的70%以上时，衔铁被吸合，并使衔铁上的动触点与静触点闭合；当失去电压时，衔铁受反作用弹簧的拉力而返回原位。电磁式中间继电器在电路中起到中间放大与转换作用：当其他继电器的触点数量或触点容量不够时，可借助中间继电器来扩大它们的触点数量或触点容量，中间继电器的图形文字符号如图 1-21 所示。

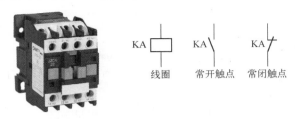

图 1-21 JZC4 系列中间继电器及图形文字符号

JZC4 系列中间继电器型号的表示和含义如下：

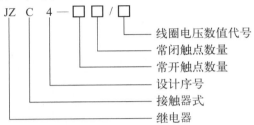

中间继电器的选用主要依据控制电路的电压等级，同时还要考虑触点的数量、种类及容量是否满足控制线路的要求。

4. 热继电器

热继电器是电流通过发热元件产生热量、使检测元件受热弯曲而推动机构动作的一种继电器。由于热继电器中发热元件的发热惯性，在电路中不能作为瞬时过载保护和短路保护之用，因此它主要用于电动机的过载保护、断相保护和三相电流不平衡运行的保护。

（1）热继电器的结构和工作原理

双金属片式热继电器主要由热元件、双金属片和触点三部分组成，如图 1-22 所示。双金属片是热继电器的感测元件，由两种膨胀系数不同的金属片碾压而成。当串入电路中的热元件有电流流过时，热元件产生的热量使双金属片伸长，由于膨胀系数不同，致使双金属片发生弯曲。当电动机正常运行时，双金属片的弯曲程度不足以使热继电器动作；当电动机过载时，流过热元件的电流增大，加上时间效应，从而使双金属片的弯曲程度加大，最终使双

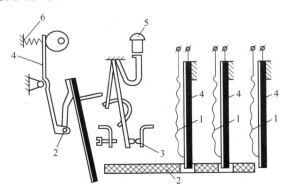

图 1-22 热继电器的结构示意图

1—热元件 2—导板 3—常闭触点 4—双金属片 5—复位按钮 6—凸轮

金属片推动导板使热继电器的触点动作，其常闭触点断开，切断电动机的控制电路。按下复位按钮，热继电器复位即可恢复工作。热继电器的工作电流可通过凸轮进行调节。使用时，发热元件串联在电动机的主电路中，常闭触点串联在电动机的控制电路中。

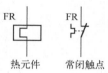

热继电器按热元件数分为两相结构和三相结构。三相结构中又分为带断相保护和不带断相保护装置两种。热继电器的图形文字符号如图1-23所示。

图1-23　JR20系列热继电器及图形文字符号

热继电器型号的表示和含义如下：

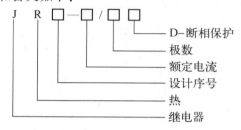

（2）热继电器的选用

1）热继电器的类型：对于星形连接的电动机，可选用两相或三相结构的热继电器；角形连接的电动机，应选用带断相保护的三相结构热继电器。

2）热继电器的额定电流：热继电器的额定电流应大于电动机额定电流。

3）热元件的整定电流：热元件的整定电流一般按电动机的额定电流的0.95～1.05倍选取。当电动机起动电流为其额定电流的6～7倍，且起动时间不超过5 s时，热元件的整定电流调整到电动机的额定电流；对起动时间较长、拖动冲击性负载或不允许停车的电动机，热元件的整定电流应调整到电动机额定电流的1.1～1.15倍。

5. 时间继电器

时间继电器是指从接受信号到执行机构（触点）动作有一定时间间隔的继电器。时间继电器按工作原理分可分为电磁式、空气阻尼式、电子式和电动式等几种；按延时方式分可分为通电延时型和断电延时型两种。时间继电器的图形文字符号如图1-24所示。

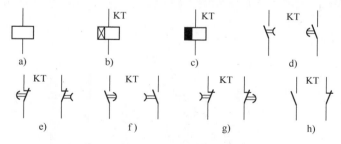

图1-24　时间继电器的图形文字符号

a）线圈　b）通电延时线圈　c）断电延时线圈　d）延时闭合瞬时断常开触点

e）延时断开瞬时闭合常闭触点　f）瞬时闭合延时断常开触点　g）瞬时断开延时闭合常闭触点　h）瞬动触点

通电延时型时间继电器，当线圈1-24b得电时，其延时闭合常开触点1-24d要经过一段延时时间才闭合，延时断开常闭触点1-24e要经过一段延时时间才断开；当线圈失电时，其延时闭合常开触点迅速断开，延时断开常闭触点迅速闭合。

断电延时型时间断电器，当线圈 1–24c 得电时，其延时断开常开触点 1–24f 迅速闭合，延时闭合常闭触点 1–24g 迅速断开；当线圈失电时，其延时断开常开触点要经过一段延时时间再断开，延时闭合常闭触点要经过一段延时时间再闭合。有的时间继电器还附有瞬动动合触点和瞬动动断触点 h。图 1–25 为几种时间继电器。

a)   b)   c)

图 1–25　时间继电器

a）JS7 – A 系列空气阻尼式　b）JS14 系列晶体管式　c）JS14P 数字式

时间继电器的选用，主要考虑控制电路所需要的延时触点的延时方式（通电延时还是断电延时）以及瞬时触点的数目，要根据不同的适用条件选择不同类型的电器。

6. 速度继电器

速度继电器是一种以转速为输入量的非电量信号检测电器，当电动机转速升或降至设定值时输出开关信号，其与接触器配合实现对电动机的制动控制。

图 1–26 是速度继电器的结构原理图。转子轴与电动机轴相连，定子空套在转子上。当电动机转动时，速度继电器的转子随之转动，在空间产生旋转磁场，切割定子绕组，而在其中感应出电流。此电流又在旋转磁场作用下产生转矩，使定子随转子转动方向旋转一定的角度，与定子装在一起的摆锤推动触点动作，使动断触点断开，动合触点闭合。当电动机转速低于设定值时，定子产生的转矩减小，触点复位。

调节螺钉的位置，可以调节反力弹簧的反作用力大小，从而调节触点动作时所需转子的转速。一般速度继电器的动作转速不低于 120 r/min，复位转速约为 100 r/min。常用的速度继电器有 JY1 型和 JFZ0 型。JY1 型能在 3000 r/min 以下可靠工作；JFZ0 – 1 型适用于 300 ~ 1000 r/min，JFZ0 – 2 型适用于 1000 ~ 3600 r/min；JFZ0 型有两对动合、

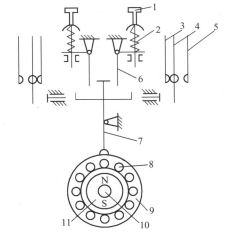

图 1–26　速度继电器结构原理图

1—调节螺钉　2—反力弹簧　3—常闭触点
4—动触点　5—常开触点　6—返回杠杆　7—杠杆
8—定子导条　9—定子　10—转轴　11—转子

动断触点。可以通过调节螺钉的松紧来调节弹簧的反作用力，以改变速度继电器的动作转速。速度继电器的图形符号如图 1–27 所示。

7. 固态继电器

固态继电器 SSR 是一种全部由固态电子元件组成的新型无触点开关器件，它利用电子

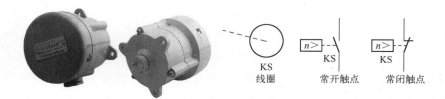

图 1-27　速度继电器及图形文字符号

元件（如开关晶体管、双向晶闸管等半导体器件）的开关特性，达到无触点无火花地接通和断开电路的目的。固态继电器按工作性质分有直流输入－直流输出型、直流输入－交流输出型、交流输入－交流输出型以及交流输入－直流输出型。

固态继电器既有放大驱动作用又有隔离作用，很适合驱动大功率开关式执行机构，比电磁继电器可靠性更高，且无触点、寿命长、速度快，对外界的干扰也小，但其缺点是存在通态压降、需要散热措施、有输出漏电流、交直流不能通用、触点组数少以及成本高。图 1-28 为几种固态继电器。

图 1-28　固态继电器

1.4　熔断器

熔断器是一种应用广泛、简单快捷的保护电器，有结构简单、体积小、重量轻、使用维护方便以及价格低廉等优点。

1. 熔断器的结构和工作原理

熔断器主要由熔体和安装熔体的熔管（或熔座）组成。熔体是熔断器的主要部分，其材料一般由熔点较低、导电性能较差的铅锡合金丝或熔点高、导线性能好的银、铜等制成。熔管是装熔体的外壳，由陶瓷、绝缘钢纸或玻璃纤维制成，在熔体熔断时兼有灭弧作用。

熔断器的熔体与被保护的电路串联，当电路正常工作时，流过熔体的电流小于或等于它的额定电流，电流产生的热量使熔体温度升高但仍低于熔体熔点，所以熔体不熔断；当电路发生短路或严重过载时，熔体中流过很大的故障电流，当电流产生的热量使熔体温度升高达到熔体的熔点时，熔体熔断切断电路，从而达到保护电路的目的。电流流过熔体时产生的热量与电流的平方和电流通过的时间成正比，电流越大，熔体熔断的时间越短。这一特性称为熔断器的安秒特性。由于熔断器对过载反应不灵敏，主要用于短路保护。熔断器的图形文字符号如图 1-29 所示。

FU

2. 熔断器的分类

图 1-29　熔断器

熔断器的类型很多，按结构形式可分为瓷插式熔断器、螺旋式

图形文字符号

熔断器、封闭管式熔断器、快速式熔断器和自复式熔断器等，如图1-30所示。

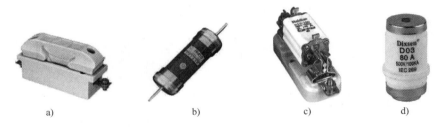

图 1-30 常用的熔断器
a）RC1A 系列瓷插式熔断器 b）RM10 系列无填料封闭管式熔断器
c）有填料封闭管式熔断器 d）RL6 系列螺旋式熔断器

（1）瓷插式熔断器

常用的瓷插式熔断器有 RC1A 系列，它由瓷盖、瓷座、触点和熔丝四部分组成。其结构简单、价格便宜且更换熔体方便，用于交流 50 Hz、额定电压 380 V 及以下的电路末端，作为电力、照明负荷的短路保护。

（2）无填料封闭管式熔断器

RM10 系列无填料封闭管式熔断器适用于经常发生过载和短路故障的场合，作为低压电力线路或成套配电装置的连续过载及短路保护。

（3）有填料封闭管式熔断器

有填料封闭管式熔断器采用石英砂作为灭弧介质填料。其具有较大的分断能力，用于较大短路电流的电力输配电系统中，还可用于熔断器式隔离器和熔断器式开关中。

（4）螺旋式熔断器

常用的螺旋式熔断器是 RL6 系列，它由瓷座、瓷帽和熔管三部分组成。熔管内装有石英砂用于灭弧，具有较高的断流能力，熔管上有一个标有颜色的熔断指示器，当熔体熔断时，熔断指示器会自动脱落，显示熔丝已熔断。其结构紧凑、体积小且更换熔体方便，适用于电气线路中作输配电设备、电缆、导线过载和短路保护器件，可用于机床配线中作短路保护。

（5）自复式熔断器

自复式熔断器是一种限流元件，本身不能分断电路，需与低压断路器串联使用。当故障消除后，它能迅速复原，重新投入使用，可重复工作数次。为抑制分断时出现的过电压，自复式熔断器要并联一附加电阻，一般为 $80 \sim 120M\Omega$。

3. 熔断器的选用

在选用熔断器时，应根据被保护电路的需要，首先确定熔断器的类型，然后选择熔体的规格，再根据熔体确定熔断器的规格。

（1）熔断器类型的选择

选择熔断器的类型要根据线路要求、使用场合、安装条件以及负载要求的保护特性和短路电流的大小等来进行。电网配电一般用管式熔断器；电动机保护一般用螺旋式熔断器；照明电路一般用瓷插式熔断器；保护晶闸管元件则应选择快速式熔断器。

（2）熔断器额定电压的选择

熔断器的额定电压应大于或等于熔断器工作点的工作电压。

（3）熔断器额定电流的选择

熔断器的额定电流必须大于或等于所装熔体的额定电流。

（4）熔断器熔体额定电流的选择

1）对于照明线路等没有冲击电流的负载，熔体的额定电流应略大于或等于电路的工作电流，即

$$I_{FU} \geq I$$

式中，I_{FU}——熔体的额定电流。

I——电路的工作电流。

2）对于电动机类负载，考虑起动电流的影响，可按下式选择：

$$I_{FU} \geq (1.5 \sim 2.5)I$$

式中，I_N——电动机额定电流（A）。

3）当多台电动机由一个熔断器保护时，可按下式计算：

$$I_{FU} \geq (1.5 \sim 2.5)I_{NMAX} + \sum I_N$$

式中，I_{NMAX}——容量最大的一台电动机的额定电流。

$\sum I_N$——其余电动机额定电流之和。

熔断器型号的表示和含义如下：

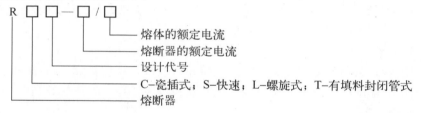

1.5 低压断路器

低压断路器又称自动空气开关，简称空开，主要用于低压动力电路中。它不仅可以接通和分断正常负荷电流、电动机工作电流和过载电流，而且可以接通和分断短路电流。主要在不频繁操作的低压配电线路或开关柜中作电源开关使用，当线路、电器设备及电动机等出现短路、过电流、断相、欠压、漏电以及严重过载等故障时，能自动切断线路，起到保护作用。它相当于刀开关、熔断器、热继电器、过电流继电器、欠压继电器和漏电保护电器的组合。

1. 低压断路器的工作原理

低压断路器主要由触点系统、操作机构和各种脱扣器三部分组成。主触点由耐弧合金制成，采用灭弧栅片灭弧，其通断可用操作手柄操作，也可用电磁机构操作，故障时自动脱扣，触点通断瞬时动作与手柄操作速度无关，其工作原理如图1-31所示。

断路器的主触点2是依靠操作机构手动或电动合闸的，并由自动脱扣机构将主触点锁在合闸位置上。如果电路发生故障，自动脱扣机构在有关脱扣器的推动下动作，使挂钩脱开，主触点2在弹簧的作用下迅速分断。过电流脱扣器5的线圈和过载脱扣器6的线圈与主电路串联，失压脱扣器7的线圈与主电路并联，当电路发生短路或严重过载时，过电流脱扣器的衔铁被吸合，使自动脱扣机构动作；当电路过载时，过载脱扣器的热元件产生的热量增加，

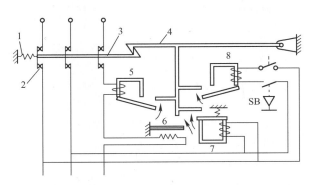

图 1-31　低压断路器原理图

1—分闸弹簧　2—主触点　3—传动杆　4—锁扣　5—过电流脱扣器
6—过载脱扣器　7—失压脱扣器　8—分励脱扣器

使双金属片向上弯曲,推动自动脱扣机构动作;当电路失压时,失压脱扣器的衔铁释放,也使自动脱扣机构动作;分励脱扣器 8 则作为远距离分断电路使用,根据操作人员的命令或其他信号使线圈通电,从而使断路器跳闸。

　　断路器根据不同用途可配备不同的脱扣器,如过电流脱扣器、失(欠)压脱扣器、热脱扣器、分励脱扣器和自由脱扣器。过电流脱扣器用作严重过载和短路保护;失(欠)压脱扣器用作失(欠)压保护;热脱扣器用作过载保护;分励脱扣器用作远距离控制分断电路。低压断路器的图形文字符号如图 1-32 所示。

图 1-32　低压断路器及图形文字符号

　　低压断路器型号的表示和含义如下:

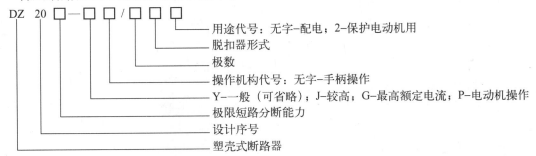

2. 低压断路器的主要技术参数

(1)额定电压

断路器的额定工作电压在数值上取决于电网的额定电压等级,我国电网标准规定为 AC220 V、380 V、660 V 及 1140 V,DC 220、440 V 等。应该指出,同一断路器可以规定在几种额定工作电压下使用,但相应的通断能力并不相同。

断路器的额定绝缘电压一般就是断路器的最大额定工作电压。

断路器的额定脉冲耐压值，其数值应大于或等于系统中出现的最大过电压峰值。

（2）额定电流

断路器的额定电流就是过电流脱扣器的额定电流，一般是指断路器的额定持续电流。

（3）通断能力

开关电器在规定的条件下（电压、频率及交流电路的功率因数和直流电路的时间常数），能在给定的电压下接通和分断的最大电流值，也称为额定短路通断能力。

（4）分断时间

分断时间指切断故障电流所需的时间，它包括固有的断开时间和燃弧时间。

3. 低压断路器的选用

1）断路器的额定工作电压应大于或等于线路或设备的额定工作电压。对于配电电路来说，应注意区别是电源端保护还是负载保护，电源端电压比负载端电压高出约5%。

2）断路器主电路额定工作电流大于或等于负载工作电流。

3）断路器的过载脱扣整定电流应等于负载工作电流。

4）断路器的额定通断能力大于或等于电路的最大短路电流。

5）断路器的欠电压脱扣器额定电压等于主电路额定电压。

6）选择断路器的类型，应根据电路的额定电流及保护的要求来选用。

4. 漏电保护断路器

漏电保护断路器是为了防止发生人体触电、漏电火灾、爆炸事故而研制的一种开关电器。这种漏电保护断路器实际上是有检漏保护元件的塑料外壳式断路器，主要用于电压为380 V以下及电流在60 A以下的交流电路中，作漏电保护。漏电保护断路器在接入电路时，应接在电能表和熔断器后面，安装应按规定的标志接线。当人体触电或设备漏电时，其迅速切断故障电路，从而避免人体和设备受到危害。

1.6 习题

1. 下列元件中，开关电器有（　　　　）。

A. 组合开关　　　　　B. 接触器　　　　　C. 行程开关　　　　　D. 时间继电器

2. 熔断器是（　　　　）。

A. 保护电器　　　　　B. 开关电器　　　　C. 继电器的一种　　　D. 主令电器

3. 交流接触器的作用是（　　　　）。

A. 频繁通断主回路　　　　　　　　　B. 频繁通断控制回路

C. 保护主回路　　　　　　　　　　　D. 保护控制回路

4. 时间继电器的作用是（　　　　）。

A. 短路保护　　　　　B. 过电流保护　　　C. 延时通断主回路　　D. 延时通断控制回路

5. 热继电器中双金属片的弯曲作用是由于双金属片（　　　　）。

A. 温度效应不同　　　B. 强度不同　　　　C. 膨胀系数不同　　　D. 所受压力不同

6. 低压断路器又称（　　　　）。

A. 自动空气开关　　　B. 限位开关　　　　C. 万能转换开关　　　D. 接近开关

7. 断电延时时间继电器的延时触点动作情况是（　　）。

A. 线圈通电时触点延时动作，断电时触点瞬时动作

B. 线圈通电时触点瞬时动作，断电时触点延时动作

C. 线圈通电时触点不动作，断电时触点瞬时动作

D. 线圈通电时触点不动作，断电时触点延时动作

8. 电动机主电路中已装有熔断器，为什么还要装热继电器？它们的作用是否相同？

9. 电机起动时电流很大，为什么热继电器不会动作？

10. 低压断路器可以起到哪些保护作用？

第 2 章　典型继电器 – 接触器控制电路

2.1　电气控制系统图的绘制

电气控制系统是由各种接触器、继电器、按钮开关（简称按钮）、行程开关等电器元件组成的，是完成特定控制功能的控制系统。复杂的电气控制线路由基本控制电路（环节）组合而成。电动机常用的控制电路有起停控制、正反转控制、减压起动控制、调速控制和制动控制等基本控制环节。

为了表达生产机械电气控制系统的结构、原理等设计意图，便于分析系统的工作原理，同时也便于电气元件的安装、接线、运行、维护，需要用图将电气控制系统中各元件的连接表示出来，这种图就是电气控制系统图，也称电气工程图或电气图。图中采用相关标准中规定的图形符号和文字符号表示电器元件。电气控制系统图包括电气原理图、电器元件布置图、电气接线图、功能图和电器元件明细表等，常用的有电气原理图、电器元件布置图与电气接线图。

电气控制系统图是根据国家电气制图标准，用规定的图形符号、文字符号以及规定的画法绘制的，图样尺寸有 A0 ~ A4 共 5 种基本幅面尺寸和 5 种加长幅面尺寸，见表 2-1。

表 2-1　图样尺寸

幅面	A0	A1	A2	A3	A4	幅面	A3 × 3	A3 × 4	A4 × 3	A4 × 4	A4 × 5
长/mm	1189	84	594	420	297	长/mm	891	1189	630	841	1051
宽/mm	841	594	420	297	210	宽/mm	420	420	297	297	297

2.1.1　电气图中的图形符号和文字符号

1. 图形符号

图形符号通常用于图样或其他文件，用以表示一个设备或概念的图形、标记或字符。电气控制系统图中的图形符号必须按国家标准绘制。

图形符号含有一般符号、符号要素和限定符号。

（1）一般符号：表示一类产品和此类产品特征的一种简单的符号。如电动机可用一个圆圈〇表示。

（2）符号要素：一种具有确定意义的简单图形，必须同其他图形组合才构成一个设备或概念的完整符号。如接触器常开主触点的符号就由接触器触点功能符号和常开触点符号组合而成。

（3）限定符号：用于提供附加信息的一种加在其他符号上的符号。限定符号一般不能单独使用，但它可以使图形符号更具多样性。如，在电阻器一般符号的基础上分别加上不同的限定符号，则可得到可变电阻器、热敏电阻等。

2. 文字符号

文字符号适用于电气技术领域中技术文件的编制，用以标明电气设备、装置和元器件的名称及电路的功能、状态和特征。文字符号分为基本文字符号和辅助文字符号，必要时还需添加补充文字符号。文字符号用大写正体拉丁字母。

（1）基本文字符号

基本文字符号有单字母符号与双字母符号两种。

单字母符号按拉丁字母将各种电气设备、装置和元器件划分为 23 大类，每一类用一个专用单字母符号表示，如"C"表示电容器类，"R"表示电阻器类。

双字母符号由一个表示种类的单字母符号与另一个字母组成，且以单字母符号在前，另一字母在后。如"F"表示保护器件类，"FU"则表示为熔断器。

（2）辅助文字符号

辅助文字符号用来表示电气设备、装置和元器件以及电路的功能、状态和特征。如"RD"表示红色，"L"表示限制等。辅助文字符号也可以放在表示种类的单字母符号之后与其组成双字母符号，如"SP"表示压力传感器，"YB"表示电磁制动器等。为简化文字符号，若辅助文字符号由两个以上字母组成时，只允许采用其第一位字母进行组合，如"MS"表示同步电动机。辅助文字符号还可以单独使用，如"ON"表示接通，"M"表示中间线等。

（3）补充文字符号

补充文字符号用于基本文字符号和辅助文字符号在使用中仍不够用，需要时进行补充说明时，但要按照国家标准中的有关原则进行。例如，有时需要在电气原理图中对相同的设备或元器件加以区别时，常使用数字序号进行编号，如"G_1"表示 1 号发电机，"T_2"表示 2 号变压器。

2.1.2　电气原理图

电气系统图中电气原理图应用最多，为便于阅读与分析控制线路，根据简单、清晰的原则，采用电气元件展开的形式绘制而成。它包括所有电气元件的导电部件和接线端点，但并不按电气元件的实际位置来画，也不反应电气元件的形状、大小和安装方式。

电气原理图分为主电路部分、控制电路部分、照明和信号及其他电路部分。主电路是从电源到电动机大电流通过的路径。控制电路及照明和信号电路是由继电器和接触器的线圈、继电器的触点、接触器的辅助触点、按钮、照明灯、信号灯以及控制变压器等电气元件组成的。

1. 电气原理图的绘制原则

（1）电气原理图中的所有电器元件都不画出实际外形图，而采用国家标准规定的图形符号和文字符号，原理图注重表示电气电路中各电器元件间的连接关系，而不考虑其实际位置，甚至可以将一个元件分成几个部分绘于不同图纸的不同位置，但必须用相同的文字符号标注。

（2）原理图上的主电路、控制电路及照明和信号电路应分开绘制。主电路绘制在图面的左侧，其中电源电路用水平线绘制，受电动力设备（电动机）及其保护电器支路应垂直于电源电路画出；控制电路及照明和信号电路绘制在图面的右侧，应垂直地绘在两条水平电源线之间；耗能元件（如线圈、电磁铁和信号灯等）应直接连接在接地线或下方的水平电源线上，而控制触点应接在上方水平线与耗能元件之间。

（3）主电路与控制电路及照明和信号电路中，各元件一般应按动作顺序从上到下、从左到右依次排列。

（4）同一电器元件的各个部件（如线圈和触点）可以不画在一起，但需用同一文字符号标明。

（5）电器元件的触点应按未通电和没有外力作用时的状态绘制；按钮、行程开关类电器应按没有受外力作用时的状态绘制；对继电器、接触器等，应按线圈没有通电时的触点状态绘制；主令电器、万能转换开关按手柄处于零位时的状态绘制。

（6）主电路标号由文字符号和数字组成。文字符号用以标明主电路中元件或线路的主要特征，数字标号用以区别同类多个电器元件或电路不同线段。

三相交流电源采用 L_1、L_2、L_3 标记，中性线采用 N 标记。电源开关之后的三相交流电源主电路分别按 U、V、W 顺序标记。分级三相交流电源主电路采用三相文字代号 U、V、W 后加上阿拉伯数字 1、2、3 等来标记，如 U_1、V_1、W_1。

各电动机分支电路各接点标记，采用三相文字代号后面加数字来表示，数字中的个位数表示电动机代号，十位数表示该支路各接点的代号，从上到下按数字大小顺序标记。如 U_{11} 表示 M_1 电动机第一相的第一个接点代号。电动机绕组首端分别用 U、V、W 标记，尾端分别用 U′、V′、W′ 标记，双绕组分别用 U″、V″、W″ 标记。

（7）控制电路采用阿拉伯数字编号，一般由 3 位或 3 位以下的数字组成。标记方法按"等电位"原则进行。在垂直绘制的电路中，标号顺序一般由上而下编号，凡是被线圈、绕组、触点或电阻、电容等元件所间隔的线段，都应标以不同的线路标记。

（8）原理图上应标出：各个电源电路的电压值、极性或频率及相数；某些元器件的特性（如电阻、电容的数值等）；不常用电器（如位置传感器、手动触点等）的操作方式和功能。

（9）原理图上尽可能减少线条和避免线条交叉。原理图中有直接连接的交叉导线连接点，用实线圆点表示；可拆接或测试点用空心圆点表示；无直接点连接的交叉点则不画圆点。

（10）对非电气控制和人工操作的电器，必须在原理图上用相应的图形符号表示其操作方法及工作状态。

（11）对与电气控制有关的机、液、气等装置，应用符号绘制出简图，以表示其关系。

2. 电路功能文字说明框和区域标号框

在图的上方有一些方框中标有"电源开关及保护""主电动机"或"起停控制电路"等文字，这些就是电路功能文字说明框，如图 2-1 所示。电路功能文字说明框的作用主要是说明该部分电路的功能，即从文字说明框两条垂直边往下延伸所夹在里边的元器件或由元器件构成的控制线路在电气控制电路中所起的作用。

区域标号框位于电气控制图的下方，它的主要作用是对中间的电气控制图部分进行分区，以便在识图时能快速、准确地找出所需要查找的元器件在图中的位置。

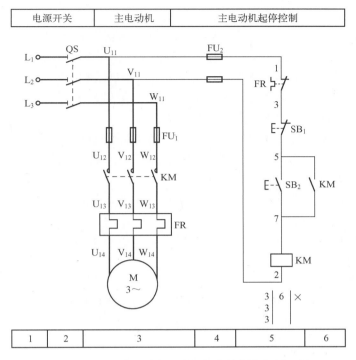

图 2-1　三相笼型异步电动机起停控制电气原理图

3. 触点位置的索引代码

电气原理图中，接触器和继电器线圈的下方，标注了其相应触点的索引代码，对未使用的触点用"×"表示，也可省略。触点索引代码中各栏的含义如下：

2.1.3　电器元件布置图

电器元件布置图表示了机械设备上所有电气设备和电器元件的实际安装位置，是一种采用简化的外形符号绘制的一种简图，是生产机械电气控制设备制造、安装和维修必不可少的技术文件。根据设备的复杂程度电器元件布置图可集中绘制在一张图上，控制柜、操作台的电器元件布置图也可以分别绘出。

电器元件布置图不表达各电器的具体结构、作用、接线情况以及工作原理，主要用于电器元件的布置和安装。图中各电器的文字符号必须与电路图和接线图的标注一致。

在绘制电器元件布置图时应遵循以下原则：

（1）体积大和较重的电器应安装在控制柜的下方。

（2）安装发热元件时，要注意控制柜内所有元件的温升应保持在它们的允许范围内。对发热很多的元件，必须隔离安装，必要时可采用风冷。

（3）为提高电子设备的抗干扰能力，弱电部分应加屏蔽和隔离。

（4）元件的安排必须遵守规定的电气间隔和爬电距离，而且电器元件的布置和安装不宜过密，应留有一定的空间，便于电器的维修操作。

（5）需要经过维护检修作调整用的电器，安装位置不宜过高或过低。

（6）尽量将外形及结构尺寸相同的电器元件安装在一排，以利于安装和补充加工，而且便于布置、整齐美观。

（7）电器布置应适当考虑对称，可从整个控制柜考虑对称，也可从某一部分布置考虑对称。

（8）电气控制柜、操作台有标准的结构设计，可根据要求进行选择，若标准设计不能满足要求，可另行设计。

图 2-2 所示为电器元件布置图。图中 QS 为电源开关；FU_1、FU_2 为熔断器；KM 为接触器；FR 为热继电器；SB_1、SB_2 分别为起动和停止按钮；XT 为接线端子板。

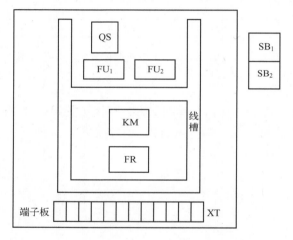

图 2-2　电器元件布置图

2.1.4　电气接线图

电气接线图用来表明电气设备各单元之间的连接关系。它清楚地表明了电气设备外部元件的相对位置及它们之间的电气连接，而不明显表示电气动作原理和电气元器件之间的控制关系，是实际安装接线的依据，在生产现场得到广泛的应用。根据电气原理图和电器元件布置图绘制电气接线图。图 2-3 所示为三相笼型异步电动机起停控制电气接线图。

绘制电气接线图应遵循以下原则：

（1）电气接线图采用细实线绘制。

（2）电器元件用规定的图形符号绘制，同一电器元件的各部件必须画在一起。各电器元件在图中的位置应与实际安装位置一致。

（3）各电器元件的文字符号及端子排的编号应与原理图一致，并按原理图的接线进行连接。

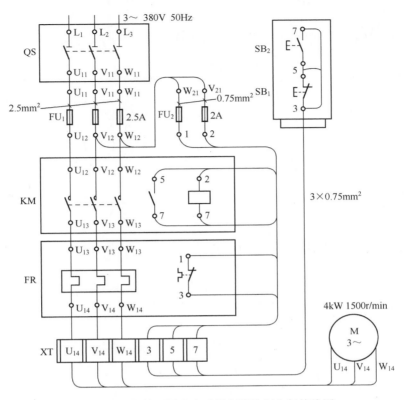

图 2-3　三相笼型异步电动机起停控制电气接线图

（4）走向相同的多根导线可用单线表示。

（5）画连接导线时，应标明导线的规格、型号、根数和穿线管的尺寸。

（6）同一控制柜中各电器元件之间的连接可以直接进行，不在同一控制柜或配电屏上的电器元件的电气连线，除动力线外，必须经过端子排。接线图中各元件的出现应用箭头标明。

（7）端子排的排列要清楚，便于查找。可按线号数字大小顺序排列，或按动力线、交流控制线或直流控制线分类后，再按线号顺序排列。

（8）目前接线图中表示接线关系的画法有两种：

1）直接接线法：直接画出两个元件之间的连线。适用于简单的电气系统、电器元件少且接线关系不复杂的情况。

2）间接标注接线法：接线关系采用符号标注，不直接画出两元件之间的连线。适用于复杂的电气系统、电器元件多且接线关系比较复杂的情况。

2.2　电气控制线路的安装接线

安装电气控制线路时，必须按照有关技术文件执行，并应适应安装环境的需要。

电气控制线路安装步骤和方法如下：

（1）按元件明细表配齐电器元件，并进行检验。所有电气控制器件，至少应具有制造厂的名称或商标、型号或索引号、工作电压性质和数值等标志。若工作电压标志在操作线圈上，则应使装在器件上的线圈的标志是显而易见的。表 2-2 为电器元件的细表的示例。

表 2-2　电器元件明细表

序　号	符　号	器件名称	规格型号	数　量	作　用

（2）检查电气元件

安装接线前应对所使用的电气元件逐个进行检查，避免电气元件故障与线路错接、漏接造成的故障混在一起。

对电气元件的检查主要包括以下几个方面：

1）电气元件外观是否清洁、完整；外壳有无碎裂；零部件是否齐全、有效；各接线端子及紧固件有无缺失、生锈等现象。

2）电气元件的触点有无熔焊黏结、变形或严重氧化锈蚀等现象；触点的闭合、分断动作是否灵活；触点的开距、超程是否符合标准，接触压力弹簧是否有效。

3）低压电器的电磁机构和传动部件的动作是否灵活；有无衔铁卡阻、吸合位置不正等现象；新品使用前应拆开，清除铁心端面的防锈油；检查衔铁复位弹簧是否正常。

4）用万用表或电桥检查所有元、器件的电磁线圈（包括继电器、接触器及电动机）的通断情况，测量它们的直流电阻并做好记录，以备在检查线路和排除故障时作为参考。

5）检查有延时作用的电气元件的功能，检查热继电器的热元件和触点的动作情况。

6）核对各电气元件的规格与图纸要求是否一致。电气元件先检查、后使用，避免安装、接线后发现问题再拆换，提高制作线路的工作效率。

（3）安装控制箱（柜或板），控制箱（柜或板）的尺寸应根据电器的安排情况决定。

1）电器的安排。尽可能组装在一起，使其成为一台或几台控制装置。只有那些必须安装在特定位置上的器件，如按钮、手动控制开关、位置传感器、离合器及电动机等，才允许分散安装在指定的位置上。

安放发热元件时，必须使箱内所有元件的温升保持在它们的允许极限内。对发热很多的元件，如电动机的起动、制动电阻等，必须隔开安装，必要时可采用风冷。

2）所有电器必须安装在便于更换、检测方便的地方。箱内电器元件的部位必须位于离地 0.4～2 m 处。所有接线端子必须位于离地 0.2 m 处，以便装拆导线。

3）安排器件必须符合规定的电气间隔和爬电距离，并应考虑有关的维修条件。

控制箱中的裸露、无电弧的带电零件与控制箱导体壁板间的间隙为：对于 250 V 以下的电压，应不小于 15 mm；对于 250～500 V 的电压，应不小于 25 mm。

4）控制箱内的电器安排。除必须符合上述有关要求外，还应做到以下几点：

① 除了手动控制开关、信号灯和测量仪器外，门上不要安装其他任何器件。

② 由电源电压直接供电的电器最好装在一起，使其与只由控制电压供电的电器分开。

③ 电源开关最好装在箱内右上方，其操作手柄应装在控制箱前面或侧面。电源开关上方最好不安装其他电器，否则，应把电源开关用绝缘材料盖住，以防电击。

④ 箱内电器（如接触器、继电器等）应按原理图上的编号顺序，牢固安装在控制箱（柜或板）上，并在醒目处贴上各元件相应的文字符号。

⑤ 控制箱内电器安装板的大小必须能自由通过控制箱的门，便于装卸。

（4）固定电气元件

按照接线图规定的位置将电气元件固定在安装底板上。固定元件时应按以下步骤进行：

1）定位。将电气元件摆放在确定好的位置上，元件应排列整齐，以保证连接导线时做到横平竖直、整齐美观，同时尽量减少弯折。

2）打孔。用钻在做好的记号处打孔，孔径应略大于固定螺钉的直径。

3）固定。安装底板上所有的安装孔均打好后，用螺钉将电气元件固定在安装底板上。

固定元件时，应注意在螺钉上加装平垫圈和弹簧垫圈。紧固螺钉时将弹簧垫圈压平即可，不要过分用力，以免将元件的底板压裂造成损失。

（5）布线

连接导线时，必须按照电气安装接线图规定的走线方位进行。一般从电源端起按线号顺序进行连接，先做主电路，然后做辅助电路。

1）选择适当截面的导线，按电气安装接线图规定的方位，在固定好的电气元件之间测量所需要的长度，截取适当长短的导线，剥去两端绝缘外皮。为保证导线与端子接触良好，要用电工刀将芯线表面的氧化物刮掉；使用多股芯线时要将线头绞紧，必要时应烫锡处理。

2）所有导线的连接必须牢固，不得松动。导线与端子的接线，一般一个端子只连接一根导线，必要时允许连接两根导线。导线与元件连接处是螺丝的，导线线头要沿顺时针方向绕线。有些端子不适合连接软导线时，可在导线端头上采用针形、叉形等冷压接线头。导线的接头除必须采用焊接方法外，所有导线应当采用冷压接线头。如果电气设备在正常运行期间承受很大振动，则不许采用焊接的接头。

3）走线时应尽量避免导线交叉。先将导线校直，把同一走向的导线汇成一束，依次弯向所需要的方向。走线应做到横平竖直、拐直角弯。走线时要用手将拐角弯成90°的"慢弯"，导线的弯曲半径为导线直径的3~4倍，不要用钳子将导线弯成"死弯"，以免损坏绝缘层和损伤线芯。走好的导线束用铝线卡（钢筋轧头）垫上绝缘物卡好。

将成形好的导线套上写好编号的线号管，根据接线端子的情况，将芯线弯成圆环或直线压进接线端子。

接线端子应紧固好，必要时加装弹簧垫圈紧固，防止因电气元件动作时振动而松脱。同一接线端子内压接两根以上导线时，可以只套一只线号管；导线截面不同时，应将截面大的放在下层。

4）所有导线从一个端子到另一个端子的走线必须是连续的，中间不得有接头。有接头的地方应加接线盒。接线盒的位置应便于安装与检修，而且必须加盖，盒内导线必须留有足够的长度，以便拆线和接线。敷线时，明露的导线必须做到平直、整齐以及走线合理。

5）导线的标志。

① 导线的颜色标志。交流电路 U、V、W 三相用黄色、绿色、红色导线，中性线（N）用浅蓝色导线，保护接地线（PE）必须采用黄绿双色导线。

② 导线的线号标志。导线线号的标志应与原理图和接线图相符。在每一根连接导线的线头上必须套上标有线号的套管，位置应接近端子处。线号的编制方法如下：

主电路中各支路的编号应从上至下、从左至右，每经过一个电器元件的线头后，编号要递增，单台三相交流电动机（或设备）的三根引出线按相序依次编号为 U、V、W（或用 U_1、V_1、W_1 表示），多台电动机引出线的编号，为了不致引起误解和混淆，可在字母前冠以数字来区别，如 1U、1V、1W，2U、2V、2W、…。

控制电路与照明、指示电路应从上至下、从左至右，逐行用数字来依次编号，每经过一个电器元件的接线端子，编号要依次递增。编号的起始数字，除控制电路必须从阿拉伯数字 1 开始外，其他辅助电路依次递增 100 作起始数字，如照明电路编号从 101 开始；信号电路编号从 201 开始等。

6）采用线槽配线时，线槽装线不要超过容积的 70%，以便安装和维修。线槽外部的配线，对装在可拆卸门上的电器接线必须采用互连端子板或连接器，它们必须牢固地固定在框架、控制箱或门上。从外部控制、信号电路进入控制箱内的导线超过 10 根，必须接到端子板或连接器件上进行过渡，但动力电路和测量电路的导线可以直接接到电器的端子上。

线槽内走线时电源线和控制线尽量分开，线槽内导线均匀分布，理顺以避免交叉。线号对应，方向一致。横向每隔 300 mm 装一个线束固定点，竖向每隔 400 mm 装一个线束固定点。不得任意歪斜交叉连接。

控制箱（柜或板）外部配线方法，除有适当保护的电缆外，全部配线必须一律装在导线通道内，使导线有适当的机械保护，防止液体、铁和灰尘的侵入，导线通道应留有余量，允许以后增加导线。导线通道采用钢管，壁厚应不小于 1 mm，如用其他材料，壁厚必须有等效壁厚为 1 mm 钢管的强度。若用金属软管时，必须有适当的保护。当利用设备底座作导线通道时，无需再加预防措施，但必须能防止液体、铁和灰尘的侵入。

对通道内导线的要求，移动部件或可调整部件上的导线必须用软线。运动的导线必须支承牢固，使得在接线点上不至于产生机械拉力，又不会出现急剧的弯曲。

不同电路的导线可以穿在同一线管内或处于同一个电缆之中。如果它们的工作电压不同，则所用导线的绝缘等级必须满足其中最高一级电压的要求。

为了便于修改和维修，凡安装在同一机械防护通道内的导线束，需要提供备用导线的根数是：当同一管中相同截面积导线的根数在 3~10 根时，应有 1 根备用导线，以后每递增 1~10 根，备用导线就相应增加 1 根。

（6）连接保护电路

电气设备的所有裸露导体零件（包括电动机、机座等），必须接到保护接地专用端子上。为了确保保护电路的连续性，保护导线的连接件不得作任何别的机械紧固用，不得由于任何原因将保护电路拆断，不得利用金属软管作保护导线。保护电路中严禁使用开关和熔断器。除采用特低安全电压的电路外，在接上电源电路前必须先接通保护电路；在断开电源电路后才断开保护电路。

（7）检查线路

连接好的控制电路必须经过认真检查后才能通电调试，以防止错接、漏接及电器故障引起的动作不正常，甚至造成短路事故。检查电路应按以下步骤进行：

1）核对接线。对照电气原理图、电气安装接线图，从电源开始逐段核对端子接线的线号，排除漏接、错接现象，重点检查辅助电路中容易错接处的线号，还应核对同一根导线的两端是否错号。

2）检查端子接线是否牢固。检查端子所有接线的接触情况，用手一一摇动，拉拔端子的接线，不允许有松动与脱落现象，避免通电调试时因虚接造成麻烦，将故障排除在通电之前。

3）万用表导通法检查。在控制电路不通电时，用手动来模拟电器的操作动作，用万用表检查与测量电路的通断情况。根据电路控制动作来确定检查步骤和内容；根据电气原理图和电气安装接线图选择测量点。先断开辅助电路，以便检查主电路的情况，再断开主电路，以便检查辅助电路的情况。

万用表导通法检查主要检查以下内容：

① 主电路不带负荷（电动机）时相间绝缘情况；接触器主触点接触的可靠性；正反转控制电路的电源换相线路及热继电器热元件是否良好、动作是否正常等。

② 辅助电路的各个控制环节及自锁、联锁装置的动作情况及可靠性；与设备的运动部件联动的元件（如行程开关、速度继电器等）动作的正确性和可靠性等情况。

4）调试与调整。为保证安全，通电调试必须在指导老师的监护下进行。调试前应做好的准备工作包括：清点工具；清除安装底板上的线头杂物；装好接触器的灭弧罩；检查各组熔断器的熔体；分断各开关，使按钮、行程开关处于未操作前的状态；检查三相电源是否对称等。准备工作做好后，按下述步骤通电调试。

① 空操作试验。先切除主电路（一般可断开主电路熔断器），装好控制电路熔断器，接通三相电源，使线路不带负荷（电动机）通电操作，以检查控制电路工作是否正常。操作各按钮，检查它们对接触器、继电器的控制作用；检查接触器的自锁、联锁等控制作用；用绝缘棒操作行程开关，检查开关的行程控制或限位控制作用等。还要观察各电器操作动作的灵活性，注意有无卡住或阻滞等不正常现象；细听电器动作时有无过大的振动噪声；检查有无线圈过热等现象。

② 带负荷调试。控制电路经过数次空操作试验动作无误后即可切断电源，接通主电路，进行带负荷调试。电动机起动前应先做好停机准备，起动后要注意它的运行情况。如果发现电动机起动困难、发出噪声及线圈过热等异常现象，应立即切断电源，停机后进行检查。

③ 有些电路的控制动作需要调整。例如，定时运转电路的运行和间隔时间；星形－三角形起动电路的转换时间；反接制动电路的终止速度等。应按照各电路的具体情况确定调整步骤。调试运转正常后，方可投入正常运行。

2.3 三相笼型异步电动机全压起动控制

三相笼型异步电动机全压起动，又称为直接起动，是指将额定电压直接加在电动机的定子绕组上使电动机起动的方法。这种起动方式起动转矩大、起动时间短、电路简单，但笼型异步电动机的起动电流高达额定电流的 5～7 倍，当起动频繁时，由于热量的积累，会使电动机过热。另外，电动机过大的起动电流在短时间内会在线路上造成较大的电压降，而使负载端的电压降低，影响同一供电网路中其他设备的正常工作。

一台电动机能否全压直接起动，有一定规定：用电单位如有独立的变压器，则在电动机起动频繁时，电动机容量小于变压器容量的20%时允许直接起动；如果电动机不经常起动，它的容量小于变压器容量的30%时允许直接起动。

三相笼型异步电机由于结构简单、性价比高以及维修方便等优点获得了广泛的应用。中小功率笼型异步电动机通常采用继电器接触器控制，其控制电路大部分由继电器、接触器及按钮等有触点电器组成。电动机的运转状态有连续运转与短时间断运转，所以电动机的控制有点动与连续运行两种控制方式，对应的有点动控制与连续运行控制电路。

2.3.1　三相笼型异步电动机点动控制

图2-4所示为三相笼型异步电动机点动运行控制电路。主电路由电源开关QS、熔断器FU_1、交流接触器KM的主触点、热继电器FR的热元件以及电动机M构成。控制电路由熔断器FU_2、热继电器FR的常闭触点、按钮SB和交流接触器KM的线圈构成。

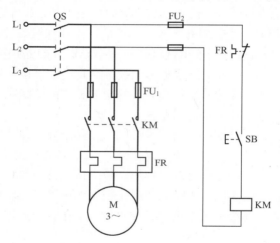

图2-4　三相笼型异步电动机点动运行控制电路

电动机起动时，合上电源开关QS，接通控制电路电源，按下起动按钮SB，其常开触点闭合，接触器KM线圈通电吸合，KM常开主触点闭合，使电动机接入三相交流电源起动旋转；当手松开按钮SB时，KM线圈失电，KM常开主触点复位，电动机断电停止运转。

2.3.2　自锁控制

依靠接触器自身辅助触点而使线圈保持通电的现象称为自锁。点动与连续运行的区别就在于控制电动机的接触器线圈回路是否有自锁。

图2-5所示为三相笼型异步电动机单方向连续运行控制电路。电动机起动时，合上电源开关QS，接通控制电路电源，按下起动按钮SB_2，其常开触点闭合，接触器线圈通电吸合，KM主触点与辅助常开触点闭合，前者使电动机接入三相交流电源起动旋转；后者并接在起动按钮SB_2两端，从而使KM线圈经SB_2常开触点与KM自身的辅助常开触点两路供电。松开起动按钮SB_2时，虽然SB_2这一路已断开，但KM线圈仍通过自身已闭合的常开触点这一通路而保持通电，使电动机继续运转，这种依靠接触器自身辅助触点保持接触器线圈通电的现象称为自锁，起自锁作用的辅助触点称为自锁触点，这段电路称为自锁电路。

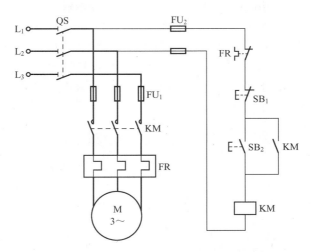

图 2-5　三相笼型异步电动机单方向连续运行控制电路

要使电动机停止运转，可按下停止按钮 SB_1，KM 线圈断电释放，主触点和自锁触点均恢复到断开状态，电动机断电停止运转。当松开停止按钮 SB_1 后，SB_1 在复位弹簧的作用下恢复闭合状态，但此时控制电路已断开。再次按下起动按钮 SB_2 时，电动机重新起动运行。

该电路由熔断器 FU_1、FU_2 实现主电路与控制电路的短路保护。热继电器 FR 实现电动机的长期过载保护，若电动机长期过载运行，则热继电器 FR 动作，其动断触点断开，KM 线圈断电，电动机断电停止运行，从而实现电动机的过载保护。由起动按钮 SB_2 与接触器 KM 配合，实现电路的欠电压与失电压保护。

当电网停电后又重新恢复供电时，电动机不能自行重起，当按下起动按钮 SB_2 时，电动机重新起动，就构成了失电压保护。当电网电压较低时，交流接触器的电磁机构吸力不够，接触器的衔铁释放，则主触点和辅助触点均断开，电动机断电停止运行，可以防止电动机在低压下运行，实现欠电压保护。

图 2-6 所示为利用复合按钮实现三相笼型异步电动机点动、连续运行控制电路。起动时，合上电源开关 QS，引入三相电源。按下起动按钮 SB_3 时，接触器 KM 的线圈通电，主

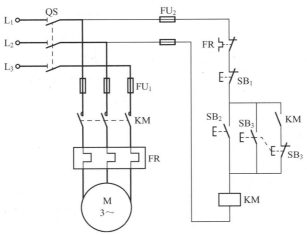

图 2-6　三相笼型异步电动机点动、连续运行控制电路

触点 KM 闭合，电动机接通电源起动。当手松开按钮时，接触器 KM 断电释放，主触点 KM 断开，电动机电源被切断而停止运转，从而实现点动运行。当按下起动按钮 SB_2 时，接触器 KM 的线圈通电，主触点闭合，电动机接通电源起动。同时与 SB_3 相连的接触器辅助常开触点 KM 闭合并形成自锁。当手松开按钮时，由于辅助触点 KM 闭合并自锁，所以电动机可连续运行。要使电机停止运行，按下开关 SB_1 即可。

项目 2-1　三相笼型异步电动机全压起停控制电路

一、实训目的

1. 熟悉低压电器元件的图形符号和文字符号。
2. 掌握低压电器元件的使用方法。
3. 掌握三相笼型异步电动机点动与自锁控制电路的工作原理。
4. 熟悉电气控制电路的接线和调试方法。
5. 掌握常用电工仪器仪表和电工工具量具的使用。

二、实训器材

序　号	名　　称	数　量	备　注
1	电源及仪表控制屏	1	提供三相五线制 380 V、220 V 电压
2	三相异步电动机	1	
3	低压断路器	1	
4	熔断器	5	
5	按钮开关	3	
6	交流接触器	1	
7	热继电器	1	
8	万用表、剥线钳、螺钉旋具、尖嘴钳等	1 套	
9	导线	若干	
10	接线端子排	若干	
11	线槽	若干	

三、实训内容

1. 三相笼型异步电动机点动运行控制电路的安装与调试。
2. 三相笼型异步电动机单方向连续运行控制电路的安装与调试。
3. 三相笼型异步电动机点动、连续运行控制电路的安装与调试。

四、实训步骤

1. 按电气原理图选择电器元件，填写元件明细表。
2. 按元件明细表准备电器元件，并检查各电器元件外观及质量是否良好。
3. 按电器元件布置图安装固定电器元件。
4. 按电气接线图进行正确的接线。先接主电路，再接控制电路。注意接线要牢固，接触要良好，文明操作。
5. 接线完成后，检查无误，经指导老师检查认可后，方可通电实验。

五、实训报告要求

1. 绘制电气原理图。

2. 编制元件明细表。

3. 绘制电器元件布置图。

4. 绘制电气接线图。

5. 分析说明控制电路的工作原理。

六、设计题

1. 利用中间继电器实现点动、连续运行控制电路。要求：1）设计电气原理图；2）编制元件明细表；3）绘制电气元件布置图；4）绘制电气接线图。

2. 利用转换开关实现点动、连续运行控制电路。

3. 设计电动机单向自动循环间歇运行控制电路。

要求：利用转换开关 SA、时间继电器 KT 和中间继电器 KA 实现电动机单向自动循环间歇运行，电动机单向运行 10 s 后，自动停车 5 s，停车时间到自动恢复单向运行，如此反复。

2.3.3 多地点与多条件控制

1. 多地点控制

在一些大型生产机械和设备上，要求操作人员能在不同的方位进行操作与控制，即实现多地点控制。多地点控制是用多组起动按钮和停止按钮来进行的，这些按钮连接的原则是：起动按钮常开触点要并联，即逻辑或的关系；停止按钮常闭触点要串联，即逻辑与的关系。

图 2-7 所示为两地控制电路。按钮 SB_1 和 SB_2 的常开触点并联，可以安装在生产现场不同的位置，以实现多地点起动电动机的要求；按钮 SB_3 和 SB_4 的常闭触点串联，以实现多地点停止电动机的要求。

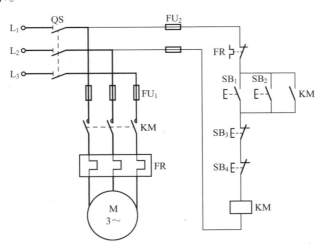

图 2-7 三相异步电动机的两地控制电路

2. 多条件控制

为了保证操作安全，在某些机械设备上需要多个条件满足时，设备才能开始工作，这样的控制称为多条件控制。多条件控制采用多组按钮或继电器触点来实现，这些按钮或触点连接的原则是：常开触点要串联，即逻辑与的关系；常闭触点视设备的具体控制要求可并联或串联。

如图 2-8 所示为多条件控制电路。按钮 SB_1 与 SB_2 的常开触点串联表示必须满足多项条件才能达到起动电动机的要求；按钮 SB_3 与 SB_4 的常闭触点并联表示只要满足一项条件就能达到停止电动机的要求。

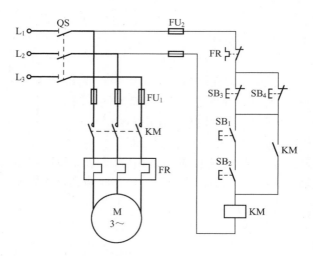

图 2-8　三相异步电动机的多条件控制电路

项目 2-2　三相异步电动机的多地点与多条件控制电路

一、实训目的

1. 熟悉低压电器元件的使用方法及图形符号和文字符号。
2. 掌握多地控制和多条件控制的工作原理、接线方法、调试及故障排除技能。
3. 熟悉常用电工仪器仪表和电工工具量具的使用。

二、实训器材

序　号	名　　称	数　量	备　注
1	电源及仪表控制屏	1	提供三相五线制 380 V、220 V 电压
2	三相异步电动机	1	
3	低压断路器	1	
4	熔断器	5	
5	按钮开关	4	
6	交流接触器	1	
7	热继电器	1	
8	万用表、剥线钳、螺钉旋具、尖嘴钳等	1 套	
9	导线	若干	
10	接线端子排	若干	
11	线槽	若干	

三、实训内容

1. 三相异步电动机的两地控制电路的安装与调试。
2. 三相异步电动机的多条件控制电路的安装与调试。

四、实训步骤

1. 按电气原理图选择电器元件，填写元件明细表。
2. 按元件明细表准备电器元件，并检查各电器元件外观及质量是否良好。
3. 按电器元件布置图固定安装电器元件。
4. 按电气接线图进行正确的接线。先接主电路，再接控制电路。注意接线要牢固，接触要良好，文明操作。
5. 接线完成后，检查无误，经指导老师检查认可后，方可通电实验。

五、实训报告要求

1. 绘制电气原理图。
2. 编制元件明细表。
3. 绘制电器元件布置图。
4. 绘制电气接线图。
5. 分析说明控制电路的工作原理。

2.4 三相笼型异步电动机正反转控制

在生产过程中，生产机械的运动部件往往要求能进行正反方向的运动，这就要求拖动电动机能做正反向旋转，即实现可逆运行。如机床工作台的前进与后退、主轴的正转与反转、起重机吊钩的上升与下降等。

由电动机原理可知，将接至电动机的三相电源进线中的任意两相对调，即可改变电动机的旋转方向。但为了避免误动作引起电源相间短路，就要保证两个接触器不能同时工作，这种在同一时间里两个接触器只允许一个工作的控制作用称为互锁或联锁。

2.4.1 接触器联锁的正反转控制

在两个接触器的线圈电路中互串对方接触器的辅助常闭触点，即利用一个接触器通电时，其常闭辅助触点的断开来锁住对方线圈的电路。这种利用两个接触器的常闭辅助触点来实现互锁的方法叫作电气互锁，而两个起互锁作用的触点称为互锁触点。

图 2-9 所示为接触器联锁的三相异步电动机正反转控制电路。起动时，合上电源开关 QS，引入三相电源。按下正向起动按钮 SB_2，正向控制接触器 KM_1 线圈通电，其主触点闭合，同时线圈 KM_1 通过与开关 SB_2 并联的辅助常开触点 KM_1 实现自锁电动机正转。通过接触器 KM_1 的辅助常闭触点断开而切断了反转控制接触器 KM_2 的线圈电路，此时即使按下反转按钮 SB_3，也不会使反转控制接触器 KM_2 线圈得电，形成互锁。同理，在反转接触器 KM_2 动作后，也保证了正转控制接触器 KM_1 的线圈电路不能工作。但是，该线路的缺点是，在正转运行中要求反转时必须先按下停止按钮 SB_1，电动机停转。然后再按下反向起动按钮 SB_3，反向接触器 KM_2 线圈得电动作，其主触点闭合，主电路定子绕组变正转相序为反转相序，电动机反转。

如图 2-9 所示的正反转运行是按"正 – 停 – 反"顺序控制的，即要实现电动机的"正转 – 反转"或"反转 – 正转"的控制，都必须按下停止按钮，再进行反方向起动。

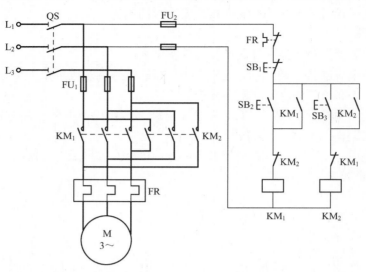

图 2-9　接触器联锁的三相异步电动机正反转控制电路

2.4.2　具有双重联锁的正反转控制

对于生产过程中要求频繁实现正反转的电动机，为提高生产效率，减少辅助工时，往往要求能直接实现电动机正反转运行状态的切换，即电动机正转时，按下反转按钮先断开正转接触器线圈线路，待正转接触器释放后再接通反转接触器，于是在图 2-9 电路的基础上，将正转起动按钮 SB$_2$ 与反转起动按钮 SB$_3$ 的常闭触点串接到对方常开触点电路中，如图 2-10 所示。这种利用按钮的常开、常闭触点的机械连接，在电路中互相制约的接法，称为机械互锁。这种具有电气、机械双重互锁的控制电路是常用的、可靠的电动机可逆旋转控

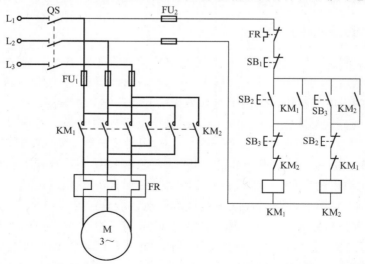

图 2-10　复合联锁的三相异步电动机正反转控制电路

制电路，它既可实现正转－停止－反转－停止的控制，又可实现正转－反转－停止的控制。

如图 2-10 所示为复合联锁的三相异步电动机正反转控制电路。起动时，合上电源开关 QS，按下正转起动按钮 SB₂，SB₂ 的常闭触点分断 KM₂ 线圈电路，即切断反转控制电路。SB₂ 常开触点后闭合，正转控制接触器 KM₁ 线圈得电，KM₁ 主触点闭合，与 SB₂ 常开触点并联的 KM₁ 辅助常开触点闭合自锁，电动机 M 起动连续正转。同时 KM₁ 的联锁常闭触点分断 KM₂ 线圈电路，即切断反转控制电路，从而实现双重互锁。

按下反转起动按钮 SB₃，SB₃ 常闭触点先分断，KM₁ 线圈失电，KM₁ 主触点分断，电动机 M 失电；SB₃ 常开触点后闭合，KM₂ 线圈得电，KM₂ 主触点闭合，与 SB₃ 常开触点并联的 KM₂ 辅助常开触点闭合自锁，电动机 M 起动连续反转。KM₂ 联锁触点分断对 KM₁ 联锁，切断正转控制电路。

按下停止按钮 SB₁，整个控制电路失电，KM₁（或 KM₂）主触点分断，电动机 M 失电停转。

项目 2-3 三相笼型异步电动机的正反转控制电路

一、实训目的
1. 掌握三相异步电动机的正反转控制电路的工作原理及其工作过程。
2. 掌握机械及电气联锁的正确接线及其在控制电路中所起的作用。
3. 培养对电气控制电路故障和电器故障的分析能力和排除能力。

二、实训器材

序　号	名　　称	数　量	备　注
1	电源仪表及控制屏	1	提供三相五线制 380 V、220 V 电压
2	三相异步电动机	1	
3	交流接触器	2	
4	熔断器	5	
5	热继电器	1	
6	按钮开关	3	
7	万用表、剥线钳、螺钉旋具、尖嘴钳等	1 套	
8	导线	若干	
9	接线端子排	若干	
10	线槽	若干	

三、实训内容
1. 接触器联锁的三相异步电动机正反转控制电路的安装与调试。
2. 复合联锁的三相异步电动机正反转控制电路的安装与调试。

四、实训步骤
1. 按电气原理图选择电器元件，填写元件明细表。
2. 按元件明细表准备电器元件，检查各实验设备外观及质量是否良好。
3. 按电器元件布置图固定安装电器元件。
4. 按电气接线图进行正确接线，先接主电路，再接控制电路。自己检查无误并经指导老师检查认可后，方可合闸实验。

五、实训报告要求

1. 绘制电气原理图。

2. 编制元件明细表。

3. 绘制电器元件布置图。

4. 绘制电气接线图。

5. 分析说明控制电路的工作原理。

六、设计题

1. 一台三相异步电动机运行要求为按下起动按钮，电动机正转 5 s 后，自行反转，再过 10 s，电动机停止，并具有短路、过载保护。设计主电路和控制电路。

2. 设计电动机自动正反转间歇运行控制电路。要求：电动机正转运行 10 s 后，反转运行 5 s，反转运行时间到，自动恢复正转运行，如此反复。

3. 利用中间继电器延长转换时间的正反转运行控制电路。

4. 设计双重联锁的可实现点动、连续正反转运行的控制电路。

2.4.3 按行程原则的电动机控制电路

在生产过程中，利用机械设备运动部件行程位置控制电动机正反转，从而可使生产机械实现往复运动。行程开关安装在生产机械运动部件的运动限制位置，当运动部件上的挡块触碰到行程开关时，其动断触点断开，动合触点合上，从而改变电机的运动状态。

图 2-11 所示为电动机正反转运行限位控制电路。合上电源开关 QS，按下按钮 SB₂，接触器 KM₁ 线圈通电，其自锁触点闭合，保证 KM₁ 线圈持续通电，KM₁ 主触点闭合，电动机正转运行，当运动部件碰到行程开关 SQ₁ 时，其常闭触点断开，切断接触器 KM₁ 线圈电路，实现了用位置开关作限位停车的控制目的。反转运行同理。在电动机运行过程中，按下按钮 SB₁，则电动机停转。

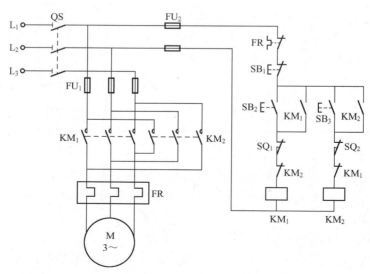

图 2-11 电动机正反转运行限位控制电路

44

项目 2-4　自动往复循环控制电路

一、实训目的

1. 掌握电动机正反转控制电路的工作过程。
2. 熟悉行程开关的使用方法。
3. 熟悉电气联锁的使用和正确接线。
4. 掌握按行程原则组成的电动机自动往返运动的控制方法。

二、实训设备

序　号	名　　称	数　量	备　　注
1	电源及仪表控制屏	1	提供三相五线制 380 V、220 V 电压
2	三相异步电动机	1	
3	低压断路器	1	
4	熔断器	5	
5	按钮开关	3	
6	交流接触器	2	
7	热继电器	1	
8	行程开关	4	
9	万用表、剥线钳、螺钉旋具、尖嘴钳等	1 套	
10	导线	若干	
11	接线端子排	若干	
12	线槽	若干	

三、实训内容

图 2-12 所示为机床工作台往复运动示意图。SQ_1、SQ_2、SQ_3 和 SQ_4 分别固定安装在床身上，SQ_1 和 SQ_2 为加工起点、终点位置。SQ_3 和 SQ_4 为工作台往复运动的极限位置，防止 SQ_1 或 SQ_2 失灵，工作台运动超出行程而造成事故。挡铁 1 和挡铁 2 安装在工作台移动部件上。

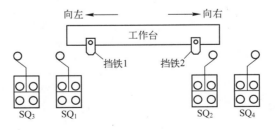

图 2-12　工作台往复运动示意图

1. 按控制要求，设计单台电动机自动往复循环控制电路。
2. 按电气原理图进行安装与调试。

四、实训步骤

1. 分析机床工作台往复运动的特点及控制要求，按行程原则设计电动机的控制电路。

2. 按电气原理图选择电器元件，编制元件明细表。

3. 按元件明细表准备电器元件，并检查各电器元件外观及质量是否良好。

4. 绘制电器元件布置图固定安装电器元件。

5. 按电气接线图进行正确的接线。先接主电路，再接控制电路。注意接线要牢固，接触要良好，文明操作。

6. 在接线完成后，若检查无误，经指导老师检查允许后，方可通电调试。

五、实训报告要求

1. 绘制电气原理图。

2. 编制元件明细表。

3. 绘制电器元件布置图。

4. 绘制电气接线图。

5. 分析说明控制电路的工作原理。

六、设计题

1. 加热炉自动上料控制系统的工作顺序是：

设计加热炉自动控制上料的控制电路，要求：实现炉门开关电动机和推料机电动机的正、反转控制；注意炉门开、关位置的控制，推料机进入炉内和退出加热炉预定位置的控制。

2. 一台小车由一台三相异步电动机拖动，动作顺序如下：①小车由原位开始前进，到终点后自动停止。②在终点停留20 s后自动返回原位并停止。要求在前进或后退途中，任意位置都能停止或起动，并具有短路和过载保护，设计主电路和控制电路。

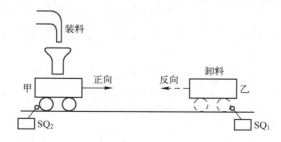

2.5 两台电动机的顺序控制

在生产实践中，有时要求装有多台电动机的生产机构按一定的顺序起动、停止电动机，这种有先后顺序的控制方式称为电动机的顺序联锁控制，例如机床中车床主轴电动机 M_2 转动时，要求油泵先给润滑油即起动油泵电动机 M_1，才能起动主轴电动机 M_2；停车时，要求主轴电动机 M_2 停车后，油泵电动机 M_1 才能停止工作。

2.5.1 两台电动机的顺序起动控制

图 2-13 所示为一种两台电动机主电路实现顺序起动、同时停止的控制电路。电动机 M_1 和 M_2 分别通过接触器 KM_1 和 KM_2 来控制。接触器 KM_2 的主触点接在接触器 KM_1 主触点的下面，这样就保证了当 KM_1 主触点闭合，电动机 M_1 起动运转后，M_2 才可能通电运转。

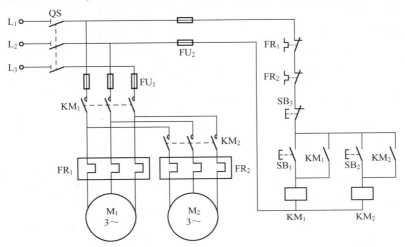

图 2-13　两台电动机主电路实现顺序起动、同时停止的控制电路（一）

图 2-14 所示为另一种两台电动机控制电路实现顺序起动、同时停止的控制电路。电动机 M_2 的控制电路先与接触器 KM_1 的线圈并联后再与接触器 KM_1 自锁触点串联，这样就保证了 M_1 起动后，M_2 才能起动的顺序控制要求。

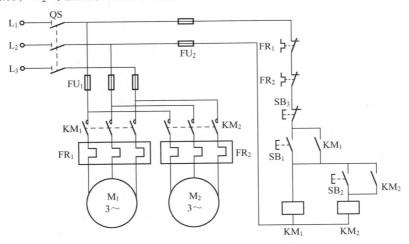

图 2-14　两台电动机控制电路实现顺序起动、同时停止的控制电路（二）

2.5.2 两台电动机的顺序停止控制

图 2-15 所示为两台电动机按顺序起动、顺序停止的控制电路原理图。SB_1 和 SB_2 为 M_1 的停止、起动按钮；SB_3 和 SB_4 为 M_2 的停止、起动按钮。要求按 $M_1 \rightarrow M_2$ 的顺序起动，按

$M_1 \rightarrow M_2$ 的顺序停止。

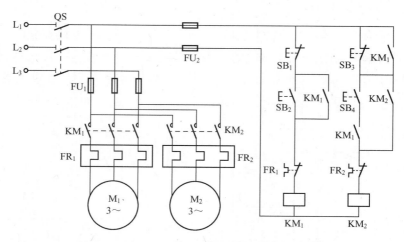

图 2-15　两台电动机按顺序起动、顺序停止的控制电路

　　总结上述关系，可以得到如下两条控制规律。

　　（1）当要求甲接触器工作后方可允许乙接触器工作时，则应在乙接触器线圈电路中串入甲接触器的一个常开触点。

　　（2）当要求甲接触器线圈断电后方可允许乙接触器线圈断电时，则应将甲接触器的一个常开触点并联在乙接触器的停止按钮两端。当要求乙接触器线圈断电后方可允许甲接触器线圈断电，则将乙接触器的常开触点并联在甲接触器的停止按钮两端。

项目 2-5　多台电动机按顺序工作的联锁控制电路

一、实训目的

1. 掌握两台电动机按顺序工作的控制电路工作原理及正确接线。
2. 熟悉常用电工仪器仪表和电工工具量具的使用。

二、实训器材

序　号	名　　称	数　量	备　　注
1	电源及仪表控制屏	1	提供三相五线制 380 V、220 V 电压
2	三相异步电动机	2	
3	低压断路器	1	
4	熔断器	5	
5	按钮开关	4	
6	交流接触器	2	
7	时间继电器	2	
8	热继电器	2	
9	万用表、剥线钳、螺钉旋具、尖嘴钳等	1 套	
10	导线	若干	
11	接线端子排	若干	
12	线槽	若干	

三、实训内容

1. 两台电动机的顺序起动控制电路的安装与调试。
2. 两台电动机的顺序停止控制电路的安装与调试。
3. 两台电动机按顺序起动、逆序停止控制电路的安装与调试。

图 2-16 所示为两台电动机按顺序起动、逆序停止的控制电路。两台电动机 M_1、M_2，按 $M_1 \rightarrow M_2$ 的顺序起动，按 $M_2 \rightarrow M_1$ 的逆序停止。

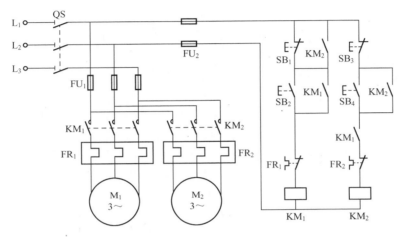

图 2-16　两台电动机按顺序起动、逆序停止的控制电路

四、实训步骤

1. 分析实现电动机顺序控制电路的控制关系。
2. 按电气原理图选择电器元件，编写元件明细表。
3. 按元件明细表准备电器元件，并检查各电器元件外观及质量是否良好。
4. 按电器元件布置图固定安装电器元件。
5. 按电气接线图进行正确接线。先接主电路，再接控制电路。注意接线要牢固，接触要良好，文明操作。
6. 在接线完成后，检查无误，经指导老师检查允许后，方可通电调试。

五、实训报告要求

1. 绘制电气原理图。
2. 编制元件明细表。
3. 绘制电器元件布置图。
4. 绘制电气接线图。
5. 分析说明控制电路的工作原理。

六、设计题

1. 某机床有两台三相异步电动机，要求第一台电动机起动运行 5 s 后，第二台电动机自行起动；第二台电动机运行 10 s 后，两台电动机停止；两台电动机都具有短路和过载保护，设计主电路和控制电路。

2. 某机床主轴工作和润滑泵各由一台电动机控制，要求主轴电动机必须在润滑泵电动机运行后才能运行，主轴电动机能正反转，并能单独停机，有短路和过载保护，设计主电路和控制电路。

3. 设计两台三相异步电动机 M_1 和 M_2 的主电路和控制电路，要求 M_1 和 M_2 可分别起动和停止，也可实现同时起动和停止，并具有短路和过载保护。

4. 设计两台电动机延时顺序起动、延时逆序停止的联锁控制电路。要求：电动机 M_1 先行起动，经过时间 t_1 后，电动机 M_2 自动起动；在电动机 M_2 停车后，再经过时间 t_2，电动机 M_1 自动停车。

5. 分别设计 3 台电动机联锁控制电路：①3 台电动机顺序起动、同时停止；②3 台电动机顺序起动、顺序停止；③3 台电动机顺序起动、逆序停止。

2.6　三相笼型异步电动机减压起动控制

一般容量小的电动机通常直接起动，若不满足条件时，则必须采用减压起动。有时为了减小和限制起动时对机械设备的冲击，即使允许直接起动的电动机，也往往采用减压起动。减压起动方法的实质，就是在电源电压不变的情况下，起动时减小加在电动机定子绕组上的电压，以限制起动电流，而在起动以后再将电压恢复至额定值，使电动机进入正常运行状态。

一台电动机能不能直接起动，可根据经验公式，即起动电流倍数来确定：

$$\alpha_{se} = \frac{I_{st}}{I_N} \leq \frac{1}{4}\left[3 + \frac{电源容量(kV \cdot A)}{电动机容量(kW)}\right] \tag{2-1}$$

式中　I_{st}——电动机的起动电流。

　　　I_N—电动机的额定电流。

若不满足上述条件，则必须采用其他限制电流的方法起动。

三相笼型异步电动机减压起动的方法有：定子绕组串电阻（或电抗器）减压起动、丫/△降压起动、延边三角形减压起动和自耦变压器减压起动等。

2.6.1　定子串电阻减压起动控制

图 2-17 为手动控制的三相笼型异步电动机定子串电阻减压起动控制电路（电动机为△接法）。起动时，合上电源开关 QS，引入三相电源。按下起动按钮 SB_2，接触器 KM_1 线圈通电，KM_1 主触点闭合且线圈 KM_1 通过与按钮 SB_2 并联的辅助常开触点实现自锁，电动机串电阻减压起动。当按下起动按钮 SB_3 时，接触器 KM_2 线圈通电，KM_2 主触点闭合，且线圈 KM_2 通过与开关 SB_3 并联的辅助常开触点 KM_2 实现自锁，将主电路电阻 R 短接，其辅助常闭触点将 KM_1 线圈电路切断失电，电动机全压起动。要使电动机停止运转，按下按钮 SB_1 即可。

图 2-18 是自动控制的三相笼型异步电动机定子串电阻减压起动控制电路（电动机为△接法）。起动时，合上电源开关 QS，引入三相电源。按下起动按钮 SB_2，接触器 KM_1 线圈通电，KM_1 主触点闭合，且线圈 KM_1 通过与按钮 SB_2 并联的辅助常开触点 KM_1 实现自锁，电动机串电阻 R 减压起动。同时时间继电器 KT 线圈得电，其延时闭合常开触点的延时闭合使接触器 KM_2 不能得电，当经过时间继电器设定的时间延时，时间继电器的延时闭合常开触点闭合，接触器 KM_2 线圈通电吸合，KM_2 主触点闭合，将主电路电阻 R 短接，KM_2 辅助常

闭触点断开，将 KM₁ 及 KT 的线圈电路切断失电，同时 KM₂ 自锁，电动机全压起动。要使电机停止运转，按下按钮 SB₁ 即可。

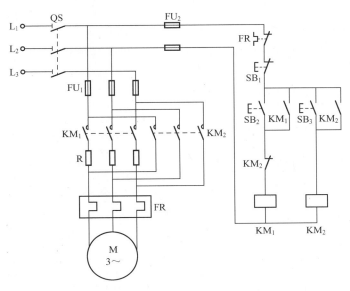

图 2-17　手动控制的三相笼型异步电动机
定子串电阻减压起动控制电路

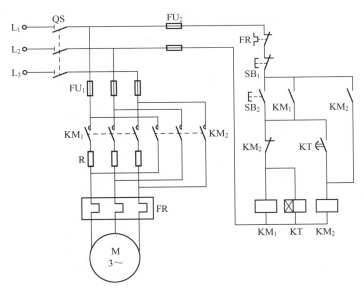

图 2-18　自动控制的三相笼型异步电动机
定子串电阻减压起动控制电路

三相笼型异步电动机定子串电阻减压起动方法简单，但定子串电阻起动能耗较大、起动电流较小，主要用于低压较小功率电动机的轻载起动。

项目2-6 三相异步电动机定子串电阻减压起动控制电路

一、实训目的

1. 了解时间继电器的结构，掌握其工作原理及使用方法。

2. 掌握三相笼型异步电动机接触器控制串电阻减压起动控制电路的工作原理及接线方法。

3. 熟悉实验线路的故障分析及排除故障的方法。

二、实训器材

序 号	名 称	数 量	备 注
1	电源及仪表控制屏	1	提供三相五线制380 V、220 V 电压
2	三相异步电动机	1	
3	低压断路器	1	
4	熔断器	5	
5	按钮开关	3	
6	交流接触器	2	
7	时间继电器	1	
8	热继电器	1	
9	起动电阻	3	75 Ω/75 W
10	万用表、剥线钳、螺钉旋具、尖嘴钳等	1 套	
11	导线	若干	
12	接线端子排	若干	
13	线槽	若干	

三、实训内容

手动/自动控制的三相笼型异步电动机定子串电阻减压起动控制电路的安装与调试。

四、实训步骤

1. 按元件明细表准备电器元件，并检查各电器元件外观及质量是否良好。

2. 按电器元件布置图固定安装电器元件。

3. 按电气接线图进行正确的接线。先接主电路，再接控制电路。注意接线要牢固，接触要良好，文明操作。

4. 接线完成后，检查无误，经指导老师检查认可后，方可通电实验。

五、实训报告要求

1. 绘制电气原理图。

2. 编制元件明细表。

3. 绘制电器元件布置图。

4. 绘制电气接线图。

5. 分析说明控制电路的工作原理。

2.6.2 星形－三角形起动控制

这种起动方法适用于正常运行时定子绕组接成三角形的笼型异步电动机，可采用星形－三角形的降压换接起动的方法来达到限制起动电流的目的。起动时，定子绕组首先接成星形（Y），待转速上升到接近额定转速时，将定子绕组的接线由星形换接成三角形（△），电动机便进入全电压正常运行状态。星形－三角形起动投资少、线路简单且操作方便，其起动电流、起动转矩只有直接起动的1/3，但由于起动转矩较小，这种方式只限于500 V以下容量不超过300 kW的电动机空载或轻载起动。

图2-19所示为手动控制的三相异步电动机Y－△起动控制电路。起动时，合上电源开关QS，引入三相电源。按下起动按钮SB_2，接触器KM_1线圈得电，KM_1主触点闭合，且线圈KM_1通过与按钮SB_2并联的辅助常开触点KM_1形成自锁，同时接触器KM_3通电，KM_3主触点闭合，电动机Y形起动。待电机转速接近额定转速时，按下按钮SB_3，接触器KM_3断电释放，其辅助常闭触点KM_3闭合，接触器KM_2线圈得电，KM_2主触点闭合，且线圈KM_2通过与按钮SB_3常开触点并联的辅助常开触点KM_2形成自锁，电动机转为△形运行。要使电动机停止运转，按下按钮SB_1即可。

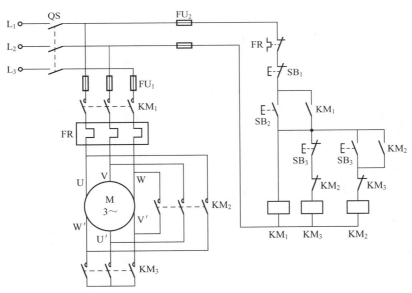

图2-19 手动控制的三相异步电动机Y－△起动控制电路

图2-20所示为自动控制的三相异步电动机Y－△起动控制电路。起动时，合上电源开关QS，引入三相电源。按下起动按钮SB_2，接触器KM_1线圈得电，KM_1主触点闭合，且线圈KM_1通过与按钮SB_2并联的辅助常开触点KM_1形成自锁，同时接触器KM_3和时间继电器KT的线圈得电，KM_3主触点闭合，电动机Y形起动。当经过时间继电器设定的延时时间后，时间继电器延时断开常闭触点KT断开，接触器KM_3断电释放，其辅助常闭触点KM_3闭合，同时时间继电器延时闭合常开触点KT闭合，接触器KM_2线圈得电，KM_2主触点闭合并自锁，且与时间继电器线圈KT相连的辅助常闭触点KM_2断开，接触器KM_3和时间继电器KT线圈断电释放，电动机转为△形运行。要使电动机停止运转，按下按钮SB_1即可。

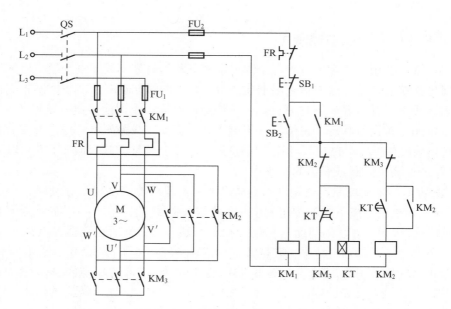

图 2-20　自动控制的三相异步电动机丫-△起动控制电路

项目 2-7　三相异步电动机丫-△起动控制电路

一、实训目的

1. 了解时间继电器的结构，掌握其工作原理及使用方法。

2. 掌握三相异步电动机接触器控制丫-△起动控制电路的工作原理及接线方法。

二、实训器材

序 号	名 称	数 量	备 注
1	电源及仪表控制屏	1	提供三相五线制 380 V、220 V 电压
2	三相异步电动机	1	
3	低压断路器	1	
4	熔断器	5	
5	交流接触器	3	
6	热继电器	1	
7	时间继电器	1	
8	按钮开关	3	
9	万用表、剥线钳、螺钉旋具、尖嘴钳等	1 套	
10	导线	若干	
11	接线端子排	若干	
12	线槽	若干	

三、实训内容

手动/自动控制的三相异步电动机丫-△起动控制电路的安装与调试。

四、实训步骤

1. 按元件明细表准备电器元件，并检查各电器元件外观及质量是否良好。

2. 按电器元件布置图固定安装电器元件。

3. 按电气接线图进行正确接线。先接主电路，再接控制电路。注意接线要牢固，接触要良好，文明操作。

4. 接线完成后，检查无误，经指导老师检查认可后，方可通电实验。（注意：电动机运行时间不宜过长）

五、实训报告要求

1. 绘制电气原理图。

2. 编制元件明细表。

3. 绘制电器元件布置图。

4. 绘制电气接线图。

5. 分析说明控制电路的工作原理。

六、设计题

一台电动机为丫－△接法，设计满足下列要求的控制电路：①采用手动、自动混合控制的丫－△减压起动；②具有必要的联锁与保护环节。

2.6.3 自耦变压器起动控制

自耦变压器起动既适用于三角形联结的电动机，也适用于星形联结的电动机。在自耦变压器减压起动控制线路中，电动机起动电流的限制是依靠自耦变压器的降压作用来实现的。电动机起动时，定子绕组的电压是自耦变压器的二次电压，即电动机的定子电压降低。一旦起动完毕，自耦变压器便被短接，额定电压即自耦变压器的一次电压直接加在定子绕组上，电动机进入全压正常工作。

自耦变压器连接时，高压侧接电源，低压侧接电动机。自耦变压器二次侧电压 U_2 和一次侧电压 U_1 之比（即降压比 K）等于该变压器二次绕组匝数 N_2 与一次绕组匝数 N_1 之比，即

$$K = \frac{U_2}{U_1} = \frac{N_2}{N_1} \tag{2-2}$$

采用自耦变压器减压起动时，电动机的定子电压下降为直接起动时的 K 倍，但是对电源造成的冲击电流是直接起动的 K^2 倍，电动机的起动转矩为直接起动时的 K^2 倍。

起动用的自耦变压器有几个抽头可供选择，如 QJ2 型有 3 个抽头，其电压等级分别是电源电压的 55%、64% 和 73%。选用不同的抽头比，即不同的 K 值，就可以得到不同的起动电流和起动转矩，以满足不同的起动要求。自耦变压器起动的缺点是价格高、维修不便以及不允许频繁起动。所以自耦变压器起动适应于起动次数较少、容量较大的笼型异步电动机进行减压起动。

图 2-21 所示为自耦变压器减压起动控制电路。图中，KM_1 为降压接触器，KM_2 为正常运行接触器，KT 为起动时间继电器。工作时，合上电源开关 QS，按下起动按钮 SB_2，KM_1 通电并自锁，将自耦变压器 T 接入，电动机定子经自耦变压器供电作减压起动，同时 KT 通电，经延时 KT 延时断开常闭触点使 KM_1 断电，KT 延时闭合常开触点使 KM_2 通电，自耦变压器切除，电动机在全压下正常运行。

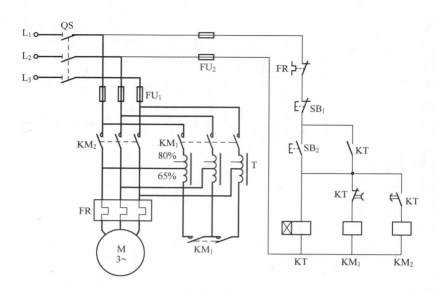

图 2-21　自耦变压器减压起动控制电路

2.7　绕线转子异步电动机起动控制

绕线转子异步电动机的优点之一是转子回路可以通过集电环外串电阻或频敏变阻器起动来达到减小起动电流、提高转子电路功率因数和起动转矩的目的。一般用在要求起动转矩较高的场合。

绕线转子异步电动机起动过程根据转子电流变化及需要起动时间分类，有电流原则和时间原则两类。转子串电阻起动适用于调速要求不高、电动机容量不大的场合；转子串频敏变阻器起动适用于电动机容量大或频繁起动的场合。

图 2-22 所示为手动控制的绕线转子异步电动机起动控制电路。起动时，合上电源开关QS，引入三相电源。按下起动按钮 SB_2，接触器 KM_1 的线圈通电，其主触点闭合且线圈 KM_1 通过与按钮 SB_2 并联的辅助常开触点 KM_1 实现自锁，电动机串全部电阻起动。当按下按钮 SB_3 时，接触器 KM_2 的线圈通电，其主触点 KM_2 闭合且线圈 KM_2 通过与按钮 SB_3 并联的辅助常开触点 KM_2 实现自锁，电动机串电阻 R_2、R_3 起动。当按下按钮 SB_4，接触器 KM_3 的线圈通电，其主触点 KM_3 闭合且线圈 KM_3 通过与按钮 SB_4 并联的辅助常开触点实现自锁，同时与线圈 KM_2 相连的辅助常闭触点 KM_3 断开，使接触器 KM_2 断电释放，电动机串电阻 R_3 起动。当按下按钮 SB_5，接触器 KM_4 的线圈通电，其主触点 KM_4 闭合且线圈 KM_4 通过与按钮 SB_5 并联的辅助常开触点 KM_4 实现自锁，同时其辅助常闭触点 KM_4 断开，使接触器 KM_2 和 KM_3 断电释放，电动机全压起动。要使电动机停止运转，按下按钮 SB_1 即可。

2.7.1　按电流原则的串电阻起动控制

按电流原则控制，即用电流继电器来检测转子电流大小的变化来控制起动电阻的切除，当电流大时，电阻不切除，当电流小到某一定值时，切除一段电阻，使电流重新增大，这样就可以把起动电流控制在一定的范围内。

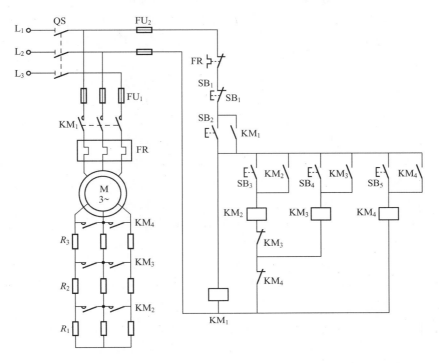

图 2-22　手动控制的绕线转子异步电动机起动控制电路

按电流原则控制的绕线转子异步电动机串电阻起动的控制电路如图 2-23 所示。在三相

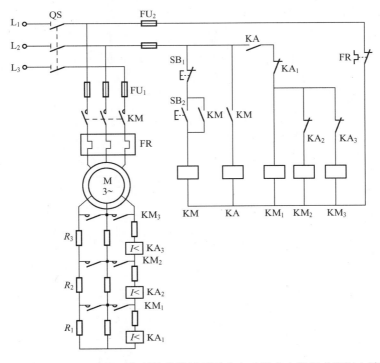

图 2-23　按电流原则控制的绕线转子异步电动机串电阻起动控制电路

转子绕组中串接对称的起动电阻，起动电阻接成星形。起动前，起动电阻全部接入，起动过程中，根据电动机转子电流大小的变化，通过接触器 $KM_1 \sim KM_3$ 将电阻依次短接，起动结束时，转子电阻全部被短接。

在图 2-23 中，KM 为电动机电源接触器，$KM_1 \sim KM_3$ 为短接起动电阻接触器，$KA_1 \sim KA_3$ 为欠电流继电器，KA 为中间继电器，电阻 R_1、R_2、R_3 为转子串接的起动电阻，接成星形。三个欠电流继电器的吸合电流值相同，但释放电流不同，其线圈串联在电动机转子回路中。KA_1 的释放电流最大、最先释放，KA_2 次之，KA_3 的释放电流最小、最后释放。

起动时，合上电源开关 QS，按下起动按钮 SB_2，KM 线圈得电并自锁，其主触点接通电动机定子电源；KM 辅助常开触点闭合则中间继电器 KA 得电，KA 常开触点闭合，为 $KM_1 \sim KM_3$ 通电做准备，由于起动电流较大，$KA_1 \sim KA_3$ 线圈同时吸合动作，$KA_1 \sim KA_3$ 的常闭触点断开，$KM_1 \sim KM_3$ 均不得电，电动机转子串接全部电阻起动。随着起动过程中转子电流的不断减小，起动电阻将逐级切除。KA_1 最先释放，其常闭触点复位，KM_1 线圈得电，其主触点闭合，短接第一级电阻 R_1，电动机 M 转速升高；随转子电流进一步减小，KA_2 又释放，其常闭触点复位，KM_2 线圈得电，其主触点闭合，短接第二级电阻 R_2，电动机 M 转速再升高；随着转子电流再减小，KA_3 最后释放，常闭触点复位，KM_3 线圈得电，其主触点闭合，短接最后一段电阻 R_3，电动机 M 起动过程结束。停止时，按下按钮 SB_1，KM、KA、$KM_1 \sim KM_3$ 线圈均断电释放，电动机 M 断电停转。中间继电器 KA 的作用是保证电动机起动时串入全部起动电阻。

2.7.2 按时间原则的串电阻起动控制

图 2-24 所示为按时间原则控制的线绕转子异步电动机起动控制电路。在图中，KM_1 为电动机电源接触器，$KT_1 \sim KT_2$ 为时间继电器，这两个时间继电器的延时动作时间可设定为相同也可不同。电阻 R_1、R_2 为转子串接的起动电阻，接成星形。起动开始，电阻全部接入电路，随着起动时间的不断增加，起动电阻逐级切除。

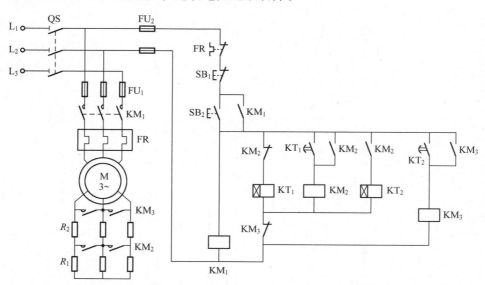

图 2-24　按时间原则控制的绕线转子异步电动机串电阻起动控制电路

起动时，合上电源开关 QS，引入三相电源。按下起动按钮 SB_2，接触器 KM_1 的线圈通电，主触点闭合且其线圈 KM_1 通过与按钮 SB_2 并联的辅助常开触点 KM_1 实现自锁，同时时间继电器 KT_1 通电，电动机串全部电阻起动。当延时时间到，时间继电器 KT_1 的延时闭合触点闭合，接触器 KM_2 的线圈通电，其主触点闭合，电动机短接电阻 R_1 起动。线圈 KM_2 通过与时间继电器的延时闭合触点 KT_1 并联的辅助常开触点 KM_2 实现自锁，同时时间继电器 KT_2 的线圈通电。KM_2 的辅助常闭触点复位，时间继电器 KT_1 失电。当延时时间到，时间继电器 KT_2 的延时闭合触点闭合，接触器 KM_3 通电，主触点闭合且其线圈 KM_3 通过与时间继电器 KT_2 的延时闭合触点并联的辅助常开触点 KM_3 实现自锁，同时其常闭触点 KM_3 断开，使接触器 KM_2 断电释放，电阻 R_1、R_2 短接，电动机全压起动。停止时，按下按钮 SB_1，KM_1、KM_3 线圈均断电释放，电动机断电停转。

项目 2-8　绕线转子异步电动机起动控制电路

一、实训目的

通过对绕线转子异步电动机的手动、自动起动控制线路的实际安装接线，掌握由电路原理图接成实际操作电路的方法。

二、实训器材

序号	名　称	数量	备　注
1	电源及仪表控制屏	1	提供三相五线制 380 V、220 V 电压
2	三相绕线式异步电动机	1	
3	低压断路器	1	
4	熔断器	5	
5	交流接触器	4	
6	时间继电器	2	
7	热继电器	1	
8	起动电阻	9	
9	按钮	5	
10	万用表、剥线钳、螺钉旋具、尖嘴钳等	1 套	
11	导线	若干	
12	接线端子排	若干	
13	线槽	若干	

三、实训内容

1. 手动控制的绕线转子异步电动机起动控制电路的安装与调试。

2. 按时间原则控制的绕线转子异步电动机起动控制电路的安装与调试。

四、实训步骤

1. 熟悉电气原理图。

2. 进行电器元件的选择，按元件明细表准备电器元件，并检查各电器元件外观及质量是否良好。

3. 按电器元件布置图固定安装电器元件。

4. 按电气接线图进行正确接线。先接主回路，再接控制回路。注意接线要牢固，接触要良好，文明操作。

5. 在接线完成后，检查无误，经指导老师检查允许后，方可通电调试。

五、实训报告要求

1. 绘制电气原理图。

2. 编制元件明细表。

3. 绘制电器元件布置图。

4. 绘制电气接线图。

5. 分析说明控制电路的工作原理。

2.7.3 串频敏变阻器起动控制

频敏变阻器的阻抗能够随着转子电流频率的减小而自动减小，它是绕线转子异步电动机较为理想的一种起动设备。和其他起动设备相比，它具有起动平滑、结构简单、运行可靠、维护方便以及能实现自动操作等优点。

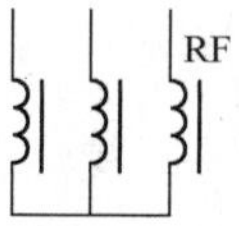

频敏变阻器是一个特殊的三相铁心电抗器，是一种无触点电磁元件，相当于一个等值阻抗。由铁心和绕组两个主要部分组成，铁心是用几毫米到几十毫米厚的钢板焊成的，一般做成三柱式，每个柱上有一相绕组（通常有 1～2 个抽头），一般接成星形，其原理如图 2-25 所示。

图 2-25　频敏变阻器原理图

绕线转子异步电动机串频敏变阻器起动控制电路如图 2-26 所示。在图中，KM₁ 为电动机电源接触器；KM₂ 为频敏变阻器短接接触器；KA 为中间继电器；SA 为转换开关；TA 为电流互感器，其作用是将主电路中的大电流变换成小电流进行测量。该电路可以实现自动和手动控制。

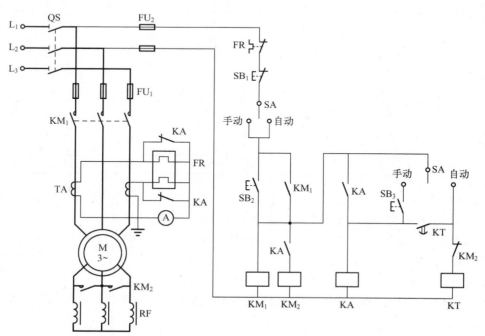

图 2-26　绕线转子异步电动机串频敏变阻器起动控制电路

60

将转换开关 SA 置于"手动"位置，则时间继电器 KT 不起作用。按下起动按钮 SB₂，KM₁ 线圈得电并自锁，KM₁ 主触点闭合，电动机转子电路串入频敏变阻器起动；按下按钮 SB₃，KA 得电并自锁，KM₂ 线圈得电，KM₂ 主触点闭合，短接频敏变阻器。

将转换开关 SA 置于"自动"位置，按下起动按钮 SB₂，KM₁ 线圈得电并自锁，KM₁ 主触点闭合，电动机转子电路串入频敏变阻器起动。同时 KT 线圈得电，延时时间到，延时闭合的常开触点 KT 闭合，KA 得电并自锁，KM₂ 得电，KM₂ 主触点闭合，短接频敏变阻器；同时，KM₂ 辅助常闭触点断开，KT 断电，起动结束。

为避免因起动时间较长而使热继电器 FR 误动作，在起动过程中，用 KA 的常闭触点将 FR 的加热元件短接，待起动结束，电动机正常运行时才将 FR 的加热元件接入电路。按下停止按钮 SB₁，KM₁、KM₂、KA 线圈断电释放，电动机断电停转。

2.8 三相笼型异步电动机调速控制

调速就是在一定的负载下，根据生产的需要人为地改变电动机的转速。调速通常有机械调速和电气调速两种方法，通过改变电动机参数而改变系统运行转速的调速方法称为电气调速。

三相异步电动机的转速公式为

$$n = \frac{60f}{p}(1 - s) \qquad (2-3)$$

式中 f—电源的频率。

p—定子绕组磁极对数。

s—转差率。

由式（2-3）可知，改变异步电动机转速的方法有 3 种：变频调速、变极调速和变转差率调速。变转差率调速的具体方法有变压调速、转子电路串电阻调速等。

2.8.1 变极调速控制

典型的变极调速方法有 Y – YY 接法和 △—YY 接法。图 2-27 所示为双速异步电动机定子绕组接线示意图，其 △ – YY 接法是将电动机定子绕组的 U₁、V₁、W₁ 3 个接线端接三相交流电源，而将定子绕组的 U₂、V₂、W₂ 3 个接线端悬空，三相定子绕组接成三角形，此时电动机低速运行。若将电动机定子绕组的 3 接线端子 U₁、V₁、W₁ 连在一起，而将 U₂、V₂、W₂ 接三相交流电源，则原来三相定子绕组的三角形接线（△）即变为双星形接线（YY），此时电动机为高速运行。

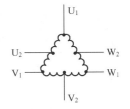

图 2-27 双速电动机
定子绕组接线示意图

变极调速的优点是可以适应不同性质的负载的要求，其缺点是变极调速时，转速几乎是成倍变化，所以调速的平滑性差，属于有级调速。但它在每个转速等级运转时，和通常的异步电动机一样，具有较硬的机械特性，稳定性较好，所以对于不需要无级调速的生产机械，如金属切削机床、通风机及升降机等均可采用变极调速。

图2-28所示为手动控制的双速电动机调速控制电路。起动时,合上电源开关QS,引入三相电源。按下低速起动按钮SB$_2$后,接触器KM$_1$的线圈通电,主触点闭合且其线圈通过与按钮SB$_2$并联的辅助常开触点KM$_1$实现自锁,电动机定子绕组作△形联结,电动机低速运转。如需换为高速运转,按下高速起动按钮SB$_3$,低速接触器KM$_1$线圈断电释放,主触点断开,互锁触点闭合,几乎同时,高速接触器KM$_2$和KM$_3$线圈通电,KM$_2$和KM$_3$主触点闭合,使电动机定子绕组连接成双星形(丫丫)并联,电动机高速运转。

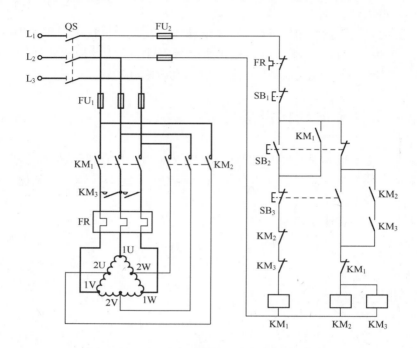

图2-28 手动控制的双速电动机调速控制电路

图2-29所示为自动控制的双速电动机调速控制电路。起动时,合上电源开关QS,引入三相电源。按下起动按钮SB$_2$后,接触器KM$_1$的线圈通电,主触点闭合且其线圈通过与按钮SB$_2$并联的辅助常开触点KM$_1$实现自锁,电动机定子绕组作△型联结,电动机低速运转。同时时间继电器KT线圈得电,经过一段时间延时,时间继电器常开触点闭合,常闭触点断开,低速接触器KM$_1$线圈断电释放,主触点断开,互锁触点闭合,几乎同时,高速接触器KM$_2$和KM$_3$线圈通电,KM$_2$和KM$_3$主触点闭合,使电动机定子绕组联成双星形(丫丫)并联,电动机高速运转。

项目2-9 双速电动机调速控制电路

一、实训目的

通过对接触器控制的双速异步电动机的调速控制电路的实际安装接线,掌握由电路原理图接成实际操作电路的方法。

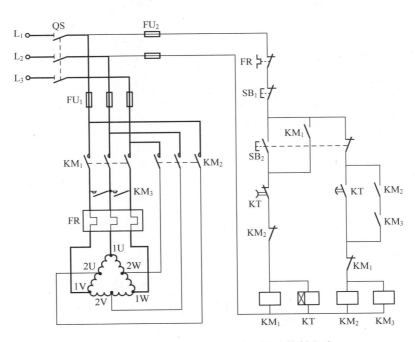

图 2-29　自动控制的双速电动机调速控制电路

二、实训器材

序　号	名　　　称	数　量	备　　　注
1	电源及仪表控制屏	1	提供三相五线制 380 V、220 V 电压
2	双速电动机	1	
3	低压断路器	1	
4	熔断器	5	
5	交流接触器	3	
6	热继电器	2	
7	按钮开关	3	
8	时间继电器	1	
9	万用表、剥线钳、螺钉旋具、尖嘴钳等	1 套	
10	导线	若干	
11	接线端子排	若干	
12	线槽	若干	

三、实训内容

手动/自动控制的双速电动机调速控制电路的安装与调试。

四、实训步骤

1. 按元件明细表准备电器元件，并检查各电器元件外观及质量是否良好。

2. 按电器元件布置图固定安装电器元件。

3. 按电气接线图进行正确的接线。先接主回路，再接控制回路。注意接线要牢固，接触要良好，文明操作。

4. 接线完成后，检查无误，经指导老师检查认可后，方可通电实验。（注意：电动机运行时间不宜过长）

五、实训报告要求

1. 绘制电气原理图。
2. 编制元件明细表。
3. 绘制电器元件布置图。
4. 绘制电气接线图。
5. 分析说明控制电路的工作原理。

六、设计题

利用转换开关设计手动、自动混合控制的双速电动机调速控制电路。

2.8.2 变频调速控制

所谓变频调速就是通过改变异步电动机的供电电源频率从而进行转速的调节。变频调速在交流电机调速中应用广泛。

实现变频调速的关键是如何获得一个单独向异步电动机供电的经济可靠的变频电源。目前在变频调速系统中广泛采用的是变频器。变频器是利用电力半导体器件的通断作用将工频交流电变换为另一频率的电能控制装置。

第 8 章中将具体介绍变频器的工作原理及应用。

2.9 三相笼型异步电动机制动控制

由于惯性的作用，三相异步电动机从切除电源到完全停止旋转，需要经过一段时间才能完成。而在实际生产过程中，生产机械往往要求电动机能迅速停车，这就需要对电动机进行制动控制。制动方法一般有两大类：机械制动和电气制动。

机械制动是利用电磁抱闸等机械装置来强迫电动机迅速停车。掉电后用弹簧压力将电动机转轴卡紧，使其停车；运行时，将抱闸的电磁铁通电，靠电磁吸力将抱闸拉开，使电动机能够自由运转。特点是：结构简单，但是运行时耗电大；电路结构上需加装一个抱闸电磁铁。

电气制动是使电动机工作在制动状态，使电动机的电磁转矩方向与电动机的旋转方向相反，迫使电动机的转速迅速下降，从而起制动作用。电气制动控制电路包括反接制动和能耗制动。

2.9.1 反接制动控制

所谓反接制动就是在电动机的三相电源被切除后，立即向异步电动机定子绕组中通入反相序的三相交流，使电动机产生与转子转动方向相反的转矩，迫使电动机迅速停车。反接制动的特点是制动迅速、效果好，但能量消耗大，通常仅适用于 10 kW 以下的小容量电动机。

电源反接制动时的电流将达到额定电流的 10 倍以上，冲击电流很大，对传动部件有害。为了减小冲击电流，需要在电动机主电路中串接一定的电阻以限制反接制动电流。另外，为防止转子降速后反向起动，当转速接近零时应迅速切断电源，故在控制线路中利用速度继电器 KS 来"判断"电动机的转速。在结构上，速度继电器与电动机同轴安装，其常开触点串联在电动机控制电路中，当电动机转动时，速度继电器的常开触点闭合；电动机转速低于其动作转速时，其常开触点复位。

反接制动控制电路有单向运行反接制动控制电路和可逆运行反接制动控制电路。

图 2-30 所示为时间控制的三相异步电动机反接制动控制电路。起动时，合上电源开关 QS，引入三相电源。按下起动按钮 SB$_2$，接触器 KM$_1$ 的线圈通电，主触点 KM$_1$ 闭合且线圈 KM$_1$ 通过与按钮 SB$_2$ 并联的辅助常开触点 KM$_1$ 实现自锁，同时时间继电器 KT 也通电，电动机串电阻 R 减压起动。经过延时时间，时间继电器的延时闭合触点 KT 闭合，接触器 KM$_2$ 的线圈通电，其主触点 KM$_2$ 闭合且线圈 KM$_2$ 通过辅助常开触点 KM$_2$ 实现自锁，同时辅助常闭触点 KM$_2$ 复位，使接触器 KM$_1$ 的线圈断电释放，电动机全压起动。反接制动时，按下按钮 SB$_3$，接触器 KM$_3$ 线圈通电，同时线圈 KM$_3$ 通过与按钮 SB$_3$ 并联的辅助常开触点 KM$_3$ 实现自锁，KM$_3$ 主触点闭合，接入电动机的三相电源相序改变，电动机立即在反向力的作用下减速，同时其辅助常闭触点 KM$_3$ 断开，使 KT、KM$_1$、KM$_2$ 线圈断电释放，按下开关 SB$_3$ 的同时迅速按下 SB$_1$。这种操作的目的是，当电动机停车前，要将三相交流电源断开，否则电动机将反向起动。

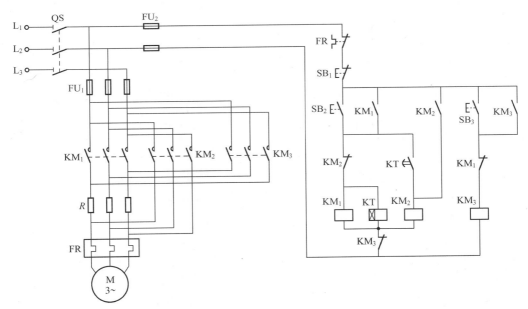

图 2-30　三相异步电动机反接制动控制电路

在图 2-30 所示控制电路的基础上，可采用速度继电器来检测电动机转速，速度继电器与电动机同轴安装，随电动机一起旋转。当电动机转速达到速度继电器的动作转速时，速度继电器的常闭触点断开而常开触点闭合，当电动机转速下降到速度继电器的动作转速时，速度继电器的触点复位。

图 2-31 所示为速度控制的单向运行的反接制动电路。KM$_1$ 为电动机运行接触器，KM$_2$ 为反接制动接触器，KS 为速度继电器，R 为反接制动电阻。电动机正常运转时，KM$_1$ 通电并自锁，速度继电器 KS 常开触点闭合，为制动做好准备。需要停车时，按下按钮 SB$_1$，

KM₁ 线圈失电，主触点断开，切断三相交流电源，同时 KM₂ 线圈通电并自锁，电动机定子串接电阻接入反相序三相交流电源进行反接制动，电动机转速迅速下降，当电动机转速低于速度继电器的动作转速时，速度继电器 KS 常开触点复位，使 KM₂ 线圈失电，电动机断开反相序电源，自然停车。

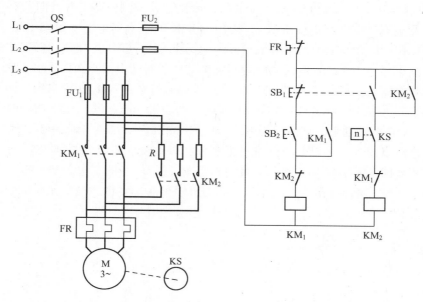

图 2-31　速度控制的单向运行的反接制动电路

图 2-32 所示为速度控制的正反向运行的反接制动电路。按钮 SB₂、SB₃ 分别为正、反向

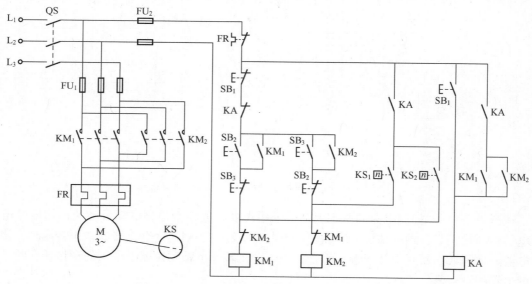

图 2-32　速度控制的正反向运行的反接制动电路

66

起动按钮；KS$_1$、KS$_2$ 分别为速度继电器的正转、反转常开触点。接触器 KM$_1$、KM$_2$ 分别将正序、反序电源接至电动机。

项目 2-10 三相异步电动机反接制动控制电路

一、实训目的

1. 了解什么是反接制动。
2. 了解带速度继电器的电动机的相关知识。
3. 掌握电动机减压起动和反接制动的工作原理、接线方式及操作方法。

二、实训器材

序 号	名 称	数 量	备 注
1	电源仪表及控制屏	1	提供三相五线制 380 V、220 V
2	三相异步电动机	1	
3	低压断路器	1	
4	熔断器	5	
5	交流接触器	3	
6	热继电器	1	
7	时间继电器	1	
8	速度继电器	1	
9	中间继电器	1	
10	限流电阻	3	
11	按钮开关	3	
12	万用表、剥线钳、螺钉旋具、尖嘴钳等	1 套	
13	导线	若干	
14	接线端子排	若干	
15	线槽	若干	

三、实训内容

1. 时间控制的三相异步电动机反接制动控制线路的安装与调试。
2. 速度控制的单向运行的反接制动电路的安装与调试。
3. 速度控制的正反向运行的反接制动电路的安装与调试。

四、实训步骤

1. 按元件明细表准备电器元件，并检查各电器元件外观及质量是否良好。
2. 按电器元件布置图固定安装电器元件。
3. 按电气接线图进行正确的接线。先接主电路，再接控制电路。注意接线要牢固，接触要良好，文明操作。
4. 接线完成后，检查无误，经指导老师检查认可后，方可通电实验。（注意：电动机运行时间不宜过长）

五、实训报告要求

1. 绘制电气原理图。

2. 编制元件明细表。

3. 绘制电器元件布置图。

4. 绘制电气接线图。

5. 分析说明控制电路的工作原理。

六、设计题

1. 设计可实现丫 – △起动及反接制动的单向运行控制电路（速度控制）。

2. 设计可实现串电阻减压起动及反接制动的单向运行控制电路（速度控制）。

3. 设计可实现点动、连续运行及反接制动的正反向运行控制电路（速度控制）。

2.9.2 能耗制动控制

能耗制动是指在电动机脱离三相交流电源后，在定子绕组中加入一个直流电源，使定子绕组产生一个恒定的静止磁场，当电动机在惯性作用下继续旋转时，惯性运转的转子绕组切割恒定磁场产生制动转矩，使电动机迅速制动停车。这种制动的方法是将电动机旋转的动能转变为电能，消耗在制动电阻上，故称为能耗制动。根据直流电源的整流方式，能耗制动分为半波整流能耗制动和全波整流能耗制动；根据能耗制动控制的原理，分为时间控制和速度控制两种。用时间继电器进行的时间控制，一般适用于转速比较稳定的生产设备；用速度继电器进行的速度控制，常用于因生产需要负载经常变化的设备。能耗制动的原理如图 2-33 所示。

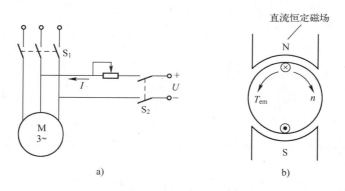

图 2-33　能耗制动的原理

a）定子绕组加入直流电压示意图　b）静止磁场示意图

如图 2-34 所示为无变压器的单向运行的半波整流能耗制动控制电路。为了减少能耗制动设备，在要求不高、电动机容量在 10 kW 以下时可采用无变压器的单管半波整流器作为直流制动电源，如图 2-34a 所示。KM_1 为运行接触器，KM_2 为制动接触器，KT 为控制能耗制动时间的通电延时时间继电器，VD 为整流二极管。

假设电动机已正常运行，KM_1 通电并自锁。若使电动机停转，按下停止按钮 SB_1，其常闭触点先断开，KM_1 线圈断电，电动机定子绕组脱离三相交流电源；SB_1 常开触点闭合，KM_2、KT 线圈同时通电并自锁。该电路的整流电源电压为 220 V，由 KM_2 主触点接至电动机定子绕组，再经二极管 VD、制动限流电阻 R 接至电源中性线 N 构成闭合电路。制动时电动机的 U、V 相由 KM_2 主触点并联后与 W 相串联，则定子绕组的连接如图 2-34b 所示。电动机的转速迅速降低。当转速接近零时，时间继电器 KT 延时时间到，其常闭触点打开，使 KM$_2$、KT 线圈相继断电，能耗制动结束。

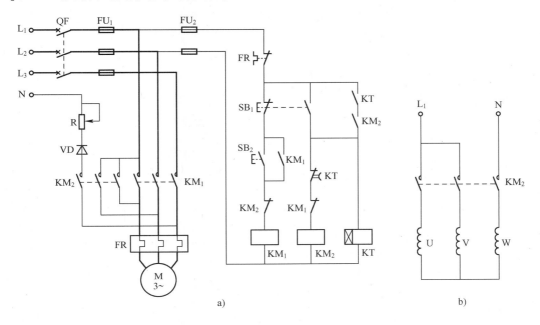

图 2-34　无变压器的单向运行的半波整流能耗制动控制电路
a）控制电路　b）定子绕组串接二极管示意图

图 2-35 所示为正反向运行的半波整流能耗制动控制电路。SB$_1$ 为停止按钮，SB$_2$、SB$_3$

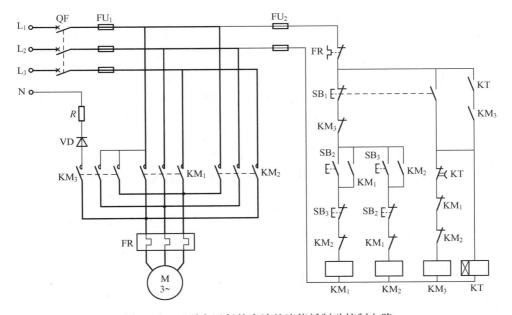

图 2-35　正反向运行的半波整流能耗制动控制电路

为正反向起动按钮。KM$_1$、KM$_2$为正反向运行接触器，KM$_3$为能耗制动接触器，KT为控制能耗制动时间的时间继电器。

图2-36所示为速度控制的单向运行的全波整流能耗制动控制电路。全波整流的制动电流是半波整流的两倍，所以较大功率（10 kW以上）的电动机常采用全波整流能耗制动。交流电压经过变压器变压，再通过全波整流得到直流电源。

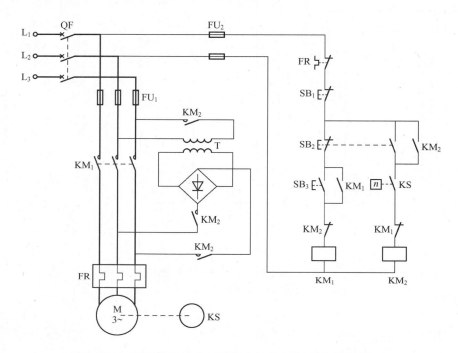

图2-36　速度控制的单向运行的全波整流能耗制动控制电路

起动时，合上低压断路器QF，引入三相电源。按下起动按钮SB$_3$，接触器KM$_1$的线圈通电，主触点闭合且通过与按钮SB$_3$并联的辅助常开触点KM$_1$实现自锁，并和接触器KM$_2$形成互锁，电动机开始运转。在电动机正常运转时，速度继电器的常开触点KS闭合。当按下按钮SB$_2$后，接触器KM$_2$的线圈通电，其主触点闭合且线圈KM$_2$通过与按钮SB$_2$的常开触点并联的辅助触点KM$_2$实现自锁，同时其对接触器KM$_1$的互锁常闭触点KM$_2$断开，使接触器KM$_1$断电释放，电动机进入能耗制动状态，当电动机转子的惯性速度接近零时，速度继电器的常开触点KS复位，接触器KM$_2$的线圈断电释放，能耗制动结束。要使电机停止运转，按下按钮SB$_1$即可。

项目2-11　三相异步电动机能耗制动控制电路

一、实训目的

1. 了解什么是能耗制动。

2. 了解带速度继电器的电动机的相关知识。

3. 掌握电动机的能耗制动控制的工作原理、接线方式及操作方法。

二、实训器材

序　号	名　　　称	数　量	备　　注
1	电源仪表及控制屏	1	提供三相五线制 380 V、220 V
2	三相异步电动机	1	
3	低压断路器	1	
4	熔断器	5	
5	变压器	1	380 V/36 V
6	交流接触器	3	
7	热继电器	1	
8	时间继电器	1	
9	可调电阻	1	90Ω
10	按钮开关	3	
11	万用表、剥线钳、螺钉旋具、尖嘴钳等	1 套	
12	导线	若干	
13	接线端子排	若干	
14	线槽	若干	

三、实训内容

1. 无变压器的单向运行的半波整流能耗制动控制电路的安装与调试。
2. 正反向运行的半波整流能耗制动控制电路的安装与调试。
3. 速度控制的单向运行的全波整流能耗制动控制电路的安装与调试。

四、实训步骤

1. 按元件明细表准备电器元件，并检查各电器元件外观及质量是否良好。
2. 按电器元件布置图固定安装电器元件。
3. 按电气接线图进行正确接线。先接主回路，再接控制回路。注意接线要牢固，接触要良好，文明操作。
4. 接线完成后，检查无误，经指导老师检查认可后，方可通电实验。（注意：电动机运行时间不宜过长）

五、实训报告要求

1. 绘制电气原理图。
2. 编制元件明细表。
3. 绘制电器元件布置图。
4. 绘制电气接线图。
5. 分析说明控制电路的工作原理。

六、设计题

1. 设计速度控制的正反向运行的全波整流能耗制动控制电路。
2. 设计时间控制的单向运行的全波整流能耗制动控制电路。

2.9.3 电磁抱闸制动控制

电磁抱闸装置主要由两部分组成，即制动电磁铁和闸瓦制动器。制动电磁铁由铁心、衔铁和线圈3部分组成。闸瓦制动器包括闸轮、闸瓦和弹簧等，闸轮与电动机装在同一根转轴上。

图2-37所示为电磁抱闸制动控制电路。当电动机正常运转时，电磁抱闸线圈无法得电，闸瓦与闸轮分开无制动作用；当电动机需停转时，按下停止按钮SB₂，复合按钮SB₂的常闭触点断开，KM₁线圈失电，其主、辅触点复位，同时KM₂线圈得电，KM₂主触点闭合，电磁抱闸线圈得电，使闸瓦紧紧抱住闸轮制动；当电动机处于停止状态时，电磁抱闸线圈不得电，闸瓦与闸轮分开。

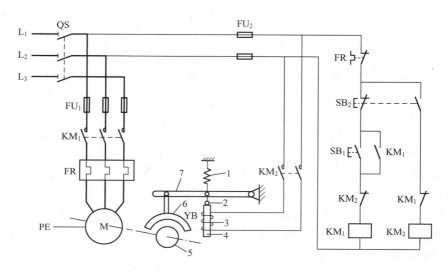

图2-37 电磁抱闸制动控制电路
1—弹簧 2—衔铁 3—线圈 4—铁心 5—闸轮 6—闸瓦 7—杠杆

2.10 直流电动机的电气控制

直流电动机的主要优点是起动和调速性能好、过载能力强、易于控制。因此，在工业生产中直流拖动系统得到了广泛的应用。

按励磁方式的不同，直流电动机可分为他励、并励、串励和复励4类，本节中以他励直流电动机的电气控制为例进行介绍。

直流电动机电动势平衡方程为：

$$U_a = E + I_a R_a \tag{2-4}$$

$$E = C_e \Phi n \tag{2-5}$$

由公式（2-4）、（2-5）可得直流电动机转速方程：

$$n = \frac{U_a - R_a I_a}{C_e \Phi} \tag{2-6}$$

式中 U_a——电枢电压。

$\quad\quad I_a$——电枢电流。

$\quad\quad R_a$——电枢回路总电阻。

$\quad\quad E$——电枢反电动势。

$\quad\quad \Phi$——磁通。

$\quad\quad n$——转速。

直流电动机起动时，若电枢接入额定电压，电动机转速 $n=0$、$E=0$，电枢电流 $I_a = U_N / R_a$，由于电枢电阻很小，起动电流比电动机的额定电流高出很多倍。过大的电枢电流将会使换向器产生严重的火花，烧坏换向器。因此，直流电动机一般采用串两级电阻起动的方法来限制起动电流。

直流电动机正反向运行有改变励磁电流极性和改变电枢绕组端电压极性两种方法。对于频繁正反向运行的电动机，采用改变电枢绕组端电压极性方法时，由于主电路电流较大，故应采用灭弧能力强的大容量直流接触器；采用改变励磁电流极性方法时，由于电磁惯性较大，要设置制动和联锁电路，以确保在电动机停转后，再反向起动，以免直接反向产生过大的电流冲击。

直流电动机的电气制动有能耗制动、反接制动和回馈制动 3 种。为了快速停车，一般采用能耗制动和反接制动。

在图 2-38 中，KM_1 和 KM_2 分别为正、反转接触器，KM_3 和 KM_4 为短接电枢电阻接触器，KM_5 为反接制动接触器，KA_1 为过电流继电器，KA_2 为欠电流继电器，KV_1 和 KV_2 为反接制动电压继电器，KT_1 和 KT_2 为时间继电器，R_1 和 R_2 为起动电阻，R_3 为放电电阻，R_4 为制动电阻，SQ_1 为正转变反转行程开关，SQ_2 为反转变正转行程开关。

该电路采用时间原则两级起动，能正、反转运行，并能通过行程开关 SQ_1、SQ_2 实现自动换向。在换向过程中，电路能实现反接制动，以加快换向过程。

电动机正向运转，拖动运动部件，当撞块压下行程开关 SQ_1 时，KM_1、$KM_3 \sim KM_5$、KV_1 断电，KM_2 通电，使电动机电枢接上反向电源，同时 KV_2 通电。

由于机械惯性存在，电动机转速 n 与电动势 E 的大小和方向来不及变化，且电动势 E 的方向与电压降 $I_a R_a$ 方向相反，此时反接电压继电器 KV_2 的线圈电压很低，不足以使 KV_2 通电，使 $KM_3 \sim KM_5$ 线圈处于断电状态，电动机电枢串入全部电阻进行反接制动。随着电动机转速下降，E 逐渐减小，反接继电器 KV_2 上电压逐渐增加。当 $n \approx 0$ 时，$E \approx 0$，加至 KV_2 线圈两端电压使它吸合，使 KM_5 通电，短接反接制动电阻 R_4，电动机串入 R_1、R_2 进行反向起动，直至反向正常运转。

当反向运转拖动运动部件，撞块压下行程开关 SQ_2 时，则由 KV_1 控制实现反转 - 制动 - 正向起动过程。

过电流继电器 KA_1 实现过载保护和短路保护；欠电流继电器 KA_2 实现欠磁场保护；电阻 R_3 与二极管 VD 构成电动机励磁绕组断开电源时的放电回路，避免发生过电压。

由式（2-6）可以看出，改变 R_a、U_a 及 Φ 中的任何一个都可以使转速 n 发生变化，所以调节电动机的转速有改变电枢回路电阻、调节电枢供电电压和减弱励磁磁通 3 种方法。对于要求在一定范围内无级平滑调速来说，以调节电枢电压的方式为最好。改变电阻只能实现有级调速；减弱磁通虽然能够平滑调速，但调速范围不大，往往配合调压方案，在额定转速以上做小范围的弱磁升速。因此，自动控制的直流调速系统往往以变压调速为主。调节电枢供电电压需要有专门的可控直流电源。在电力拖动控制系统课程中有对直流拖动控制系统的详细介绍，本书不再赘述。

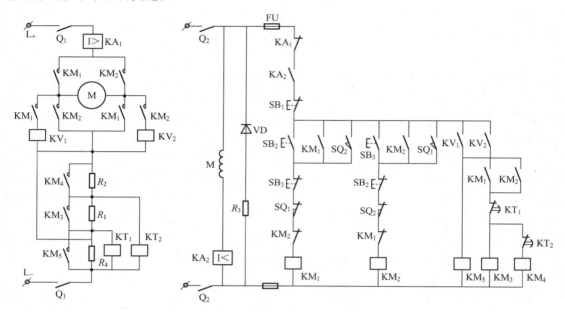

图 2-38　直流电动机串电阻起动、反接制动的可逆运行控制电路

2.11　习题

1. 在机床电气控制电路中采用两地分别控制方式，其控制按钮连接的规律是（　　　）。

A. 全为串联　　　　　　　　　　　　B. 起动按钮并联，停止按钮串联

C. 全为并联　　　　　　　　　　　　D. 起动按钮串联，停止按钮并联

2. 电机正反转运行中的两接触器必须实现相互间（　　　）。

A. 互锁　　　　　　　B. 自锁　　　　　　　C. 禁止　　　　　　　D. 记忆

3. 改变交流电动机的运转方向，调整电源采取的方法是（　　　）。

A. 调整其中两相的相序　　　　　　　B. 调整三相的相序

C. 定子串电阻　　　　　　　　　　　D. 转子串电阻

4. 三相异步电动机采用能耗制动时，当切断电源后，将（　　　）。

A. 转子回路串入电阻

B. 定子任意两相绕组进行反接

C. 转子绕组进行反接

D. 定子绕组送入直流电

5. 欲使接触器 KM_1 动作后接触器 KM_2 才能动作，需要（　　　）。

A. 在 KM_1 的线圈回路中串入 KM_2 的常开触点

B. 在 KM_1 的线圈回路中串入 KM_2 的常闭触点

C. 在 KM_2 的线圈回路中串入 KM_1 的常开触点

D. 在 KM_2 的线圈回路中串入 KM_1 的常闭触点

6. 在设计机械设备的电气控制工程图时，首先设计的是（　　）。

A. 安装接线图　　B. 电气原理图　　C. 电器布置图　　D. 电气互连图

7. 下列不属于机械设备的电气工程图是（　　）。

A. 电气原理图　　B. 电器布置图　　C. 电气接线图　　D. 电器结构图

8. 什么是自锁控制？为什么说接触器自锁控制线路具有欠压和失压保护功能？

9. 两个 110 V 的交流接触器同时动作时，能否将其两个线圈串联接到 220 V 电路上？为什么？

10. 三相交流电动机反接制动和能耗制动分别适用于什么情况？

第3章　典型生产机械的电气控制系统

3.1　电气控制系统的识图方法

在分析电气控制系统时，首先要对生产机械的基本结构、工艺要求、运行情况、操作方法以及生产机械的结构及其运行有总体的了解，熟悉生产机械的工艺情况，明确对电力拖动的要求，进一步确定生产机械的动作与执行电器的关系。分清主电路和控制电路，从主电路的电动机入手。

1. 阅读主电路的步骤

（1）首先，明确设备所用的电源。一般生产机械所用电源通常是三相 380 V、50 Hz 的交流电源，对需采用直流电源的设备，往往都是采用直流发电机供电或采用整流装置。随着电子技术的发展，特别是大功率整流管及晶闸管的出现，一般情况下都由整流装置来获得直流电。

（2）分析主电路中有几台电动机及其类别，分清各台电动机的用途；一般生产机械中所用的电动机以笼型异步电动机为主，但绕线转子异步电动机、直流电动机及同步电动机也有着各种应用。

（3）确定主电路的类型，如"正、反运行主电路"、"丫－△减压主电路"、"双速电动机主电路"等，各台电动机之间是否有相互制约的关系（还可通过控制电路来分析）。

（4）了解主电路中所用的保护电器，如空气断路器中的电磁脱扣器及热过载脱扣器的规格，熔断器、热继电器及过电流继电器等元件的用途及规格。

2. 化整为零，分解控制电路

（1）根据电动机主电路控制电器主触点文字符号，在辅助电路中找出控制该电动机的接触器线圈及其相关电路，分解为控制该电动机的局部电路。

（2）分解电路时，要注意行程开关、转换开关、按钮、压力继电器及温度继电器等电器元件，它们没有吸引线圈，只有触点，这些触点的动作是依靠外力或其他因素实现的，这就需找到其所依靠的外力。

（3）分析照明、信号显示和检测等辅助电路，注意有些辅助电路是由控制电路中的电器元件控制的。

3. 综合分析

最后，集零为整，把主电路和控制电路串起来，统观整个电路，进一步理解各控制环节之间的联系，检查是否有遗漏，理解各元件所起的作用。

3.2 机床电气控制线路

车床是应用最广泛的金属切削机床，能够完成车削内圆、外圆、端面、螺纹、螺杆和定型表面的加工任务，并可用钻头、绞刀等刀具进行钻孔、镗孔、倒角、割槽及切断等工作。本节以 C620－1 型卧式车床为例进行电气控制线路的分析。

1. C620－1 型卧式车床的主要结构及运动形式

（1）C620－1 型卧式车床的主要结构

C620－1 型卧式车床主要由床身、主轴变速箱、进给箱、溜板箱、溜板、丝杠和刀架等几部分组成，如图 3-1 所示。

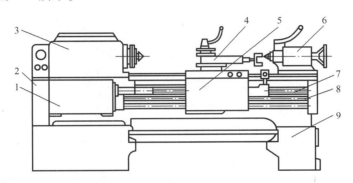

图 3-1　C620－1 型卧式车床外形图
1—进给箱　2—挂轮箱　3—主轴变速箱　4—拖板与刀架
5—溜板箱　6—尾架　7—丝杆　8—丝杠　9—床身

（2）C620－1 型卧式车床的运动形式

车削加工的主运动是主轴通过卡盘或顶尖带动工件的旋转运动，且由主轴电动机通过带传动传到主轴变速箱再旋转的，车床的其他进给运动是由主轴传给的。

（3）控制要求

1）主轴电动机，带动主轴旋转，采用普通笼型异步电动机，功率为 7 kW，单向运动，且采用全压直接起动，配合齿轮变速箱实行机械调速，以满足车削的要求，该电动机属长期工作制运行。

2）冷却泵电动机，为车削工件输送冷却液，采用笼型异步电动机，功率为 0.125 kW，单向运动，且采用全压直接起动，属长期工作制运行。

3）有必要的保护和联锁，有安全可靠的照明电路。

2. 电气控制线路分析

C620－1 型卧式车床电气控制线路是由主电路、控制电路及照明电路等部分组成，如图 3-2 所示。

（1）主电路分析

主电路电源电压为交流 380 V，由开关 QS 引入。主轴电动机 M_1 的起停由 KM 的主触点控制，主轴通过摩擦离合器实现正反转；主轴电动机起动后，才能起动冷却泵电动机 M_2，是否需要冷却，由开关 QS_2 控制。熔断器 FU_2 为电动机 M_2 提供短路保护。

热继电器 FR_1 和 FR_2 为电动机 M_1 和 M_2 提供过载保护，它们的常闭触点串联后接在控制电路中。

（2）控制电路分析

主轴电动机的控制过程是：合上电源开关 QS，按下起动按钮 SB_2，接触器 KM 线圈通电，其主触点吸合，电动机 M_1 通电起动运行，同时并联在 SB_2 两端的 KM 辅助常开触点吸合，实现自锁；按下停止按钮 SB_1，接触器 KM 的线圈失电释放，接触器 KM 主触点断开，电动机 M_1 停转。

冷却泵电动机的控制过程是：当主轴电动机 M_1 起动后（KM 主触点闭合），合上 QS_2，电动机 M_2 得电起动，断开 QS_2，则 M_2 停转；当 M_1 停转后，M_2 也停转。

当电动机 M_1 和 M_2 中任意一台过载，其相应的热继电器的常闭触点断开，从而使控制电路失电，接触器 KM 失电释放，所有电动机停转。FU_3 为控制电路的短路保护。另外，控制电路的失压和欠压保护由接触器 KM 来完成，当电源电压低于接触器 KM 线圈额定电压的 85% 时，KM 会自动释放，从而保护两台电动机。

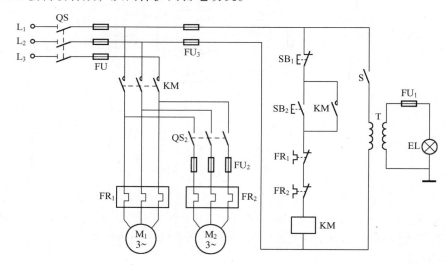

图 3-2　C620-1 型卧式车床电气原理图

（3）辅助电路分析

C620-1 型卧式车床的辅助电路为照明电路。照明电路由变压器 T 将 380 V 交流电转变为 36 V 的安全电压供电，FU_1 为短路保护，S 为照明电路的电源开关，合上开关 S，照明灯 EL 亮。照明电路必须接地，以确保人身安全。

项目 3-1　CM6132 型普通车床电气控制线路分析

一、实训目的

分析图 3-3 所示的 CM6132 型普通车床电气控制线路。

二、实训报告要求

1. 根据电气原理图，分析线路各部分的工作过程。

2. 利用 AutoCAD 绘制电气原理图。

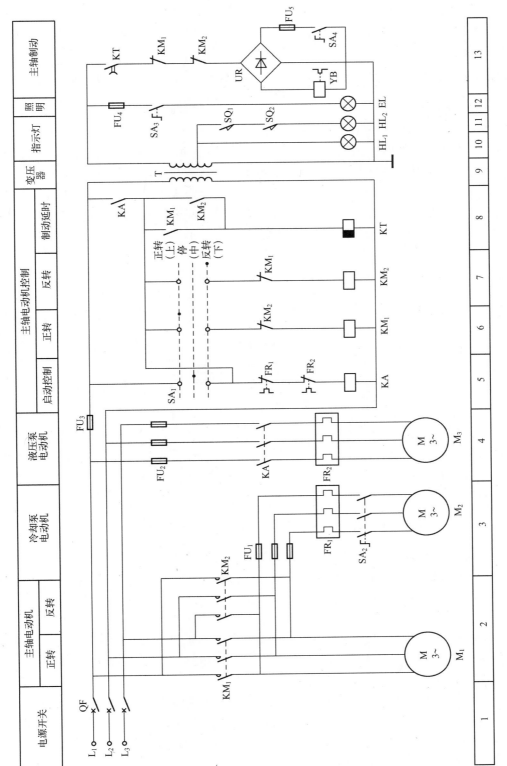

图3-3 CM6132型普通车床电气原理图

3. 编制电器元件明细表。

4. 绘制电器元件布置图。

5. 绘制电气接线图。

项目 3-2   M7130 型平面磨床电气控制线路分析

一、实训目的

分析图 3-6 所示的 M7130 型平面磨床电气控制线路。

磨床是用砂轮对工件的表面进行磨削加工的一种精密机床。通过磨削使工件表面的形状、精度和光洁度等达到预期的要求。磨床的种类很多，按其工作性质可分为外圆磨床、内圆磨床、平面磨床、工具磨床以及专用磨床，其中以平面磨床的应用最普遍。平面磨床又分为立轴矩台平面磨床、卧轴矩台平面磨床、立轴圆台平面磨床和卧轴圆台平面磨床四种基本类型，图 3-4 所示为 M7130 型平面磨床的结构示意图。

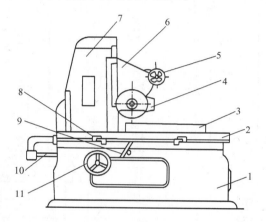

图 3-4   M7130 型平面磨床的结构示意图

1—床身 2—工作台 3—电磁吸盘 4—砂轮箱 5—砂轮箱横向移动手轮

6—滑座 7—立柱 8—工作台换向撞块 9—工作台往复运动换向手柄

10—活塞杆 11—砂轮箱垂直进刀手柄

（1）M7130 型平面磨床的主要结构

M7130 型平面磨床是利用砂轮圆周进行磨削加工平面的磨床，主要由床身、工作台、电磁吸盘、砂轮箱（又称磨头）、滑柱和立柱等组成。

（2）M7130 型平面磨床的运动形式

砂轮的快速旋转是平面磨床的主运动；进给运动包括垂直进给（滑座在立柱上的上下运动）、横向进给（砂轮箱在滑座上的水平移动）和纵向进给（工作台沿床身的往复运动）。

（3）控制要求

1）砂轮电动机、液压泵电动机和冷却泵电动机只要求单方向旋转。

2）冷却泵电动机随砂轮电动机的运转而运转，但冷却泵电动机不需要时，可单独断开。

3）通过电磁吸盘吸持工件、松开工件，并具有对工件去磁的功能。

（4）电磁吸盘（YH）控制电路的分析

1）电磁吸盘构造及原理

电磁吸盘可用来吸住工件以便进行磨削加工。其线圈通以直流电,使芯体被磁化,将工件牢牢吸住。其工作原理如图 3-5 所示。

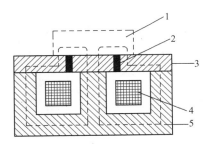

图 3-5 电磁吸盘工作原理图

1—工件 2—隔磁层 3—钢制盖板 4—线圈 5—钢制吸盘体

2)电磁吸盘控制电路分析

电磁吸盘控制电路如图 3-6 所示,由整流电源、去磁充磁转换开关和欠磁保护三部分组成。整流电源包括变压器 T_2、电阻 R_1、电容 C 和桥式全波整流装置 VC。变压器 T_2 将交流电压 220 V 降为 127 V,经过 VC 整流变为 110 V 的直流电压,供给电磁吸盘 YH 的线圈。电阻 R_1 和电容 C 的作用是限制过电压,防止交流电网的瞬时过电压和直流回路的通断在 T_2 的二次侧产生过电压对 VC 产生危害。

去磁充磁转换开关 SA_1 有"充磁"、"退磁"和"断电"三个位置。

将 SA_1 扳到"充磁"位置时,$SA_1(3-4)$ 和 $SA_1(5-6)$ 闭合,电磁吸盘 YH 加上 110 V 的直流电压进行充磁,当通过 YH 线圈的电流足够大时,可将工件牢牢吸住,同时欠电流继电器 KA 吸合,其触点 KA(1-2) 闭合,按下按钮 SB_1 和 SB_3,起动电动机对工件进行磨削加工,按下按钮 SB_2 和 SB_4,电动机停转,停止加工。此时,SA_1 的触点 $SA_1(1-2)$ 断开,KA(1-2) 接通,若电磁吸盘的线圈断电或电流太小吸不住工件,则欠电流继电器 KA 释放,其常开触点 KA(1-2) 断开,则 M_1、M_2 和 M_3 的控制电路失电,而 M_1、M_2 和 M_3 不能起动,这样就避免了工件因吸不牢而被高速旋转的砂轮碰击飞出的事故。

将 SA_1 扳到"退磁"位置,这时 $SA_1(4-5)$、$SA_1(1-2)$ 和 $SA_1(3-7)$ 接通,电磁吸盘中通入反向电流,通过可调电阻 R_2 限制反向去磁电流的大小,既能退磁又不致反向磁化。

将 SA_1 扳至"断电"位置,SA_1 的所有触点都断开,电磁吸盘断电,取下工件。

如果不需要起动电磁吸盘,则应将 X_3 上的插头拔掉,同时将转换开关 SA_1 扳到退磁位置,这时 $SA_1(1-2)$ 接通,M_1、M_2 和 M_3 可以正常起动。电阻 R_3 为放电电阻,为电磁吸盘断电瞬间提供通路,吸收线圈断电瞬间释放的磁场能量。插座 X_2 为交流去磁器的插头,将工件放在交流去磁器上可进一步去磁。

二、实训报告要求

1. 根据图 3-6 所示的 M7130 型平面磨床电气控制线路,分析线路各部分的工作过程。

2. 利用 AutoCAD 绘制电气原理图。

3. 编制电器元件明细表。

4. 绘制电器元件布置图。

5. 绘制电气接线图。

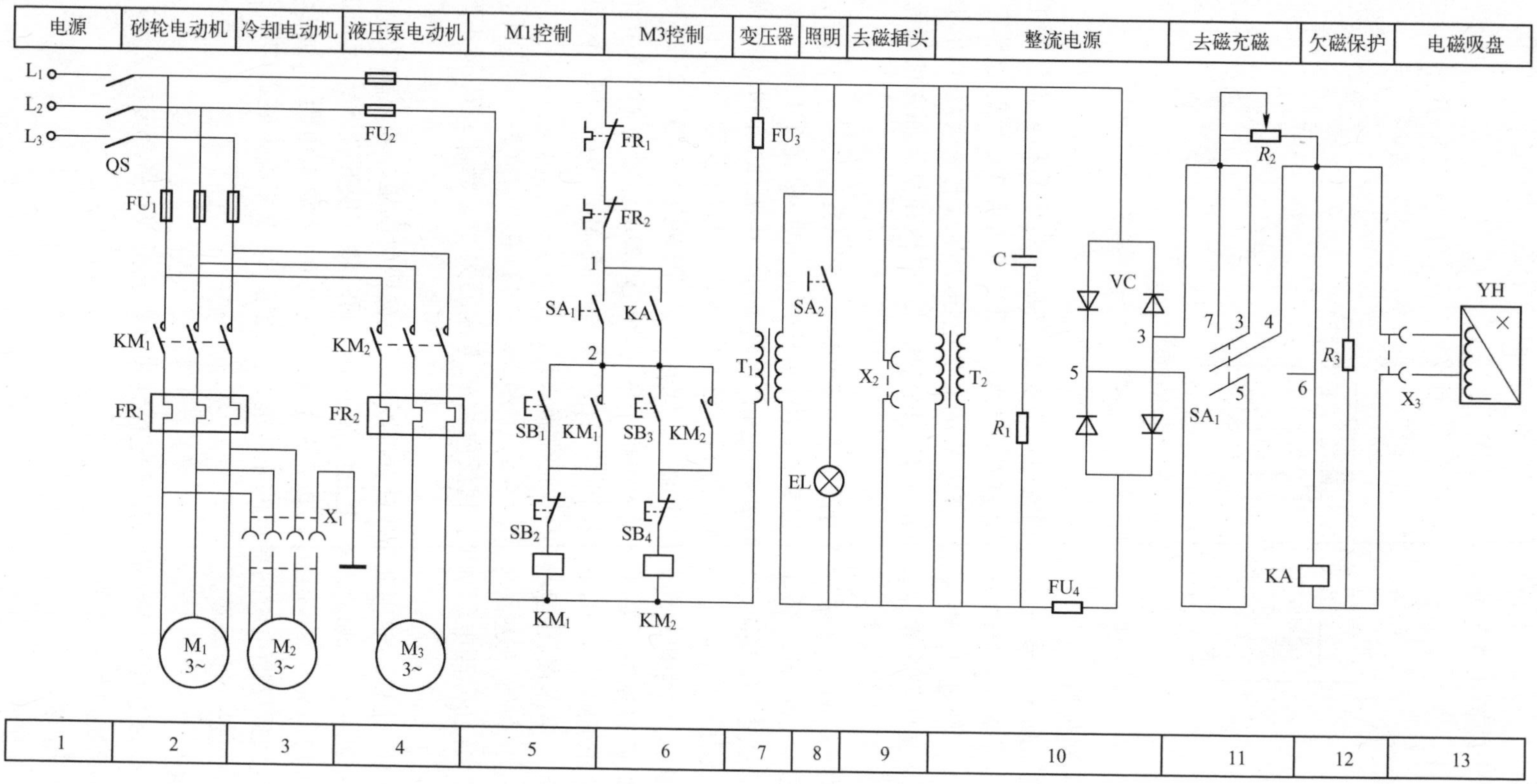

图3-6 M7130型平面磨床电气原理图

项目 3-3　Z3040 型摇臂钻床电气控制线路分析

一、实训目的

分析图 3-8 所示的 Z3040 型摇臂钻床电气控制线路。

钻床是一种孔加工机床，可进行钻孔、扩孔、铰孔、攻螺纹及修刮断面等多种形式的加工。钻床的结构型式很多，有立式钻床、卧式钻床、深孔钻床及多轴钻床等。摇臂钻床属于立式钻床，是机械加工车间的常用机床。

（1）Z3040 型摇臂钻床的主要结构

摇臂钻床主要由底座、内立柱、外立柱、摇臂、主轴箱及工作台等组成，如图 3-7 所示。

摇臂钻床的内立柱固定在底座上，在它外面空套着外立柱，外立柱可绕着不动的内立柱回转一周。摇臂一端的套筒部分与外立柱滑动配合，借助于丝杆，摇臂可沿外立柱上下移动，但两者不能作相对转动，因此，摇臂只能与外立柱一起相对内立柱回转。主轴箱是一个复合部件，它由主电动机、主轴和主轴传动机构、进给和进给变速箱机构以及机床的操作机构等部分组成。主轴箱安装在摇臂水平导轨上，它借助手轮操作使其在水平导轨上沿摇臂作径向运动。当进行加工时，由特殊的夹紧装置将主轴箱紧固在摇臂导轨上，外立柱紧固在内立柱上，摇臂紧固在外立柱上，然后进行钻削加工。钻削加工时，钻头进行旋转切削的同时进行纵向进给。

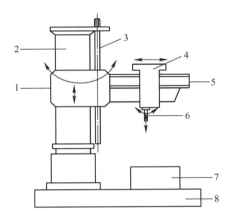

图 3-7　Z3040 型摇臂钻床的结构图
1—摇臂　2—内外立柱　3—丝杠　4—主轴箱
5—导轨　6—主轴　7—工作台　8—底座

（2）Z3040 型摇臂钻床的运动形式

摇臂钻床的主运动为主轴旋转（产生的切削）运动。进给运动为主轴的纵向进给。辅助运动包括摇臂在外立柱上的垂直运动（摇臂的升降），摇臂与外立柱一起绕内立柱的旋转运动及主轴箱沿摇臂长度方向的运动。对于摇臂在立柱上的升降，Z3040 型摇臂钻床摇臂的松开与夹紧是依靠液压推动松紧机构自动进行的。

由于摇臂钻床的运动部件较多，为简化传动装置，常采用多电动机拖动。通常设有主电动机、摇臂升降电动机、夹紧放松电动机及冷却泵电动机。

二、实训报告要求

1. 根据图 3-8 所示的 Z3040 型钻床电气控制线路，分析线路各部分的工作过程。

2. 利用 AutoCAD 绘制电气原理图。

3. 编制电器元件明细表。

4. 绘制电器元件布置图。

5. 绘制电气接线图。

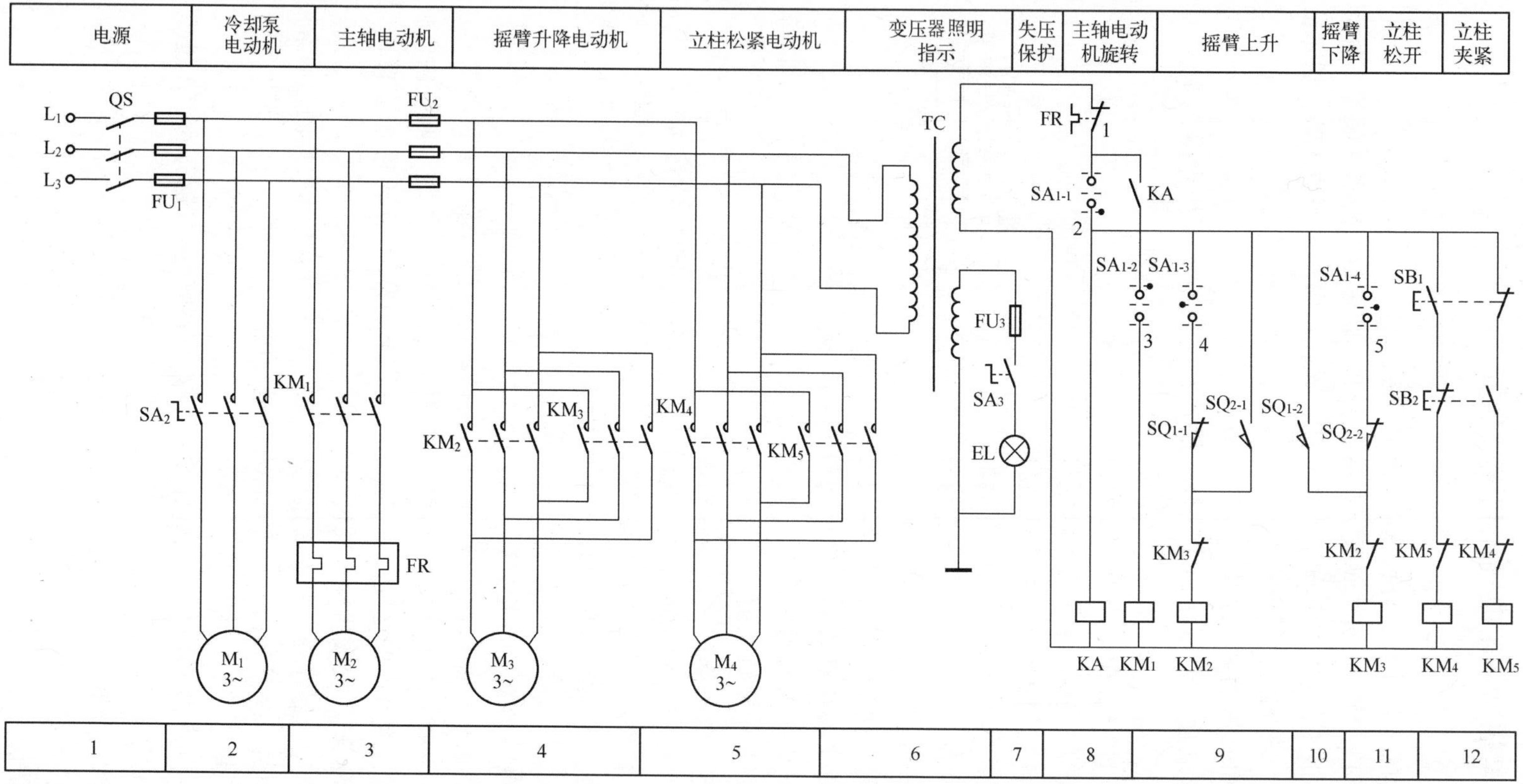

图3-8 Z3040型钻床电气原理图

项目 3-4 X62W 型卧式万能铣床电气控制线路分析

一、实训目的

分析图 3-10 所示的 X62W 型卧式万能铣床电气控制线路。

铣床可以用来加工平面、斜面和沟槽等。铣床的种类很多，有卧式铣床、立式铣床、龙门铣床、仿形铣床及各种专用铣床。X62W 卧式万能铣床应用广泛，具有主轴转速高、调速范围宽、操作方便和加工范围广等特点。

（1）X62W 型卧式万能铣床的主要结构

X62W 型卧式万能铣床主要由底座、床身、悬梁、刀杆支架、工作台、溜板箱和升降台等组成，其结构如图 3-9 所示。

（2）X62W 型卧式万能铣床的运动形式

铣床的运动形式有主运动、进给运动及辅助运动。铣床的主运动是主轴的旋转运动，即刀具的旋转运行；进给运动是工作台在垂直方向、纵向和横向三个相互垂直方向上的直线运行；辅助运动是工作台在三个相互垂直方向上的快速运动。

（3）控制要求

铣刀的旋转由主电动机拖动，为适应顺铣与逆铣的需

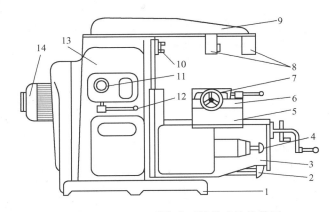

图 3-9　X62W 型卧式万能铣床结构简图

1—底座　2—进给电动机　3—升降台　4—进给变速手柄及变速盘
5—溜板　6—转动部分　7—工作台　8—刀杆支架　9—悬梁　10—主轴
11—主轴变速盘　12—主轴变速手柄　13—床身　14—主轴电动机

要，主电动机应能正向或反向工作，一旦铣刀选定后，铣削方向就确定了，所以工作过程不需要交换主电动机旋转方向。为此，常在主电动机电路内接入换向开关来预选正方向。又因铣床加工是多刀多刃不连续切削，负载波动，故为减轻负载波动的影响，常常在主轴传动系统中加入飞轮，但随之又将引起主轴停车惯性大，停车时间长。为实现快速停车，主电动机往往采用制动停车方式。

铣削的进给运动是直线运动，为保证安全，在加工时只允许一种运动，所以这三个方向的运动应该设有互锁。为此，工作台的移动由一台进给电动机拖动，并由运动方向选择手柄来选择运动方向，由进给电动机的正、反转来实现上或下、左或右、前或后的运动。

铣床的主运动与进给运动间没有比例协调的要求，所以从机械结构合理的角度考虑，采用两台电动机单独拖动，将损坏刀具或机床。为此，主电动机与进给电动机之间应有可靠的互锁。

为了适应不同的切削要求，铣床的主轴与进给运动都应具有一定的调速范围。为便于变速时齿轮的啮合，应有低速冲动环节。

二、实训报告要求

1. 根据图 3-10 所示的 X62W 型卧式万能铣床电气控制线路，分析线路各部分的工作过程。

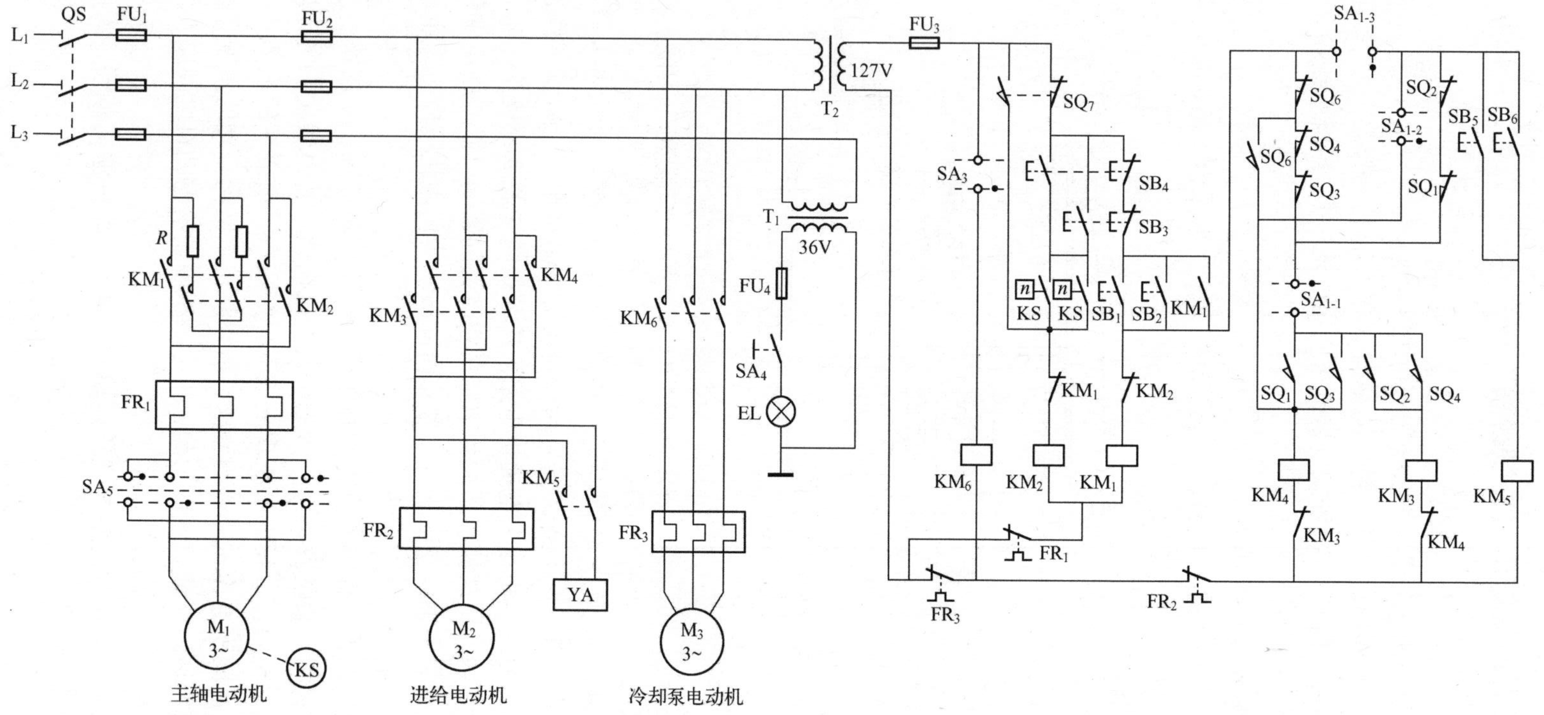

图3-10 X62W型卧式万能铣床电气原理图

2. 利用 AutoCAD 绘制电气原理图，同时完成电路功能文字说明框和区域标号框。

3. 编制电器元件明细表。

4. 绘制电器元件布置图。

5. 绘制电气接线图。

项目 3–5　T68 型卧式镗床电气控制线路分析

一、实训目的

分析图 3–12 所示的 T68 型卧式镗床电气控制线路。

镗床主要用于孔的精加工，还可进行钻孔、镗孔、扩孔、铰孔及加工端平面等。镗床分为卧式镗床、坐标镗床等。

（1）T68 型卧式镗床的主要结构

T68 型卧式镗床主要由床身、前后立柱、镗头架、尾架、工作台、上下溜板、导轨、床头架升降丝杠、镗轴、平旋盘以及刀具溜板等组成，如图 3–11 所示。镗床在加工时，将工件固定在工作台上。

（2）T68 型卧式镗床的运动形式

镗床的运动形式有主运动、进给运动及辅助运动。镗床的主运动是主轴的旋转与平旋盘的旋转运动；进给运动是主轴在主轴箱中的进出进给、平旋盘上刀具的径向进给、主轴箱的升降以及工作台的横向和纵向进给；辅助进给是回转工作的转动、后立柱的纵向移动、尾座的垂直移动及各部分的快速移动。

（3）控制要求

主轴电动机采用双速电动机，能实现正反转、点动及高低速控制，电动机有两级调速可以任意选择，高速运转应先经低速起动。电动机高低速是由变速手柄控制的。

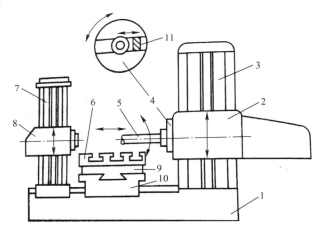

图 3–11　T68 型卧式镗床外形图

1—床身　2—镗头架　3—前立柱　4—平旋盘
5—镗轴　6—工作台　7—后立柱　8—尾座　9—上溜板
10—下溜板　11—刀具溜板

主轴电动机要求制动准确，T68 卧式镗床采用电磁铁带动的机械制动装置，主轴电动机有过载保护。

为使各方向均能快速移动，配有快速移动电动机拖动，采用正反转点动控制。

二、实训报告要求

1. 根据图 3–12 所示的 T68 型卧式镗床电气控制线路，分析线路各部分的工作过程。

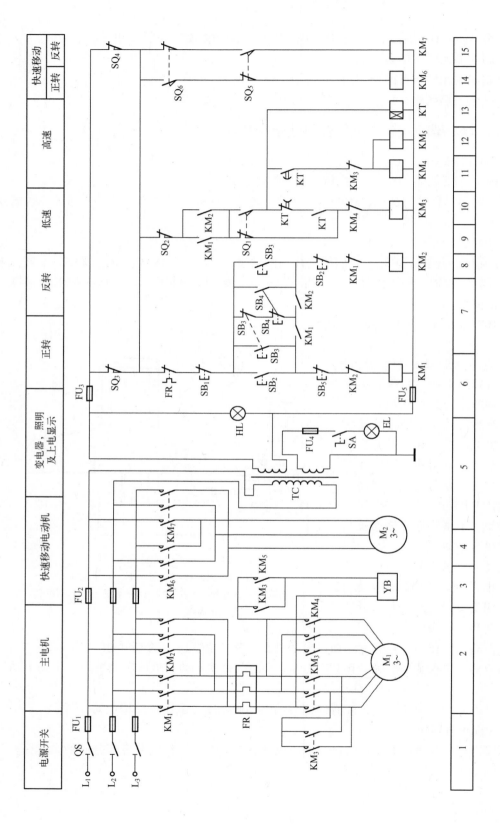

图3-12 T68型卧式镗床电气原理图

2. 利用 AutoCAD 绘制电气原理图。

3. 编制电器元件明细表。

4. 绘制电器元件布置图。

5. 绘制电气接线图。

3.3 电液控制系统

液压传动系统和电气控制系统相结合的电液控制系统在组合机床、数控机床上的应用日益广泛。

1. 液压传动系统

液压传动系统是以液体为介质，依靠液体压力进行能量传递和自动控制的一种传动方式，由电动机带动液压泵工作，液压泵把电动机输入的机械能转换成油液的压力能，通过液压回路，液压缸又把油液的压力能转换成可动部件的机械能。采用液压传动能实现无级变速和在往复运行中实现频繁的换向等。

液压传动系统由五部分组成。

（1）动力元件

动力元件供给系统压力油，将电动机的机械能转换为液体的压力能，驱动执行元件运动，是系统的动力源。液压泵属于动力元件。液压泵由电动机拖动为系统提供压力油，推动执行元件液压缸活塞移动或者液压马达转动，输出动力。

（2）执行元件

执行元件是将液压能转换为机械能的装置，以克服负载做功，驱动工作结构运行，如液压缸和液压马达。液压缸可驱动工作机构实现往复直线运动（或摆动），液压马达可完成回转运动。

（3）控制调节元件

控制调节元件用于控制和调节液压系统的压力、流量及流向，以改变执行元件输出的力或转矩、速度或转速及运动方向，从而保证工作结构完成预定的工作运动，常用的控制调节元件有压力阀、方向阀和调速阀。压力阀和调速阀用于调定系统的压力和执行元件的运动速度，方向阀用于控制液流的方向或接通、断开油路，控制执行元件的运动方向和构成液压系统工作的不同状态，满足各种运行的要求。

（4）辅助元件

辅助元件指为液压系统正常工作起辅助保证作用的元件，其作用是使系统得以正常工作和便于监测控制。包括油箱、滤油器、管路及接头、冷却器和压力表等。

（5）工作介质

工作介质即传动液体，通常称液压油。液压系统就是通过工作介质实现运动和动力传递的，另外液压油还可以对液压元件中相对运动的零件起润滑作用。

图 3-13 为一台简化的机床工作台液压传动系统工作原理图。图 3-14 为其图形符号图。其工作原理如下：液压泵 17 由电动机驱动后，从油箱 19 中吸油。油液经滤油器 18 进入液压泵 17，油液在泵腔中从入口低压到泵出口高压，在图 3-13a 所示状态下，通过开停阀 10、节流阀 7 和换向阀 5 进入液压缸 2 左腔，推动活塞 3 使工作台 1 向右移动。这时，液压缸 2

右腔的油经换向阀 5 和回油管 6 排回油箱 19。

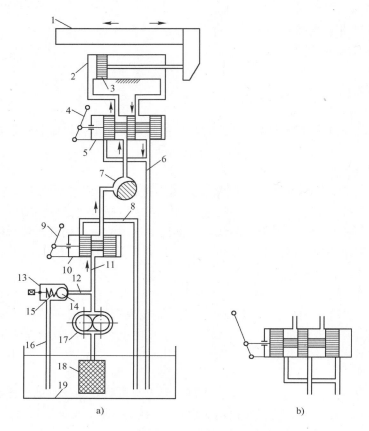

图 3-13　机床工作台液压系统工作原理图

1—工作台　2—液压缸　3—活塞　4—换向手柄　5—换向阀　6、8、16—回油管
7—节流阀　9—开停手柄　10—开停阀　11—压力管　12—压力支管　13—溢流阀
14—钢球　15—弹簧　17—液压泵　18—滤油器　19—油箱

如果将换向阀手柄 4 转换成图 3-13b 所示状态，则压力管 11 中的油将经过开停阀 10、节流阀 7 和换向阀 5 进入液压缸 2 右腔、推动活塞 3 使工作台 1 向左移动，并使液压缸 2 左腔的油经换向阀 5 和回油管 6 排回油箱 19。

工作台的移动速度是通过节流阀来调节的。当节流阀开大时，进入液压缸的油量增多，工作台的移动速度增大；当节流阀关小时，进入液压缸的油量减小，工作台的移动速度减小。为了克服移动工作台时所受到的各种阻力，液压缸必须产生一个足够大的推力，这个推力是由液压缸中的油液压力所产生的。要克服的阻力越大，缸中的油液压力越高；反之压力就越低。这种现象正说明了液压传动的一个基本原理即压力决定于负载。

2. 电磁换向阀

液压系统工作时，压力阀和调速阀的工作状态是预先调定的不变值，只有换向阀可根据工作循环的运动要求而变化其工作状态，从而完成液压系统不同的运动输出。因此对液压系统工作自动循环的控制，就是对换向阀的工作状态进行控制。

换向阀是具有两种以上流动形式和两个以上油口的方向控制阀，是实现液压油流的沟通、切断和换向以及压力卸载和顺序动作控制的阀门。换向阀可分为手动换向阀、电磁换向阀及电液换向阀等。

在电液控制系统中，采用电磁换向阀。电磁换向阀简称电磁阀，即利用电磁铁的通电吸合与断电释放而直接推动阀芯来控制液流方向，复位通常依靠弹簧力的作用。它的电信号是由液压设备上的按钮开关、行程开关或其他电气元件发出的，用以控制电磁铁的得电或失电，从而方便地实现各种操作及自动顺序动作。

电磁换向阀的品种繁多，按其工作位置数（阀心与阀体间的相对应位置的个数）和通路数（阀体对外连接的主要油口个数，不包括控制油口和泄漏油口）的多少可分为二位三通、二位四通、三位四通等。

常用电磁换向阀的图形符号如图 3-15 所示，图中符号含义是：

① 方框"□"表示阀芯可变的位数，有几个方框就表示有几位。

② 箭头"↑→"表示在这一位置上油路处于接通状态，但箭头方向不一定表示油液的实际流向。

③ 符号"┬ ┴"表示该通路被阀芯封住，即该油路不通。

④ 一个方框上边、下边与外部连接的接口，称为油路的通路数，即几通。

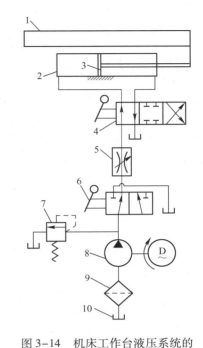

图 3-14　机床工作台液压系统的图形符号图

1—工作台　2—液压缸　3—活塞　4—换向阀　5—节流阀　6—开停阀　7—溢流阀　8—液压泵　9—滤油器　10—油箱

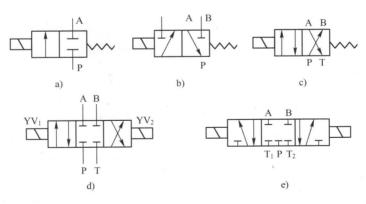

图 3-15　常用电磁换向阀的图形符号

a）二位二通阀　b）二位三通阀　c）二位四通阀　d）三位四通阀　e）三位五通阀

⑤ 一般阀与系统供油路连接的进油口用字母 P 表示；阀与系统回油路连接的回油口（即与油箱连通的回油口）用字母 T 表示；而阀与执行元件连接的工作油口用字母 A、B 表示。字母 P、T、A 和 B 只在一个方格上标出，并且应标在常态位，即阀芯未受到外力作用的位置，一般为三位阀的中间方框及二位阀侧面有弹簧的那个方框。

⑥ 在单电磁铁图形符号中，与电磁铁邻接的方格中表示孔的通向正是电磁铁得电的工作状态，与弹簧邻接的方格中表示的状态是电磁铁失电时的工作状态。双电磁铁图形符号中，与电磁铁邻接的方格中表示孔的通向正是该侧电磁铁得电的工作状态。

图 3-15b 所示为两位三通阀，当电磁铁线圈得电时，P 与 B 通，A 与 P 不通；当电磁铁线圈失电时，A 与 P 通，P 与 B 不通。

图 3-15d 所示为双电三位四通阀，阀上有两个线圈，但两个电磁铁线圈不能同时得电。与 YV_1 邻接的方格所表示的内容是 P 与 A 通，B 与 T 通，即表示电磁铁线圈 YV_1 得电时的工作状态；随后若 YV_1 失电，而 YV_2 未得电，则电磁阀的工作状态保持不变；直至 YV_2 得电，电磁阀换向，其工作状态为 YV_2 邻接的方格所表示的内容，即 P 与 B 通，A 与 T 通；同样，若 YV_2 失电，而 YV_1 未得电，则工作状态仍保持不变。YV_1、YV_2 均未得电时，换向阀处于中间方格所表示的状态，即四位不通。

3. 液压动力滑台的控制线路

液压动力滑台是由滑台、滑座和油缸三部分组成。油缸拖动滑台在滑座上移动。液压动力滑台通过电气控制电路控制液压系统实现动工作循环。滑台的工作进给速度由节流阀调节，可实现无级调速。电气控制电路一般采用行程、时间原则及压力控制方式。图 3-16 所示为具有一次性工作进给的液压动力滑台的控制线路。

（1）滑台原位停止。滑台由油缸 YG 拖动前后进给，电磁铁 $YA_1 \sim YA_3$ 均为断电状态，滑台原位停止，并压下行程开关 SQ_1，其常开触点闭合，常闭触点断开。

（2）滑台快进。把转换开关 SA_1 扳到"1"位置，按下 SB_1 按钮，继电器 KA_1 得电并自锁，从而使 YA_1、YA_3 电磁铁得电，使电磁阀 1HF 及 2HF 推向右端，于是变量泵打出的压力油经 1HF、2HF 直接流入油箱，不经过调速阀 1，使滑台快进，此时，SQ_1 复位，其常开触点断开，常闭触点闭合。

（3）滑台工进。当挡铁压动行程开关 SQ_3，其常开触点闭合，KA_2 得电并自锁，KA_2 的常闭触点断开，YA_3 断电，电磁阀 2HF 复位，滑台右腔流出的油只能经调速阀 L 流入油箱，滑台转为工进。由于有 KA_2 的自锁，滑台不会因挡铁离开 SQ_3 而使 KA_2 电路断开。此后，SQ_3 的常开触点断开。

（4）滑台快退。当滑台工进到终点，挡铁压动 SQ_4 行程开关，其常开触点闭合，KA_3 得电并自锁，KA_3 的常闭触点打开，常开触点闭合，分别使得 YA_1 断电、YA_2 得电，使电磁阀 1HF 推向左，变量泵打出的油经 1HF 流入滑台油缸右腔，左腔流出的油经 1HF 直接流入油箱，滑台快退。当滑台退到原位，压动 SQ_1，其常闭触点断开，YA_2 断电，1HF 复位，油路断开，滑台停止。

（5）滑台的点动调整。将转换开关 SA 扳到"2"位置，按下按钮 SB_1，KA_1 得电，继而 YA_1、YA_3 得电，滑台可向前快进，由于 KA_1 电路不能自锁，因而当 SB_1 松开后，滑台停止。当滑台不在原位，即 SQ_1 的常开触点断开时，若需要快退，可按下 SB_2 按钮，使 KA_3 得电，YA_2 得电，滑台快退，退到原位时，压下 SQ_1，SQ_1 的常闭触点断开，KA_3 失电，滑台停止。

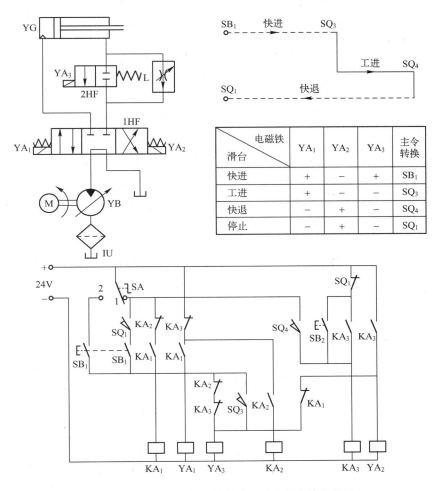

电磁铁\滑台	YA₁	YA₂	YA₃	主令转换
快进	+	−	+	SB₁
工进	+	−	−	SQ₃
快退	−	+	−	SQ₄
停止	−	+	−	SQ₁

图 3-16　一次性工作进给的液压动力滑台控制线路

项目 3-6　二次工作进给的液压动力滑台控制线路分析

一、实训目的

分析图 3-17 所示的二次工作进给控制线路。根据加工工艺的要求，有时需要设计两种进给速度，先以较快的进给速度加工（一次工进），再以较慢的速度加工（二次工进）。图 3-17 所示为二次工作进给控制线路。

二、实训报告要求

1. 根据电气原理图，分析图 3-17 所示的二次工作进给的液压动力滑台控制线路各部分的工作过程。

2. 利用 AutoCAD 绘制电气原理图。

3. 编制电器元件明细表。

4. 绘制电器元件布置图。

5. 绘制电气接线图。

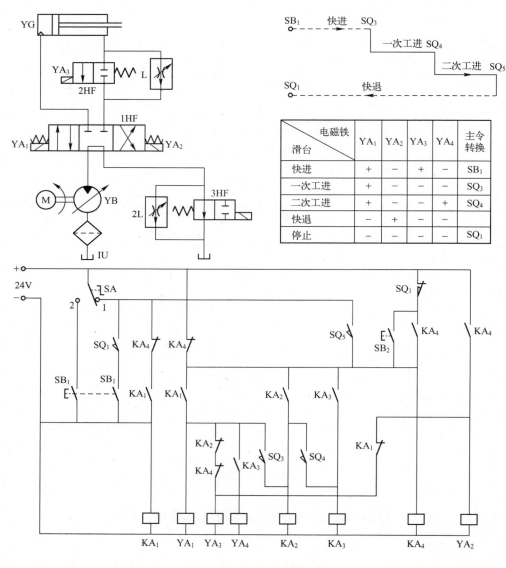

图 3-17　二次工作进给控制线路

3.4　桥式起重机电气控制线路

起重机是一种用来起吊和下放重物以及在固定范围内装卸、搬运物料的起重机械。它广泛用于工矿企业、港口及建筑工地等场所。起重机按其起吊重量可分为小型 5 ~ 10 t、中型 10 ~ 50 t 以及重型 50 t 以上；按结构可分为桥式起重机、塔式起重机和缆索式起重机等。

桥式起重机的结构如图 3-18 所示，由大车（桥架）、小车（移动机构）、提升机构和电气控制设备等几部分组成。大车沿着起重机梁上的轨道纵向移动，小车沿着桥架上的轨道横向移动，提升机构安装在小车上，做上下运动，可根据工作需要，安装不同的取物装置，例如吊钩、抓斗起重电磁铁及夹钳等。

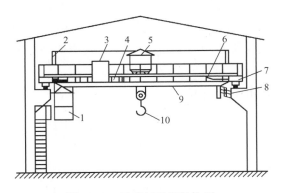

图3-18　桥式起重机结构图

1—驾驶室　2—辅助滑线架　3—交流磁力控制器　4—电阻箱　5—起重小车
6—大车拖动电动机　7—横梁　8—主滑线　9—主梁　10—吊钩

3.4.1　桥式起重机对电力拖动的要求

桥式起重机是一种间歇工作的设备，经常处在起动和制动状态；另外，为了提高生产率，缩短非生产的停车时间以及准确停车和保证安全，常采用电磁抱闸。电磁抱闸由制动器和制动电磁铁组成，它既是工作装置又是安全装置，是桥式起重机的重要部件之一。平时制动器抱紧制动轮，当起重机工作电动机通电时才松开，因此在任何时候停电都会使制动器闸瓦抱紧制动轮，实现机械制动。

1. 移动机构对电力拖动的要求

大车的移动，需要1~2台电动机来拖动。若采用两台电动机拖动时，需采用同一控制装置，保证两台电动机同步运行。大车前后移动时，速度变化较大，而且经常是重载起动，因此需要用绕线式感应电动机拖动，采用转子串电阻方式进行起动和调速。

小车在大车上横向移动，一般用一台电动机拖动。小车前后移动时，速度变化较大，而且起动转矩较大，因此用绕线式感应电动机拖动，采用转子串电阻方式进行起动和调速。

大车和小车需要往复移行，故电动机需能工作于正、反向电动运行状态。大车和小车对电力拖动要求有一定的调速范围。为了实现准确停车，需增加电气制动，同样可以减轻机械抱闸的负担，减少机械抱闸的磨损，提高制动的可靠性。

2. 提升机构对电力拖动的要求

一般来说，10t以下的桥式起重机只有一只吊钩，用一台绕线式异步电动机拖动。10t以上的桥式起重机在小车上安装两个提升机构，分为主钩（主提升）和副钩（辅助提升），用两台绕线式异步电动机拖动，主钩用来提升重物；副钩可用于提升，还可配合主钩的倾斜或翻倒工件，主、副钩不允许同时提升两个物体，当两钩同时工作时，物体重量不允许超过主钩起重量。提升机构具有一定的调速范围，下降时，根据负载的大小，电动机处于不同的运行状态，以满足对不同下降速度的要求。

95

（1）重载下降时，电动机处于倒拉反接制动状态，此时交流绕线转子感应电动机的转子应串联较大的电阻。

（2）轻载下降时，可能有两种情况，一种情况是负载的重力转矩小于摩擦转矩，电动机处于反转电动状态；另一种情况是虽然负载很小，但负载的重力转矩仍大于摩擦转矩，电动机处于反向再生发电制动状态；此时，交流绕线转子感应电动机转子回路不允许串电阻。

3.4.2 桥式起重机的整机控制电路

图 3-19 所示为 15/3 t 桥式起重机原理图。它有两个吊钩，主钩 15 t、副钩 3 t。大车运行机构由两台大车电动机 M_1、M_2 联合拖动，用 SA_1 凸轮控制器控制；小车运行机构由一台小车电动机 M_3 拖动，用 SA_2 凸轮控制器控制；副钩升降机构由一台副钩电动机 M_4 拖动，用 SA_3 凸轮控制器控制；这四台电动机由 XQB1 交流保护箱进行保护。主钩升降机构由一台主钩电动机 M_5 拖动，用 PQR 交流控制屏与 SA_5 主令控制器组成的磁力控制器控制。$R_1 \sim R_4$ 为接入 $M_1 \sim M_4$ 电动机转子电路中的三相不对称电阻，R_5 为接入 M_5 主钩电动机转子电路中的三相对称电阻，由凸轮控制器控制，可实现一定范围内的调速。YB_1、YB_2 为大车制动器，YB_3 为小车制动器，YB_4 为副钩制动器，YB_5、YB_6 为主钩制动器，断电时，制动器抱闸紧紧抱住电动机转轴进行制动。主电路中均接有过电流继电器 KA，用于过载保护；在控制电路中，每条控制支路中，都有熔断器作为短路保护。

控制电路中，SQ_1、SQ_2 为大车两个方向的限位开关，SQ_3、SQ_4 为小车两个方向的限位开关，SQ_5 为副钩提升限位开关，SQ 为主钩提升限位开关，SQ_6 为舱口安全开关，SQ_7、SQ_8 为横梁栏杆安全开关。

3.4.3 桥式起重机的控制电路分析

1. 凸轮控制器控制电路

（1）凸轮控制器

凸轮控制器是一种大型手动控制电器，是起重机上重要的电气操作设备之一，用以直接操作与控制电动机的正反转、调速、起动与停止。与其他手动控制设备相比，其优点是轻便地转动控制器的手柄便可以得到电动机的各种连接线路，使各项操作按规定的程序进行。

图 3-20 所示是凸轮控制器的结构原理图，当绝缘方轴 6 在手轮扳动下转动时，固定在轴上的凸轮 7 同轴一起转动，当凸轮的凸起部位顶住滚子 5 时，便将动触点 2 与静触点 1 分开；当方轴带动凸轮转动到凸轮凹处与滚子相对时，动触点在弹簧作用下，使动静触点紧密接触，从而实现触点接通与断开的目的。在方轴上可以叠装不同形状的凸轮块，以使一系列的动、静触点按预先安排的顺序接通或分断电路，将这些触点的一部分接在电动机的主电路中，一部分接在控制线路中，便可实现控制电动机的目的。凸轮控制器的额定电压为 380 V。

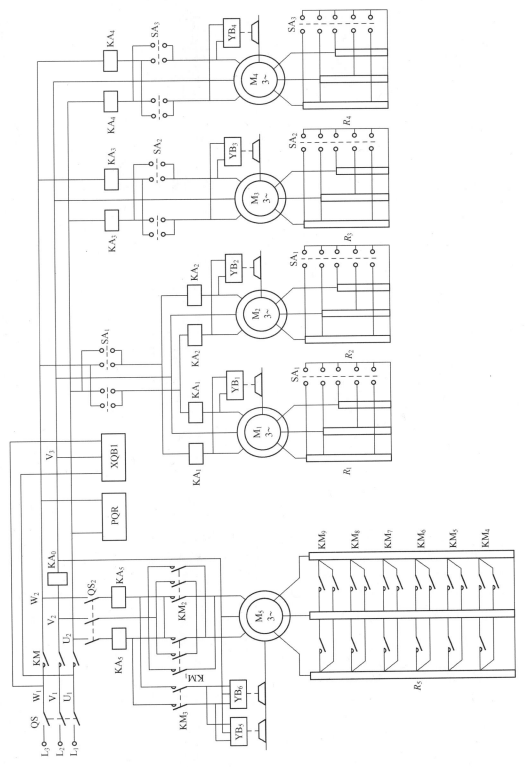

图3-19 15/3t桥式起重机整机控制原理图

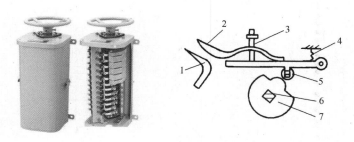

图 3-20 凸轮控制器的结构原理

1—静触点　2—动触点　3—触点弹簧　4—弹簧　5—滚子　6—绝缘方轴　7—凸轮

目前起重机常用的凸轮控制器有 KT10、KT12、KT14 和 KTJ1 系列，其型号的表示和含义如下：

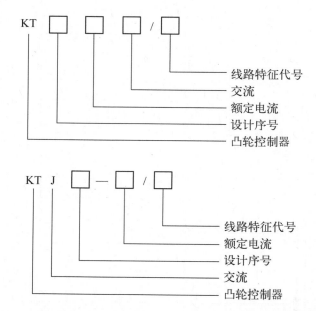

控制器在线路原理图上是以圆柱表面的展开图来表示的，如图 3-21 所示。竖实线为工作位置，横虚线为触点位置，在横竖两条线的交点处若用黑圆点标注，则表明控制器在该位置这一触点是闭合接通的，若无黑圆点标注，则表明该触点在这一位置是断开的。

（2）小车移动机构控制电路

图 3-21 所示为凸轮控制器控制的小车移动机构控制电路原理图。凸轮控制器左右各有 5 个位置，采用对称接法，即凸轮控制器的手柄处在正转和反转对应位置时，电动机的工作情况完全相同。采用凸轮控制器控制绕线转子感应电动机转子电路的电阻切换，为了减小控制转子电阻触点的数量，转子电路串接不对称电阻。

凸轮控制器共有 12 对触点，凸轮控制器在零位时有 3 对触点，其中一对触点用来保证零位起动，另外两对除保证零位起动外还配合两个运动方向的行程开关 SQ3、SQ4 来实现限位保护。在电动机定子和转子回路中共用了凸轮控制器的 9 对触点，其中 4 对触点用于定子电路中，控制电动机的正转与反转运行，5 对触点用于切换转子电路电阻，限制电动机电流和调节电动机转速。

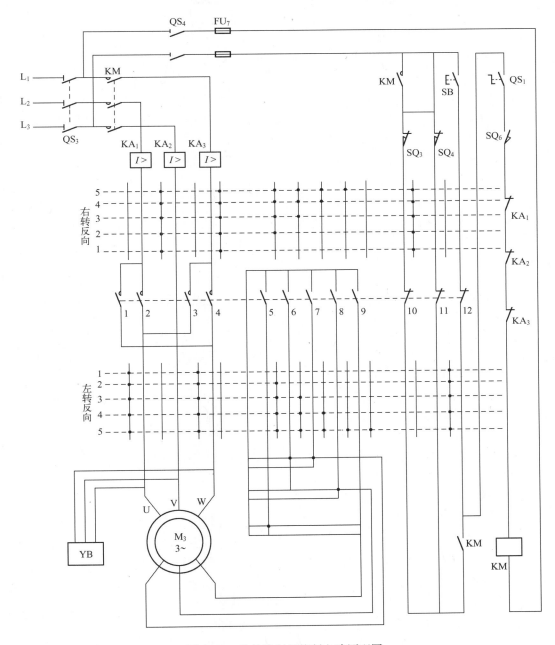

图 3-21 凸轮控制器控制电路原理图

控制电路中设有三个过电流继电器 $KA_1 \sim KA_3$ 实现过电流保护，通过紧急事故开关 QS_1 实现紧急事故保护，通过舱口开关 SQ_6 实现大车顶上无人且舱口关好后才能开车的安全保护。此外还有三相电磁抱闸 YB 对电动机进行机械制动，实现准确停车，YB 通电时，电磁铁吸动抱闸使之松开。

当凸轮控制器手柄置"0"位置时，合上电源开关 QS_4，按下起动按钮 SB 后，接触器 KM 接通并自锁，做好起动准备。

当凸轮控制器手柄向右方各位置转动时，对应触点两端 W 与 V_3 接通，V 与 W_3 接通，电动机正转运行。手柄向左方各位置转动时，对应触点两端 V 与 V_3 接通，W 与 W_3 接通。可见，接到电动机定子的两相电源对调，电动机反转运行，从而实现电动机正转与反转控制。

当凸轮控制器手柄转动在"1"位置时，转子电路外接电阻全部接入，电动机处于最低速运行。手柄转动在"2""3""4"及"5"位置时，依次短接（即切除）不对称电阻，手柄在"5"位置时，转子电路外接电阻全部切除，如图 3-22a、b、c 及 d 所示，电动机转子转速逐步升高，因此通过控制凸轮控制器手柄在不同位置，可调节电动机转速。

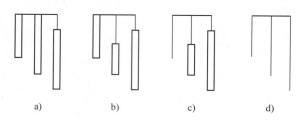

图 3-22 凸轮控制器转子电阻切换情况

在运行中若限位开关 SQ_3 或 SQ_4 被撞开，将切断线路接触器 KM 的控制电路，KM 失电，电动机电源切除，同时电磁抱闸 YB 断电，制动器将电动机制动轮抱住，达到准确停车，防止越位而发生事故，从而起到限位保护作用。

在正常工作时，若发生停电事故，接触器 KM 断电，电动机停止转动。一旦重新恢复供电，电动机不会自行起动，而必须将凸轮控制器手柄扳回到"0"位，再次按下起动按钮 SB，再将手柄转动至所需位置，电动机才能再次起动工作，从而防止了电动机在转子电路外接电阻切除情况下自行起动，产生很大的冲击电流或发生事故，这就是零位触点的零位保护作用。

（3）大车移动机构和副钩提升机构控制电路

应用在大车上的凸轮控制器，其工作情况与小车工作情况基本相似，但被控制的电动机容量和电阻器的规格有所区别。此外，控制大车的一个凸轮控制器要同时控制两台电动机，因此选择比小车凸轮控制器多 5 对触点的凸轮控制器，以切除第二台电动机的转子电阻。

应用在副钩上的凸轮控制器，其工作情况与小车基本相似，但对于提升与下放重物，电动机处于不同的工作状态。提升重物时，控制器手柄的第"1"位置为预备级，用于张紧钢丝绳，在第"2""3""4"和"5"位置时，提升速度逐渐升高。

放下重物时，由于负载较重，电动机工作在发电制动状态，为此操作重物下降时应将控制器手柄从"0"位迅速扳到第"5"位置，中间不允许停留。往回操作时也应从下降第"5"挡快速扳到"0"位，以免引起重物的高速下落而造成事故。

对于轻载提升，手柄第"1"位置变为起动级，第"2""3""4"和"5"位置提升速度逐渐升高，但提升速度变化不大。下降时吊物太轻而不足以克服摩擦转矩时，电动机工作在强力下降状态，即电磁转矩与重物重力矩方向一致帮助下降。

由以上分析可知，凸轮控制器控制电路不能实现重物或轻载时的低速下降。为了获得下降时的准确定位，采用点动操作，即将控制器手柄在下降到第"1"位置时与"0"位之间来回操作，并配合电磁抱闸来实现。

在操作凸轮控制器时还应注意：当将控制器手柄从左向右扳或从右向左扳，中间经过"0"位时，应略停一下，以减小反向时的电流冲击，同时使转动机构得到较平稳的反向过程。

2. 主令控制器控制电路

（1）主令控制器

主令控制器（又称主令开关），主要用于电气传动装置中，按一定顺序分合触点，达到发布命令或其他控制线路联锁、转换的目的。适用于频繁对电路进行接通和切断，常配合磁力起动器对绕线式异步电动机的起动、制动、调速及换向实行远距离控制，广泛用于各类起重机械的拖动电动机的控制系统中。

主令控制器的结构如图3-23所示，其动作原理与凸轮控制器类似，都是靠凸轮来控制触点系统的关合。但与凸轮控制器相比，它的触点容量大些，操纵档位也较多。由于主令控制器的控制对象是二次电路，所以其触点工作电流不大。不同形状凸轮的组合可使触点按一定顺序动作，而凸轮的转角是由控制器的结构决定的，凸轮数量的多少则取决于控制线路的要求。

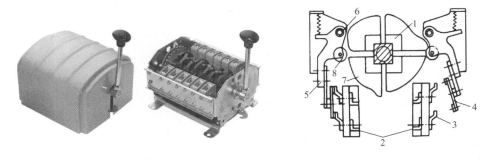

图3-23　主令控制器的结构原理

1、7—凸轮块　2—接线柱　3—固定触点　4—动触点　5—支杆　6—转动轴　8—小轮

主令控制器型号的表示和含义如下：

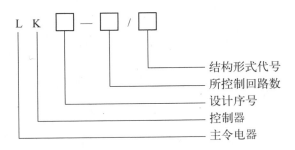

（2）交流控制屏

在起重机的控制系统中，广泛采用交流磁力控制屏与主令控制器相配合的方式，PQR型起重机交流控制屏与主令控制器配合使用，用于控制和保护起重机三线式异步电动机的起动、调速、换向和制动。

（3）主钩提升机构控制电路

由于拖动主钩升降机构的电动机容量较大，不适用于转子三相电阻不对称调速，因此采用主令控制器和交流控制屏组成的磁力控制器来控制主钩升降，采用磁力控制器控制后，用主令控制器的触点来控制接触器，再由接触器的触点控制电动机，要比用凸轮控制器直接接通主电路更为可靠，维护方便，减轻了操作强度。同时，由于采用接触器触点来控制绕线转子感应电动机转子电阻的切换，不受控制器触点和容量限制，转子可以串入对称电阻，实现对称切换，可以获得较好的调速性能，更好地满足起重机的要求，因此适用于起重机工作在繁重状态。但是磁力控制器控制系统的电气设备比凸轮控制器成本高，线路复杂，因此多用于主钩升降机构。图 3-24 所示为 LK1－12/90 型主令控制器与 PQR10A 系列控制屏组成的磁力控制器控制原理图。

在图 3-24 中，主令控制器 SA 有 12 对触点，提升与下降各有 6 个工作位置。通过操作手柄置于不同工作位置，使 12 对触点闭合与分断，进而控制电动机定子电路和转子电路的接触器，实现电动机的工作状态的改变，拖动主钩按不同速度提升和下降，由于主令控制器为手动操作，所以电动机工作状态的变换由操作人员掌握。图中 KM_2、KM_1 为电动机正转、反转运行接触器；KM_3 为制动接触器，用于控制电动机的三相制动电磁铁 YB；电动机转子电路串有 7 段三相对称电阻，$1R$ 和 $2R$ 为反接制动限流电阻，由反接制动接触器 KM_4、KM_5 控制；$3R \sim 6R$ 为起动加速电阻，由起动加速接触器 $KM_6 \sim KM_9$ 控制 $3R \sim 6R$ 的切除和接入；$7R$ 为常接电阻，用来软化机械特性。SQ_1、SQ_2 为上升与下降的极限限位开关。

当合上电源开关 QS_2 和 QS_5，主令控制器手柄置于"0"位时，零压继电器 KV 线圈通电并自锁，为电动机的起动做好准备。

1）提升重物时电路工作情况

提升时主令控制器的手柄有 6 个位置。

当主令控制器 SA 的手柄扳到"提升 1"位置时，触点 SA_3、SA_5、SA_6 及 SA_7 闭合。

SA_3 闭合，将提升限位开关 SQ_1 串联于提升控制电路中，实现提升极限限位保护。

SA_5 闭合，正转接触器 KM_2 通电吸合，电动机定子接上正向电源，正转提升，线路串入 KM_1 常闭触点为互锁触点，与自锁触点 KM_2 并联的常闭联锁触点 KM_9 的作用是互锁，防止当 KM_9 通电、转子中起动电阻全部切除时，KM_2 通电，电动机直接起动。

SA_6 闭合，制动接触器 KM_3 通电吸合，接通制动电磁铁 YB，松开电磁抱闸。

SA_7 闭合，反接制动接触器 KM_4 通电吸合，切除转子电阻 $1R$。此时，起动转矩较小，一般吊不起重物，只作为张紧钢丝绳，消除吊钩传动系统齿轮间隙的预备起动级。

手柄扳到"提升 2"位置时，除"提升 1"位置已闭合的触点仍然闭合外，SA_8 闭合，反接制动接触器 KM_5 通电吸合，切除转子电阻 $2R$，转矩略有增加，电动机加速。

同样，手柄从"提升 2"位依次扳到"提升 3""提升 4""提升 5""提升 6"位置时，接触器 KM_6、KM_7、KM_8 及 KM_9 依次通电吸合，逐级短接转子电阻，其通电顺序由上述各接触器线圈电路中的常开触点 KM_6、KM_7 和 KM_8 得以保证。由此可知，提升时电动机均工作在电动状态，得到 5 种提升速度。

2）下降重物时电路工作情况

下降重物时，主令控制器也有 6 个位置，但根据重物的重量，可使电动机工作在不同的状态。"下降 J""下降 1""下降 2"称为制动下降位置；"下降 3""下降 4""下降 5"称为强迫下降位置，具体电路工作情况如下：

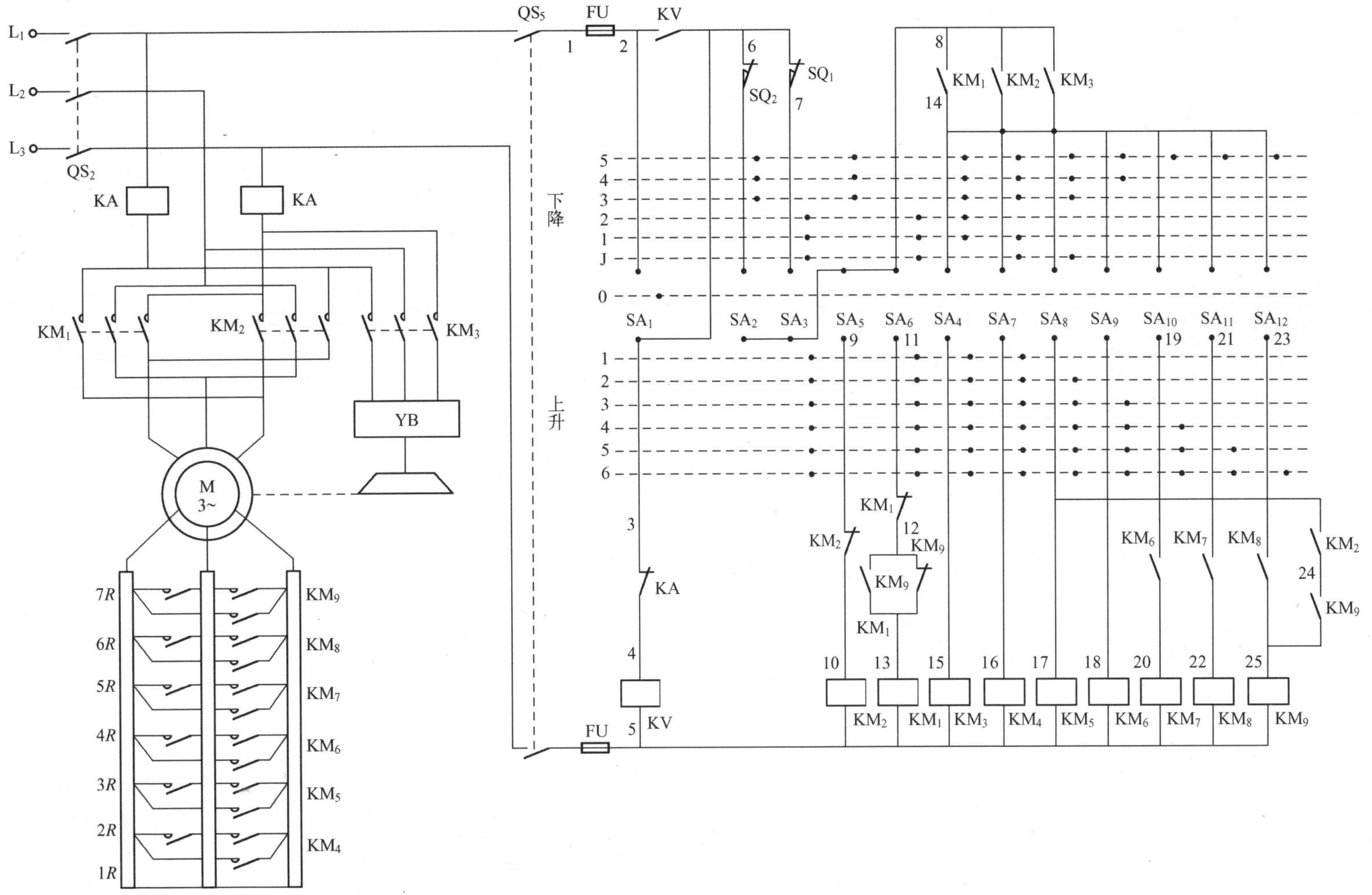

图3-24 主令控制器与PQR交流控制屏组成的磁力控制器控制原理图

当主令控制器 SA 的手柄扳到"下降 J"位置时,触点 SA_6 断开,KM_3 断电释放,YB 断电释放,电磁抱闸将主钩电动机闸住。同时触点 SA_3、SA_5、SA_7 和 SA_8 闭合。SA_3 闭合,提升限位开关 SQ_1 串接在控制电路中。SA_5 闭合,正向接触器 KM_2 通电吸合,电动机按正转提升相序接通电源,又由于 SA_7、SA_8 闭合使 KM_4、KM_5 通电吸合,短接转子中的电阻 $1R$ 和 $2R$,由此产生一个提升方向的电磁转矩,与向下方向的重力转矩相平衡,配合电磁抱闸牢牢地将吊钩及重物闸住。所以,一方面,"下降 J"位置一般用于提升重物后,稳定地停在空中或移行;另一方面,当重载时,控制器手柄由下降其他位置扳回"0"位时,在通过"下降 J"位时,既有电动机的倒拉反接制动,又有机械抱闸制动,在两者的作用下有效地防止溜钩,实现可靠停车。"下降 J"位置时,转速为零。

当主令控制器 SA 的手柄扳到"下降 1"位置时,SA_3、SA_5、SA_6 及 SA_7 闭合。SA_6 闭合使制动接触器 KM_3 通电吸合,接通制动电磁铁 YB,使之松开电磁抱闸,电动机可以运转。SA_8 断开,反接制动接触器 KM_5 断电释放,电阻 $2R$ 重新串入转子电路。

当主令控制器 SA 的手柄扳到"下降 2"位置时,SA_3、SA_5 和 SA_6 仍闭合,而 SA_7 断开,使反接制动接触器 KM_4 断电释放,$1R$ 重新串入转子电路,此时转子电路的电阻全部串入。

由分析可知,若重物下降,要求低速,电动机定子为正转提升方向接电,同时在转子电路串接大电阻,构成电动机倒拉反接制动状态,这一过程可用"下降 J""下降 1""下降 2"三个位置来实现,可获得两级重载下放速度。同时,触点 SA_3 闭合,串入上升极限开关 SQ_1,实现上升限位保护。但对于空钩或轻载下放时,切不可将主令控制器手柄停留在"下降 1"或"下降 2"位置,因为这时电动机产生的电磁转矩将大于负载重力转矩,使电动机进入电动提升状态。

当主令控制器 SA 的手柄扳到"下降 3"位置时,触点 SA_2、SA_4、SA_6、SA_7 和 SA_8 闭合,SA_2 闭合的同时 SA_3 断开,将提升限位开关 SQ_1 从电路切除,接入下降限位开关 SQ_2。SA_6 闭合,KM_3 通电吸合,松开电磁抱闸,允许电动机转动。SA_4 闭合,反向接触器 KM_1 通电吸合,电动机定子接入反相序电源,产生下降方向的电磁转矩。SA_7、SA_8 闭合,反接接触器 KM_4、KM_5 通电吸合,切除转子电阻 $1R$ 和 $2R$。此时,电动机所串转子电阻情况和"提升 2"位置相同,为反转下降电动状态。若重物较重,则下降速度将超过电动机同步转速,而进入发电制动状态,形成高速下降,这时应立即将手柄转到下一位置。

当主令控制器 SA 的手柄扳到"下降 4"位置时,在"下降 3"位置闭合的所有触点仍闭合,另外 SA_9 触点闭合,接触器 KM_6 通电吸合,切除转子电阻 $3R$,此时转子电阻情况与"提升 3"位置时相同,为反转电动状态,若重物较重时,则下降速度将超过电动机的同步转速,而进入再生发电制动状态,形成高速下降,这时应立即将手柄扳到下一位置。

当主令控制器 SA 的手柄扳到"下降 5"位置时,在"下降 4"位置闭合的所有触点仍闭合,另外,SA_{10}、SA_{11} 和 SA_{12} 触点闭合,接触器 KM_7、KM_8 及 KM_9 按顺序相继通电吸合,转子电阻 $4R$、$5R$ 和 $6R$ 依次被切除,从而避免了过大的冲击电流,最后转子各相电路中仅保留一段常接电阻 $7R$。此时,电动机为反转电动状态。若重物较重时,电动机变为再生发电制动,下降速度超过同步转速,但比在"下降 3""下降 4"位时下降速度要小得多。

由上述分析可知:主令控制器手柄位于"下降 J"位置时为提起重物后稳定地停在空中或吊着移行,或用于重载时准确停车。"下降 1"位与"下降 2"位为重载时作低速下降用。若空钩或轻载下降,当重力矩不足以克服传动结构的摩擦力矩时,可以使电动机定子反向接电，运行在反向电动状态，使电磁转矩和重力矩共同作用克服摩擦力矩，强迫下降。这个过程用"下降3""下降4"及"下降5"位置来实现。

3）电路的保护与联锁

① 下放较重重物时，为避免高速下降而造成事故，应将主令控制器的手柄放在"下降1"位和"下降2"位上。但如果司机对货物的重量估计失误，例如下放较重重物时，手柄扳到"下降5"位上，重物下降速度将超过同步转速进入再生发电制动状态。这时要取得较低的下降速度，手柄应从"下降5"位置换成"下降2""下降1"位置。在手柄换位过程中必须经过"下降4""下降3"位置，由以上分析可知，对应"下降4""下降3"位置的下降速度比"下降5"位置还要快得多。为了避免经过"下降4""下降3"位置时造成更危险的超高速，线路中采用了接触器 KM_9 的常开触点（24－25）和接触器 KM_1 的常开触点（17－24）串接后接在触点8与 KM_9 线圈之间，这时手柄置于"下降5"位置时，KM_1、KM_5 通电吸合，利用 KM_1 辅助常开触点自锁。当主令控制器的手柄从"下降5"位置扳动，经过"下降4"位和"下降3"位时，由于触点4、8始终是闭合的，KM_1 始终通电，从而保证了 KM_9 始终通电，转子电路只接入电阻 $7R$，不会使电动机转速再升高，实现了由强迫下降过渡到制动下降时出现高速下降的保护。在 KM_9 自锁电路中串入 KM_1 常开触点（17－24）的目的是为了在电动机正转运行时，KM_1 是断电的，此电路不起作用，从而不会影响提升时的调速。

② 保证反接制动电阻串入的条件下才进入制动下降的联锁。主令控制器的手柄由"下降3"位置换成"下降2"位置时，触点4断开、触点5闭合，反向接触器 KM_1 断电释放，正向接触器 KM_2 通电吸合，电动机处于反接制动状态。为防止制动过程中产生过大的冲击电流，在 KM_1 断电后应使 KM_9 立即断电释放，电动机转子电路串入全部电阻后，KM_2 再通电吸合。为此，一方面在主令控制器触点闭合顺序上保证了触点8断开后触点6才闭合；另一方面还设计了用 KM_1（11－12）和 KM_9（12－13）与 KM_2（9－10）构成互锁环节。这就保证了只有在 KM_9 断电释放后，KM_2 才能接通并自锁工作。此环节还可防止因 KM_9 主触点熔焊、转子在只剩下常串电阻 $7R$ 下电动机正向直接起动事故的发生。

③ 当主令控制器手柄在"下降2"位置与"下降3"位置之间转换，控制接触器 KM_2 与 KM_1 进行换接时，由于二者之间采用了电气和机械联锁，必然存在某一瞬间一个已经释放，另一个尚未吸合的现象，电路中触点 KM_1（8－14）、KM_2（8－14）均断开，此时容易造成 KM_3 断电，使电动机在高速下进行机械制动，引起不允许的强烈震动。为此引入 KM_3 自锁触点（8－14）与 KM_1（8－14）、KM_2（8－14）并联，以确保在 KM_1 与 KM_2 换接瞬间 KM_3 始终通电。

④ 加速接触器 $KM_6 \sim KM_8$ 的常开触点串接下一级加速接触器 $KM_7 \sim KM_9$ 电路中，实现短接转子电阻的顺序联锁作用。

⑤ 该电路的零位保护是通过电压继电器 KV 与主令控制器 SA 实现的；该电路的过电流保护是通过电流继电器 KA 实现的；重物上升、下降的限位保护是通过限位开关 SQ_1、SQ_2 实现的。

3. 保护箱电气原理

采用凸轮控制器或主令控制器控制的交流桥式起重机，广泛使用已标准化的保护箱来实现过载保护、短路保护、失压保护、控制器的零位联锁和终端保护，以及舱盖、端梁和舱口栏杆的安全开关保护等。

（1）XQB1 保护箱主电路

图 3-25 所示为 XQB1 系列保护箱的主电路原理图，由刀开关、接触器、过电流继电器以及熔断器等电器元件组成，由凸轮控制器实现大车、小车和副钩电动机的保护。

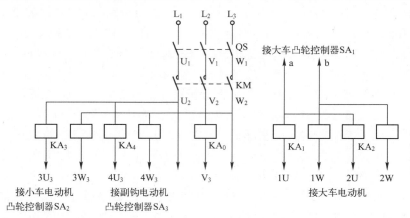

图 3-25　XQB1 保护箱主电路原理图

在图 3-25 中，QS 为总电源刀开关，用来在无负荷的情况下接通或者切断电源；KM 为线路接触器，用来接通或分断电源，兼作失压保护；KA_0 为凸轮控制器操作的各机构拖动电动机的总过电流继电器，用来保护电动机和动力线路的一相过载和短路；KA_1、KA_2 为大车电动机的过电流继电器，KA_3、KA_4 分别为小车和副钩电动机过电流继电器。

起重机电动机采用具有反时限动作特性的 JL12 系列过电流继电器作过载和短路保护。JL12 系列过电流继电器有两个线圈，串入电动机定子的两根相线中，线圈中各有可吸上的衔铁，当流过线圈的电流超过一定值时，动铁心吸上，顶住顶杆打开微动开关，实现保护作用。由于该衔铁置于阻尼剂（硅油）中，当动铁心在电磁力作用下向上运动时，必须克服阻尼剂的阻力，所以只能缓缓向上移动，直至推动微动开关动作。由于有硅油的阻尼作用，继电器具有了反时限保护，即动作时间随过流量的大小而变化，因此，除用作短路保护外，还可兼用过载保护。阻尼剂（硅油）的黏度受周围环境的温度影响，温度升高或降低时，将影响动作的时间。使用时应根据环境温度通过继电器下端的调节螺钉来调整铁心的上下位置，以达到反时限特性的要求。当过电流继电器动作后，电动机故障一旦解除，动铁心因自重而返回原位。

过电流继电器的整定值应调整合适，若整定电流过大，则不能保护电动机；若整定值过小，则经常动作。各个电动机的过电流继电器的整定值为额定电流的 2.25 ~ 2.5 倍。总过电流继电器（瞬时动作）的整定值为 2.5 倍的最大一台电动机的额定电流加上其余电动机的额定电流之和。

在图 3-25 中，KA_1 ~ KA_4 均选用具有双线圈式的 JL12 系列过电流继电器，分别作为大车、小车及副钩电动机的两相过电流保护，其中任何一线圈电流超过允许值，都能使继电器动作并断开它的常闭触点，并使线路接触器 KM 断电，切断总电源，从而起到过电流保护作用。

（2）XQB1 保护箱控制电路

图 3-26 所示为 XQB1 保护箱控制电路。图中，HL 为电源信号灯，指示电源通断。QS_1 为紧急事故开关，在出现紧急情况下切断电源。SQ_6 ~ SQ_8 为舱口门、横梁门安全开关，任

何一个门打开时起重机都不能工作。$KA_0 \sim KA_4$ 为过电流继电器的触点，实现过载和短路保护。SA_1、SA_2 及 SA_3 分别为大车、小车和副钩凸轮控制器零位闭合触点，每个凸轮控制器采用了三个零位闭合触点，零位闭合的触点与按钮 SB 串联；用于自锁回路的两个触点，其中一个为零位和正向位置均闭合，另一个为零位和反向位置均闭合，它们和对应方向的限位开关串联后并联在一起，实现零位保护和自锁功能。SQ_1、SQ_2 为大车移行机构的行程限位开关，装在桥架上，挡铁装在轨道的两端；SQ_3、SQ_4 为小车移行机构行程开关，装在桥架上小车轨道的两端，挡铁装在小车上；SQ_5 为副钩提升限位开关。这些行程开关实现各自的终端保护作用。KM 为线路接触器，KM 的闭合控制着主钩、副钩、大车和小车的供电。

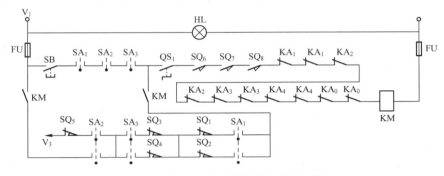

图 3-26　XQB1 保护箱控制电路原理图

当三个凸轮控制器都在零位时，舱门口、横梁门均关上，即 $SQ_6 \sim SQ_8$ 均闭合，紧急开关 QS_1 闭合。无过电流时，KA_0、$KA_1 \sim KA_4$ 均闭合，按下起动按钮，线路接触器 KM 通电吸合且自锁，其主触点接通主电路，给主、副钩及大车、小车供电。

当起重机工作时，线路接触器 KM 的自锁回路中，并联的两条支路只有一条是通的，例如小车向前时，控制器 SA_2 与 SQ_4 串联的触点断开，向后限位开关 SQ_4 不起作用；而 SA_2 与 SQ_3 串联的触点仍是闭合的，向前限位开关 SQ_3 起限位作用等。

当线路接触器 KM 断电切断总电源时，整机停止工作。若要重新工作，必须将全部凸轮控制器手柄置于零位，电源才能接通。

在起重机上，行程开关按其用途的不同可分为限位开关（终点开关）和安全开关（保护开关）两种。大车、小车和副钩所用的行程开关 $SQ_1 \sim SQ_5$，用来限制工作机构在一定允许范围内运行，安装在工作机构行程的终点，称为限位开关；桥式起重机在操纵室通往上部大车走台舱口处安装的舱口开关、横梁门开关 $SQ_6 \sim SQ_8$，用来保护人身安全，称为安全开关。

XQB1 系列保护箱型号的表示和含义如下：

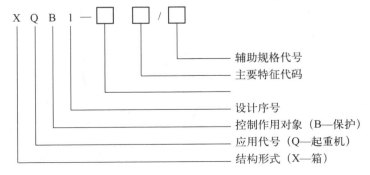

107

（3）保护箱内照明与信号回路

图 3-27 所示为保护箱照明及信号回路原理图。图中，QS_6 为操纵室照明开关，S_3 为大车向下照明开关，S_2 为操纵室照明灯 EL_1 开关，SB_2 为音响设备 HA 的按钮。EL_2、EL_3 及 EL_4 为大车向下照明灯，$XS_1 \sim XS_3$ 为手提检修灯和电风扇插座。除大车向下照明为 220 V 外，其余均由安全电压 36 V 供电。

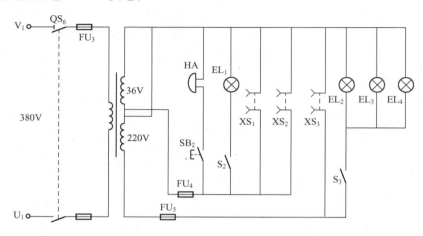

图 3-27　保护箱内照明与信号回路原理图

3.5　常用建筑设备的电气控制线路

3.5.1　水泵电气控制线路

1. 干簧管式液位控制器

干簧管式液位控制器适用于工业与民用建筑中的水箱、水塔及水池等开口容器的水位控制或水位报警。图 3-28 为干簧管液位控制器的安装和接线图。其工作原理是：在塑料管或尼龙管内固定有上、下水位干簧管开关 SL_1 和 SL_2，塑料管下端密封防水，连线在上端接出，在塑料管外，套一个能随水位移动的浮标（或浮球），浮标中固定一个永久磁环，当浮标随水位移动到上或下水位时，对应的干簧管接受磁信号而动作，发出水位电开关信号。干簧管开关触点有常开和常闭两种形式，其组合方式有一常开、一常

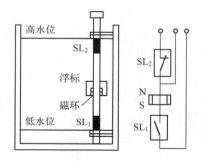

图 3-28　干簧管液位控制器
的安装和接线图

闭和两常开，如在塑料管中固定有 4 个干簧管，可有若干种组合方式，用于水位控制及报警。

2. 控制线路分析

1#泵、2#泵为两台相同的给水泵，互为备用，即 1#泵工作、2#泵备用或 2#泵工作、1#泵备用。图 3-29 所示为两台给水泵互为备用控制线路，图中 SL_1 为低水位液位控制器，SL_2 为高水位液位控制器。该电路有手动、自动两种工作方式，由转换开关 SA_2 进行选择。自动

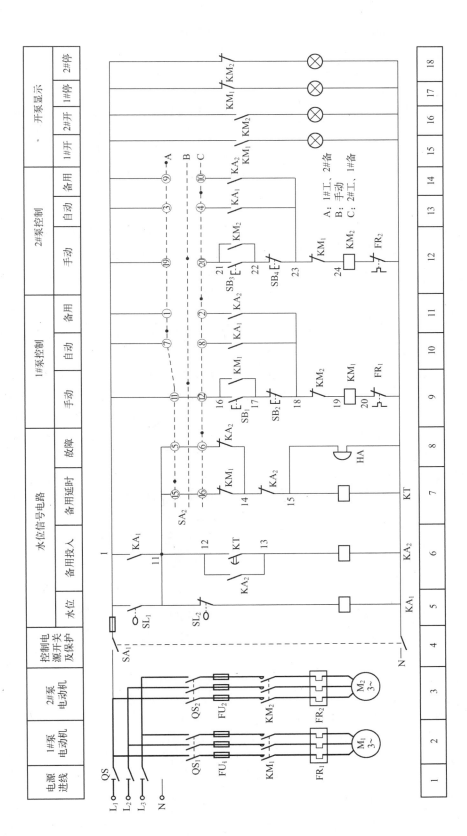

图3-29 两台给水泵互为备用控制线路

时，水泵起停受液位控制，并可以实现 1#泵、2#泵的自动切换，互为备用；手动时，水泵起停不受液位控制。

（1）将 SA$_2$ 转至 B 位置，其触点 SA$_2$（11－12）、SA$_2$（19－20）闭合，其他触点断开，接通 1#泵和 2#泵的手动控制电路，此时水泵起停不受液位信号控制，系统进入手动工作状态。

按下按钮 SB$_1$ 或 SB$_3$，使接触器 KM$_1$ 或 KM$_2$ 得电吸合并自锁，则 1#泵或 2#泵起动，但 1#泵和 2#泵回路中有互锁触点，因此只能起动一台泵；按下按钮 SB$_2$ 或 SB$_4$，使 KM$_1$ 或 KM$_2$ 失电释放，1#泵或 2#泵停止。

（2）将 SA$_2$ 转至 A 位置，其触点 SA$_2$（7－8）、SA$_2$（9－10）、SA$_2$（15－16）闭合，其他触点断开。

1）若水位在低水位，则 SL$_1$ 闭合，KA$_1$ 线圈得电吸合，KA$_1$（1－11）常开触点闭合、自锁，KA$_1$（1－18）常开触点闭合，KM$_1$ 线圈得电吸合，KM$_1$ 主触点闭合，电动机 M$_1$ 起动，1#泵起动运行；KM$_1$（16－17）辅助常开触点闭合、自锁，KM$_1$（23－24）辅助常闭触点断开，使 KM$_2$ 不能得电、互锁；KM$_1$（11－14）辅助常闭触点断开，使 KT 和 HA 不能得电。

2）若水位在高水位，则 SL$_2$ 断开，KA$_1$ 失电释放，KA$_1$（1－18）常开触点复位，使 KM$_1$ 失电释放，KM$_1$ 主触点断开，1#泵停止运行；KM$_1$（23－24）辅助常闭触点复位，但由于 KA$_1$ 失电释放，KA$_1$（1－18）常开触点复位，SL$_2$ 断开，使 KT 和 HA 不能得电。

3）若 1#泵运行时，发生过载，则热继电器 FR$_1$ 的热元件（20－2）断开，使 KM$_1$ 失电释放，KM$_1$（11－14）辅助常闭触点复位，KM$_1$（23－24）辅助常闭触点复位；此时 KA$_1$ 线圈仍得电吸合，KA$_1$（1－11）常开触点闭合、自锁，则时间继电器 KT 和警铃 HA 得电，警铃响；KT 线圈得电后，经延时，KT（12－13）常开触点闭合，使 KA$_2$ 线圈得电吸合，KA$_2$（12－13）常开触点闭合、自锁；KA$_2$（14－15）常闭触点断开，KT 失电释放、HA 失电；由于 KM$_1$（23－24）辅助常闭触点复位，KA$_2$（1－23）常开触点闭合，使 KM$_2$ 线圈得电吸合，主触点闭合，电动机 M$_2$ 起动，2#泵起动运行；KM$_2$ 线圈得电吸合，KM$_2$（21－22）辅助常开触点闭合、自锁，KM$_2$（18－19）辅助常闭触点断开，使 KM$_1$ 不能得电、互锁。

（3）将 SA$_2$ 转至 C 位置，其触点 SA$_2$（1－2）、SA$_2$（3－4）、SA$_2$（5－6）闭合，其他触点断开。此时 2#泵为工作泵，1#泵为备用泵，分析过程同上。

3.5.2　防火卷帘门电气控制线路

防火卷帘门是一种广泛应用于工业与民用建筑的防火分隔物，在起火时卷帘门放下，可以挡住门、窗口，能有效地阻止火势蔓延，保障生命财产安全，是现代建筑中不可缺少的防火设施。

电动防火卷帘门采取两次下落方式，第一次由烟雾传感器控制，卷帘门下落距地面 1.5 m 处停止，此时人员可以继续疏散，又可以阻止烟雾扩散至另一防火区域，同时灯光和警铃报警；第二次由温度传感器控制，卷帘门继续下落至地面，以阻止火势蔓延。

图 3-30 所示为防火卷帘门控制线路，卷帘门的升降由电动机 M 的正反转运行实现。图中 S$_1$ 为烟雾传感器，S$_2$ 为温度传感器，SA 用于手动控制升降卷帘门，SB$_1$ ～ SB$_5$ 为手动操作按钮，SB$_6$ 用于手动停止卷帘门升降，SQ$_1$ 为卷帘门上升到极限位置的行程开关，SQ$_2$ 为卷帘门下降到中位的行程开关，SQ$_3$ 为卷帘门下降到底的行程开关，YA 为电锁。电锁是一种电子控制锁具，通过电流的通断驱动"锁舌"的伸出或缩回以达到锁门或开门的功能。

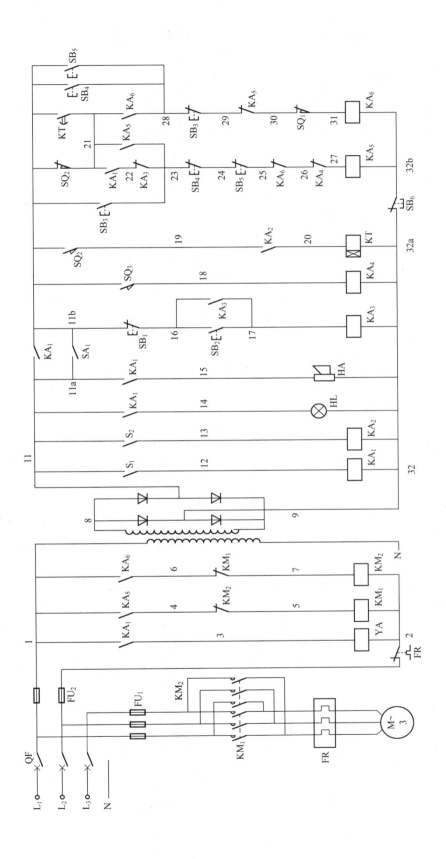

图3-30 防火卷帘门控制线路

当有火灾发生时，烟雾传感器 S_1 动作，S_1（11-12）触点闭合，KA_1 线圈得电吸合，KA_1（1-3）常开触点闭合，YA 得电，电锁打开；KA_1（11-14）常开触点闭合，报警灯 HL 得电，发出灯光报警；KA_1（11a-15）常开触点闭合，电铃 HA 得电，发出报警声；KA_1（11a-11b）常开触点闭合，直流控制电路得电；KA_1（21-22）常开触点闭合，KA_5 线圈得电吸合，KA_5（21-23）常开触点闭合、自锁，KA_5（29-30）常闭触点断开；KA_5（1-4）常开触点闭合，KM_1 线圈得电吸合，主触点闭合，电动机 M 正转起动运行，卷帘门下降；KM_1（6-7）辅助常闭触点断开，使 KM_2 线圈不能得电，互锁；当卷帘门下降到距地面 1.5 m 处，触动行程开关 SQ_2，SQ_2（11-19）触点闭合，为时间继电器 KT 得电作准备；SQ_2（11-21）常闭触点断开，KA_5 失电释放，KA_5（29-30）常闭触点闭合；KA_5（1-4）常开触点复位，KM_1 失电释放，电动机停转。

当温度传感器 S_2 动作，S_2（11-13）触点闭合，KA_2 线圈得电吸合，KA_2（19-20）常开触点闭合，时间继电器 KT 线圈得电吸合，经延时，KT（11b-21）常开触点闭合，KA_5 线圈得电吸合；KA_5（1-4）常开触点闭合，KM_1 线圈得电吸合，主触点闭合，电动机 M 正转起动运行，卷帘门继续下降至地面，触动行程开关 SQ_3；KM_1（6-7）辅助常闭触点断开，使 KM_2 线圈不能得电，互锁；SQ_3（11b-18）触点闭合，KA_4 线圈得电吸合，KA_4（26-27）常闭触点断开，KA_5 失电释放；KA_5（1-4）常开触点复位，KM_1 失电释放，电动机停转。

火警解除后，S_1（11-12）触点和 S_2（11-13）触点复位。

合上 SA，按下 SB_4 或 SB_5（两地控制），SB_4（23-24）常闭触点断开，使 KA_5、KM_1 不能得电吸合，互锁；SB_4（11b-28）常开触点闭合，KA_6 线圈得电吸合，KA_6（21-28）常开触点闭合、自锁；KA_6（1-6）常开触点闭合，KM_2 线圈得电吸合，电动机 M 反转运行，卷帘门上升；升至顶端时，触动行程开关 SQ_1，SQ_1（30-31）常闭触点断开，KA_6 失电释放，KA_6（1-6）常开触点复位，KM_2 失电释放，电动机停转。

按下按钮 SB_6 时，直流控制电路失电，电动机停转。

请分析，①按钮 SB_1、SB_2 及 SB_3 的作用。②当卷帘门上升过程中，触动行程开关 SQ_2，此时电路的工作情况。

项目 3-7　混凝土搅拌机电气控制线路分析

一、实训目的

分析图 3-31 所示的混凝土搅拌机电气控制线路。混凝土搅拌机是把水泥、砂石骨料和水混合并拌制成混凝土混合料的机械。主要由拌筒、加料和卸料机构、供水系统、传动机构、机架以及支承装置等组成，其电气控制线路如图 3-31 所示。

控制要求：

① 电动机 M_1 控制搅拌与出料，M_1 正转时搅拌，M_1 反转时出料；

② 电动机 M_2 控制料斗，M_2 正转时料斗上升，M_2 反转时料斗下降；

③ 电动机 M_3 控制供水。

二、实训报告要求

1. 根据电气原理图，分析图 3-31 所示的混凝土搅拌机电气控制线路的工作过程。

2. 利用 AutoCAD 绘制电气原理图。

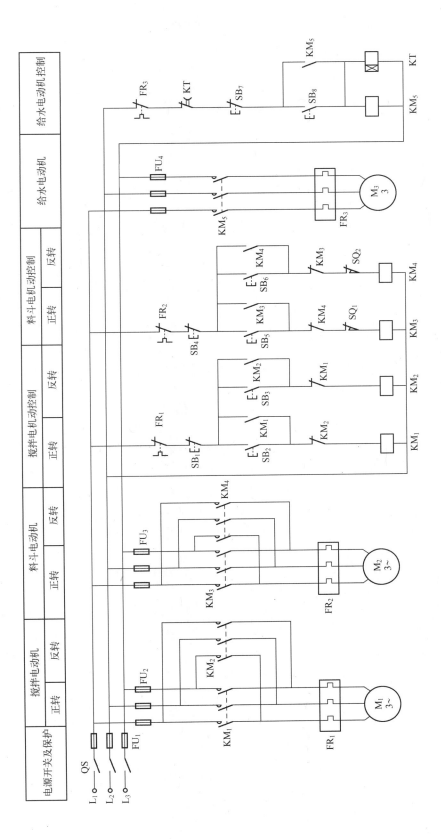

图3-31　混凝土搅拌机电气控制线路

3. 编制电器元件明细表。

4. 绘制电器元件布置图。

5. 绘制电气接线图。

3.6 电气控制系统设计

3.6.1 电气控制系统设计的内容

1. 拟定电气设计任务书及技术条件

电气控制系统设计的技术条件通常是以电气设计任务书的形式加以表达的，电气设计任务书是整个系统设计的依据。

在电气设计任务书中，应简要说明所设计的机械设备的型号、用途、工艺过程、技术性能、传动要求、工作条件以及使用环境等。除此之外，还应说明以下技术指标及要求。

（1）控制精度，生产效率要求。

（2）有关电力拖动的基本特性，如电动机的数量、用途、负载特性、调速范围以及对反向、起动和制动的要求等。

（3）用户供电系统的电源种类、电压等级、频率及容量等要求。

（4）有关电气控制的特性，如自动控制的电气保护、联锁条件及动作程序等。

（5）其他要求，如主要电气设备的布置草图、照明、信号指示及报警方式等。

2. 确定电气传动方案和控制方案

电力拖动方案的选择是以后各部分设计内容的基础和先决条件。电力拖动方案是指根据生产工艺要求，生产机械的结构，运动部件的数量、运动要求、负载特性、调速要求以及投资额等条件，确定电动机的类型、数量及拖动方式，并拟订电动机的起动、运行、调速、转向及制动等控制要求，作为电气控制原理图设计及电器元件选择的依据。

3. 设计电气原理图，包括主电路、控制电路和辅助控制电路，确定各部分之间的关系，拟订各部分的技术要求。

4. 选择电器元件或装置，制定电器元件或装置易损坏件及备用件的清单。

5. 设置操作台、电器柜及非标准电气元件。

设计操作台、电器柜，根据组件的尺寸及安装要求，确定电气箱结构与外形尺寸，设置安装支架，标明安装尺寸、安装方式、各组件的连接方式、通风散热及开门方式，在这部分设计中，应注意操作维护的方便与造型的美观。

6. 设计电气设备制造、安装以及调试所必需的各种施工图纸，包括电器元件布置图及电气接线图，并以此为根据编制各种材料定额清单。

7. 编写设计说明书。

3.6.2 电气控制系统设计的基本原则

电气控制系统必须满足生产过程中机械设备及其工艺的要求，因此，在设计前要充分了解生产机械设备的主要工作性能、结构特点和实际工作情况。

1. 尽量选用标准的电器元件，尽量减少电器元件的数量，尽量选用相同型号的电器元件以减少备用品的数量。

2. 尽量选用标准的、常用的或经过实践考验的典型环节或基本电气控制电路。

3. 尽量减少不必要的触点，以简化电气控制电路。同时，注意正确连接电器元件的触点。

4. 尽量缩短连接导线的数量和长度。在设计电气控制电路时，应根据实际环境情况，合理考虑并安排各种电气设备和电器元件的位置及实际连线，以保证各种电气设备和电器元件之间的连接导线的数量最少，导线的长度最短。

5. 注意电器线圈的正确连接。在交流控制电路中，不允许串联接入两个电器元件的线圈；两电感量相差悬殊的直流电压线圈不能直接并联。

6. 尽量减少电器不必要的通电时间。控制电路在工作时，除必要的电器元件必须通电外，其余的尽量不通电以节约电能，并且可延长该电器元件的寿命。

7. 电气控制电路应具有完善的保护环节和联锁装置，来保证整个生产机械的安全运行，消除在其工作不正常或误操作时所带来的不利影响，避免事故的发生。如在频繁操作的可逆电路中，正反向接触器之间要有电气联锁和机械联锁。

8. 电气控制电路应力求维修方便，使用简单。在进行电气控制电路的安装与配线时，电器元件应留有备用触点，必要时留有备用元件；为检修方便，应设置电气隔离，避免带电检修工作；控制方式应操作简单，能迅速实现从一种控制方式到另一种控制方式的转变，如从自动控制转换到手动控制；设置多点控制，便于在生产机械旁进行调试。

9. 防止寄生电路。控制线路在工作中意外接通的电路叫寄生电路。寄生电路将破坏电器元件和控制电路的工作顺序或造成误动作。

3.6.3 电气原理图设计的方法

电气控制系统设计的方法有两种：一是经验设计法；二是逻辑设计法。

1. 经验设计法

所谓经验设计法，是根据生产机械的工艺要求和生产过程，确定生产机械对电气控制电路的要求，选择适当的基本环节（单元电路）或典型电路，进一步拟定联锁控制电路及辅助电路。

这种方法易于掌握、便于推广，但在设计的过程中需要反复修改设计草图以得到最佳设计方案，因此设计速度慢，且必要时还要对整个电气控制电路进行模拟实验。

（1）经验设计法的基本步骤

一般的生产机械电气控制系统设计包括主电路、控制电路和辅助电路等。

1）主电路设计。主要考虑电动机的起动、点动、正反转、制动和调速。

2）控制电路设计。包括基本控制电路和控制电路特殊部分的设计以及选择控制参量和确定控制原则，主要考虑如何满足电动机的各种运转功能和生产工艺要求。

3）连接各单元环节。构成满足整机生产工艺要求，实现生产过程自动、手动及调整的控制电路。

4）联锁保护环节设计。包含各种联锁环节以及短路、过载、过电流及失压等保护环节。

5）电路的综合审查。反复审查所设计的控制电路是否满足设计原则和生产工艺要求。

在条件允许的情况下，进行模拟实验，逐步完善整个电气控制系统的设计，直至满足生产工艺要求。

（2）经验设计的基本方法

1）根据生产机械的工艺要求和工作过程，选用典型基本环节，将它们有机地组合起来并加以适当的补充和修改，综合成所需要的电气控制线路。

2）若选择不到适当的典型基本环节，则根据生产机械的工艺要求和生产过程自行设计，边分析边画图，将输入的主令信号经过适当的转换，得到执行元件所需的工作信号。随时增减电器元件和触点，以满足所给定的工作条件。

2. 逻辑设计法

所谓逻辑设计法，是利用了逻辑代数这一数学工具来设计电气控制线路，即从机械设备的生产工艺要求出发，将控制电路中的接触器、继电器等电器元件线圈的通电与断电，触点的闭合与断开，以及主令元件的接通与断开等均看成逻辑变量，配合生产工艺过程，用逻辑函数关系式表示这些逻辑变量之间的逻辑关系，再运用逻辑函数基本公式和运算规律对逻辑函数式进行化简，然后由化简的逻辑函数式画出相应的电气原理图，最后进一步检查、化简和完善，以获得符合生产工艺要求又经济合理的最佳设计方案。

（1）逻辑变量

在逻辑代数中，将具有两种互为对立的工作状态的物理量称为逻辑变量。如电气控制线路中的继电器、接触器等电器元件线圈的通电与失电，触点的断开与闭合等均为对立的工作状态，则线圈和触点都相当于一个逻辑变量，其对立的两种工作状态可采用逻辑"0"和逻辑"1"表示。在继电接触式电气控制电路中明确规定如下内容：

① 继电器、接触器、行程开关及按钮等电器元件的常开触点用 KA、KM、SQ 和 SB 表示；常闭触点则用$\overline{KA}$、$\overline{KM}$、$\overline{SQ}$和$\overline{SB}$表示。

② 电器元件的线圈通电为"1"状态，线圈失电为"0"状态。

③ 触点闭合为"1"状态，触点断开为"0"状态。

④ 主令元件如行程开关、主令控制器等，触点闭合为"1"状态，触点断开为"0"状态。

下列各式含义：

KM = 1，接触器线圈得电或接触器常开触点闭合。

KM = 0，接触器线圈失电或接触器常开触点断开。

$\overline{KM}$ = 1，接触器常闭触点闭合。

$\overline{KM}$ = 0，接触器常闭触点断开。

（2）逻辑函数关系

在继电接触式电气控制电路中，把表示触点状态的逻辑变量称为输入逻辑变量；把表示接触器、继电器线圈等受控元件的逻辑变量称为输出逻辑变量；输出逻辑变量与输入逻辑变量之间所满足的相互关系称为逻辑函数关系，简称为逻辑关系。

1）基本逻辑关系

① 逻辑与－触点串联

逻辑表达式为 $K = A \cdot B$

其表达的含义为：只有当触点 A 与 B 都闭合时，线圈 K 才得电。能够实现逻辑与运算的电路如图 3-32a 所示。

② 逻辑或 - 触点并联

逻辑表达式为：$K = A + B$

其表达的含义为触点 A 与 B 只要有一个闭合，线圈 K 就可以得电。能够实现逻辑或运算的电路如图 3-32b 所示。

③ 逻辑非 - 常闭触点

逻辑表达式为 $K = \overline{A}$

其表达的含义为：只有当触点 A 不动作，线圈 K 才通电，能够实现逻辑非运算的电路如图 3-32c 所示。

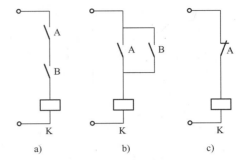

图 3-32　基本逻辑运算电路

a）逻辑与电路　b）逻辑或电路　c）逻辑非电路

2）逻辑代数的基本定理

根据三种基本逻辑关系，可以得到逻辑代数的一些基本定律：

① 0 和 1 定则：$A + 0 = A$、$A \cdot 0 = 0$、$A + 1 = 1$、$A \cdot 1 = A$

② 互补定律：$A + \overline{A} = 1$、$A \cdot \overline{A} = 0$

③ 同一定律：$A + A = A$、$A \cdot A = A$

④ 反转定律：$\overline{\overline{A}} = A$

⑤ 交换律：$A + B = B + A$、$A \cdot B = B \cdot A$

⑥ 结合律：$(A + B) + C = A + (B + C)$、$(A \cdot B) \cdot C = A \cdot (B \cdot C)$

⑦ 分配律：$(A + B)(A + C) = A + BC$、$A \cdot (B + C) = AB + AC$

⑧ 吸收律：$A + AB = A$、$A + \overline{A}B = A + B$、$A \cdot (A + B) = A$、$A \cdot (\overline{A} + B) = AB$、$AB + \overline{A}C + BC = AB + \overline{A}C$、$(A + B)(\overline{A} + C)(B + C) = (A + B)(\overline{A} + C)$

⑨ 摩根定律：$\overline{A + B} = \overline{A} \cdot \overline{B}$、$\overline{A \cdot B} = \overline{A} + \overline{B}$

3）逻辑代数的化简

一般来说，从满足机械设备的工艺要求出发而列出的原始逻辑表达式都较繁琐，涉及的变量较多，据此作出的电气控制电路图也较为繁琐。因此，在保证逻辑功能（生产工艺要求）不变的前提下，可以用逻辑代数的定律将原始的逻辑表达式进行化简，以得到较为简化的电气控制线路。

（3）继电器 - 接触器的逻辑电路

电气控制电路的组成一般有输入电路、输出电路和执行元件等。输入电路主要由主令元件、检测元件组成。主令元件包含手动按钮、开关及主令控制器等，其功能是实现开机、停机及发生紧急情况下的停机等控制，主令元件发出的信号称为主令信号。检测元件包含行程开关、压力继电器及速度继电器等各种继电器元件，其功能是检测物理量，作为程序自动切换时的控制信号，即检测信号。主令信号、检测信号、中间元件发出的信号以及输出变量反馈的信号组成控制电路的输入信号。输出电路由中间记忆元件和执行元件组成。中间记忆元件即中间继电器，其基本功能是记忆输入信号的变化，使得按顺序变化的状态（以下称为程序）两两区分。执行元件分为有记忆功能的和无记忆功能的两种。有记忆功能的执行元件有接触器、继电器；无记忆功能的执行元件有电磁阀、电磁铁等。执行元件的基本功能是驱动生产机械的运动部件满足生产工艺要求。

继电器－接触器逻辑电路的描述是以某一个控制电器的线圈为对象，写出上述电器元件的触点间相互连接关系的逻辑函数表达式（均以未受激时的状态来表示）。图3-33所示为起保停电路，其逻辑函数表示式为 $KM = \overline{SB_1}(SB_2 + KM)$

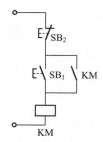

图3-33 起保停电路

（4）逻辑设计法的基本步骤

1）根据生产工艺要求，确定逻辑变量。

2）确定主令元件、检测元件和执行元件的状态表。

3）列出中间记忆元件的逻辑表达式和执行元件的表达式。

4）简化逻辑表达式，根据逻辑表达式绘制电气控制线路。

5）进一步检查、完善电路，增加必要的保护和联锁环节。

3.6.4 电气控制线路的保护环节

在电气控制电路中常设的保护环节有短路保护、过电流保护、过载保护、失压保护、弱磁保护以及极限保护等。

1. 短路保护

在电路发生短路时，强大的短路电流易引起各种电气设备和电器元件的绝缘损坏及机械损坏。因此，当电路发生短路时，应迅速而可靠地切断电源，如图3-34所示为采用熔断器作短路保护的电路。当主电动机容量较小，控制电路不需另设熔断器 FU_2，主电路中的熔断器也可用作控制电路的短路保护。当主电动机容量较大时，在控制电路中必须单独设置熔断器。

图3-35所示为低压断路器（自动空气开关）短路保护电路，它既可以作为短路保护，又可以作为过载保护。当电路出现故障时，自动开关动作，事故处理完，重新合上开关，电路重新运行工作。

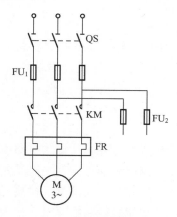

图3-34 熔断器短路保护

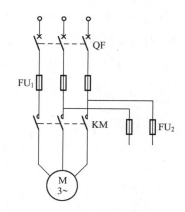

图3-35 自动空气开关短路保护

2. 过电流保护

在电动机运行的过程中，有各种各样的现象会使电动机产生很大的电流，从而造成电动机或生产机械设备的损坏。例如不正确的起动和过大的负载会引起电动机很大的过电流；过大的冲击负载会引起电动机过大的冲击电流，损坏电动机的换向器；过大的电动机转矩会使生产机械的机械转动部分受到损坏。因此，为保护电动机的安全运行，在这种条件下，有必要设置过电流保护，如图 3-36 所示。

当电动机起动时，时间继电器 KT 延时断开的常闭触点未断开，过电流继电器的线圈不能接入电路，此时起动电流很大，但过电流继电器不起作用。当起动结束后，KT 的常闭触点经延时已断开，将过电流线圈接入电路，过电流继电器开始起保护作用。

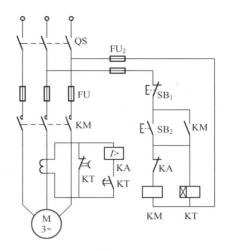

图 3-36 过电流保护原理图

3. 过载保护

如果电动机长期超载运行，其绕组的温升将超过允许值，从而损坏电动机，此时应设置过载保护环节。这种保护多采用具有反时限特性的热继电器作保护环节，同时装有熔断器或过电流继电器配合使用。

图 3-37a 适用于保护电动机出现三相均衡过载。图 3-37b 所示为两相保护，适用于保护电动机出现任一相断线或三相均衡过载。图 3-37c 为三相过载保护，能够可靠地保护电动机的各种过载情况。在图 3-37b 和图 3-37c 中，当电动机定子绕组为三角形连接时，应采用差动式热继电器。

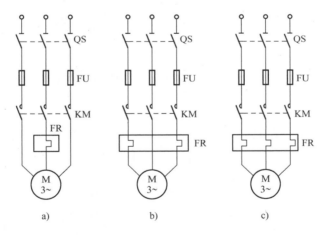

图 3-37 过载保护
a）单相保护 b）两相保护 c）三相保护

4. 失压保护

在电动机正常工作时，由于电源电压的消失而使电动机停转，当电源电压恢复后，有时电动机就会自行起动，从而造成人身伤害和设备毁坏的事故。防止电压恢复时电动机自起动的保护称为失压保护。一般通过并联在起动按钮上的接触器的常开触点（如图 3-38a 所示），或通过并联在主令控制器的零位常开触点上的零位继电器的常开触点（如图 3-38b 所示），来实现失压保护。

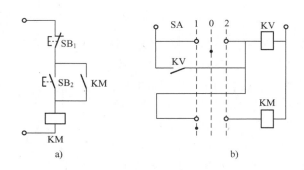

图 3-38 失压保护

a）按钮控制　b）主令控制器控制

5. 弱磁保护

直流并励电动机、复励电动机在励磁磁场减弱或消失时，会引起电动机的"飞车"现象。此时，需设置弱磁保护环节。一般用弱磁继电器的吸合值为其额定励磁电流的 0.8 倍。

6. 极限保护

对于做直线运动的生产机械常设有极限保护环节。如上、下极限保护，前、后极限保护等。一般用行程开关的常闭触点来实现。

7. 其他保护

除上述保护之外，根据生产机械在其运行过程中的不同工艺要求和可能出现的各种现象，需设置如温度、水位、欠压等保护环节。

项目 3-8　液体混合搅拌装置电气控制线路设计

一、实训目的

1. 培养综合运用专业知识，解决实际工程技术问题的能力。

2. 培养工程制图以及撰写技术报告的能力。

二、设计要求

如图 3-39 所示为两种液体的混合搅拌装置示意图。该装置上有三个电磁阀门，阀门 A 输入甲液体，阀门 B 输入乙液体，阀门 C 打开时，将甲乙混合液放出。混合容器上装有三个液位传感器，用来反映液位高度。当液位达到传感器所在位置时，相应传感器的常开触点闭合；当液位低于传感器所在位置时，传感器的常开触点复位。

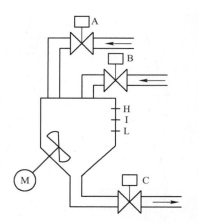

图 3-39　两种液体混合搅拌装置示意图

两种液体混合的工艺过程：

1）初始状态，容器内液体排空，阀门均关闭。

2）按下起动按钮后，阀门 A 打开，甲液体流入容器，待液位达到传感器 I 的位置时，关闭阀门 A，打开阀门 B。

3）阀门 B 打开后，乙液体流入容器，待液位达到传感器 H 的位置时，关闭阀门 B，开始液体混合搅拌。

4）搅拌装置由电动机拖动，搅拌时间为 30 s。搅拌时间到，搅拌机停，打开阀门 C。

5）混合液体由阀门 C 排出，当液位下降到传感器 L 位置时，延时 10 s 后，关闭阀门 C，此时容器内的液体已排空。

三、实训报告要求

1. 设计并利用 AutoCAD 绘制电气原理图。

2. 选择电器元件，编制电器元件明细表。

3. 设计电器元件布置图和电气接线图。

项目3-9 皮带输送机电气控制线路设计

一、实训目的

1. 培养综合运用专业知识，解决实际工程技术问题的能力。

2. 培养工程制图以及撰写技术报告的能力。

二、设计要求

如图 3-40 所示为三级皮带输送机示意图。皮带输送机作为短途运输工具，其特点是电动机带动皮带循环运转，不需要调速和反转，货物置于皮带上随皮带走。三级皮带输送机，分别由 M_1、M_2、M_3 三台电动机拖动。动作顺序如下：

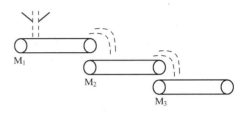

图 3-40　三级皮带输送机示意图

起动时，按 M_3、M_2、M_1 顺序起动，这样可以防止货物在皮带上堆积；停车时，按 M_1、M_2、M_3 顺序停车，这样可以保证停车后皮带上不残存货物；上述动作按时间原则控制。当 M_2、M_3 出现故障时，必须将 M_1 停下，以免继续进料。

三、实训报告要求

1. 设计并利用 AutoCAD 绘制电气原理图。

2. 选择电器元件，编制电器元件明细表。

3. 设计电器元件布置图和电气接线图。

3.7 习题

1. 在控制电路中，如果两个常开触点串联，则它们是（　　　）。

A. 与逻辑关系　　　　　　　　　B. 或逻辑关系

C. 非逻辑关系　　　　　　　　　D. 与非逻辑关系

2. 电压等级相同的两个电压继电器在线路中（　　　）。

A. 可以直接并联　　　　　　　　B. 不可以直接并联

C. 不能同时在一个线路中　　　　D. 只能串联

3. 机床设备控制电路常用哪些保护措施？

4. 短路保护和过载保护有什么区别？

5. 电气原理图设计方法有哪几种？简单的机床控制系统常用哪一种？写出设计的步骤。

第 4 章　PLC 基础知识

可编程序控制器（Programmable Controller，简称 PLC）是一种新型的通用自动控制装置，它将传统的继电器控制技术、计算机技术和通信技术融为一体，专门为工业控制而设计，具有功能强、通用灵活、可靠性高、环境适应性好、编程简单、使用方便、以及体积小、重量轻、功耗低等一系列优点，因此广泛应用于工业控制的各个领域。近年来，PLC 发展很快，已成为工业自动化的三大支柱技术（PLC 技术、工业机器人技术、CAD/CAM 技术）之一，PLC 应用已经成为控制领域的一个潮流，随着我国科技水平的不断发展和提高，PLC 技术将在我国得到更加全面的推广和应用，学习和掌握 PLC 技术已成为工业自动化工作者的一项迫切的任务。

4.1　PLC 的定义和工作原理

可编程序控制器是在继电器控制和计算机控制的基础上开发出来的，并逐渐发展成为以微处理器为核心，把自动化技术、计算机技术及通信技术融为一体的新型工业自动化控制装置，目前广泛应用于各种生产机械和生产过程的自动控制中。

4.1.1　PLC 的名称和定义

1. 名称

早期的可编程序控制器只能进行计数、定时以及对开关量的逻辑控制，人们称它为"可编程逻辑控制器（Programmable Logic Controller）"，简称 PLC。后来，可编程序控制器采用微处理器作为其控制核心，它的功能已经远远超过了逻辑控制的范畴，于是人们又将其称为"可编程的控制器（Programmable Controller）"，缩写为 PC。但个人计算机（Personal Computer）也缩写为 PC，为了避免两者混淆，可编程序控制器现仍习惯缩写为 PLC。

2. 定义

可编程序控制器是一种数字运算操作的电子系统，专为在工业环境下应用而设计。国际电工委员会（IEC）于 1985 年对 PLC 作如下定义："可编程序控制器是一种数字运算操作的电子系统，专为在工业环境下应用而设计。它采用可编程序的存储器，用来在其内部存储执行逻辑运算、顺序控制、定时、计数和算术运算等操作的指令，并通过数字式或模拟式的输入和输出，控制各种类型的机械或生产过程。可编程序控制器及其有关外围设备，都应按易于与工业控制系统连成一个整体、易于扩充其功能的原则设计。"

4.1.2　PLC 的特点

1. 编程方法简单易学

PLC 的编程语言最常用的就是梯形图，其电路符号和表达方式与继电器控制电路原理图相似，梯形图语言形象直观、易学易懂，熟悉继电器控制电路图的电气技术人员非常容易掌握梯形图语言，并可以实现编写用户程序。

2. 功能强，性能价格比高

一台小型 PLC 内有成百上千个可供用户使用的编程元件，有很强的功能，可以实现复杂的控制功能，与相同功能的继电器控制系统相比，具有很高的性价比。PLC 可以通过通信联网，实现分散控制、集中管理。

3. 硬件配套齐全，应用灵活

PLC 产品已经系列化生产，配件齐全，多数采用模块式硬件结构，组合扩展方便，用户可灵活选用，可以通过修改用户程序，方便快速地适应生产工艺的变化。PLC 有较强的带负载能力，可以直接驱动一般的电磁阀和小型的交流接触器。

4. 可靠性高，系统的设计、安装、调试及维修工作量小

PLC 系统与继电控制系统相比，接线少，故障率大大降低，由于 PLC 内部结构的特点，使其具有很强的抗干扰能力。PLC 系统采用软件编程代替了实际器件的硬连接，编程方法有规律可循，容易掌握，调试可在实验室模拟实现。PLC 故障率很低，具有完善的自诊断和纠错功能，方便维修。

5. 体积小，能耗低

复杂的控制系统使用 PLC 后，可以减少大量的实际的中间继电器和时间继电器。小型 PLC 的体积仅相当于继电器的大小。

正是由于以上特点，PLC 的应用越来越普及，许多工业控制都使用 PLC 或 PLC 网络。

4.1.3 PLC 的结构

PLC 主要由 CPU、存储器、I/O 接口、通信接口和电源等几部分组成，如图 4-1 所示。

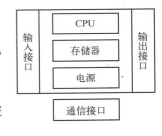

图 4-1　PLC 结构示意图

1. 中央处理器 CPU

CPU 是可编程序控制器的控制中枢，它是 PLC 的运算、控制中心，用来实现逻辑运算和算术运算，并对全机进行控制。

2. 存储器

存储器简称内存，用来存储数据或程序，它包括 RAM 和 ROM。

3. 电源

电源部件将交流电转换成供 PLC 的中央处理器、存储器等电子电路工作所需要的直流电。

4. 输入接口

输入接口用来完成输入信号的引入、滤波及电平转换。如图 4-2 所示为 PLC 输入接口电路。输入电路中设有 RC 滤波电路，以防止由于输入触点抖动或外部干扰脉冲引起错误的输入信号。图 4-2 是 S7-200 的直流输入模块的内部电路和外部接线图，图中只画出了一路输入电路，输入电流为数毫安。1M 是同一组输入点的公共点。S7-200 可以用 CPU 模块内部的 DC24 V 电源作输入回路的电源，它还可以为接近开关、光电开关之类的传感器提供 DC24 V 电源。

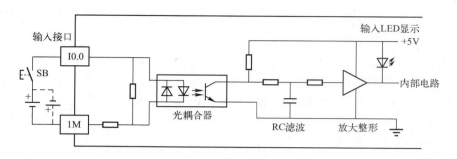

图 4-2　PLC 输入接口电路

当图 4-2 中的外部触点 SB 接通时，光耦合器中两个反并联的发光二极管中的一个亮，光敏晶体管饱和导通；外部触点 SB 断开时，光耦合器中发光二极管熄灭，光敏晶体管截止，信号经内部电路传送给 CPU 模块。

交流输入方式适合于在油雾、粉尘的恶劣环境下使用。S7 - 200 有 AC 120V/230V 输入模块。直流输入电路的延迟时间较短，可以直接与接近开关、光电开关等输入装置连接。

5. 输出接口

PLC 的输出接口有 3 种形式：继电器输出、晶体管输出和晶闸管输出，如图 4-3 所示。

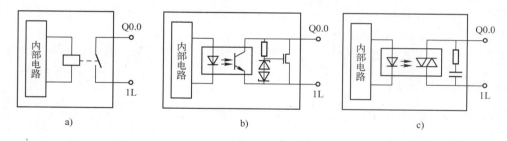

图 4-3　PLC 输出接口电路
a）继电器输出　b）晶体管输出　c）晶闸管输出

图 4-3a 继电器输出电路，继电器同时起隔离和功率放大作用，与触点并联的 RC 电路和压敏电阻用来消除触点断开时产生的电弧。此电路既可以驱动交流负载又可以驱动直流负载，负载电源由外部提供。

图 4-3b 是使用场效应晶体管的输出电路。输出信号送给内部电路中的输出锁存器，再经光耦合器送给场效应晶体管，后者的饱和导通状态和截止状态相当于触电的接通和断开。图中的稳压管用来抑制关断过电压和外部的浪涌电压，以保护场效应晶闸管，此输出电路的工作频率可达 20 ~ 100 kHz，用于直流负载，它的反应速度快、寿命长、过载能力稍差。

图 4-3c 是双向晶闸管输出电路，作为输出元件的 AC230V 的输出模块。每点的额定输出电流为 0.5 A，灯负载为 60 W，最大漏电流为 1.8 mA，由接通到断开的最大时间为 0.2 ms 与工频半周期之和。

继电器输出模块的使用电压范围广，导通压降小，承受瞬时过电压和过电流的能力较强，但是动作速度较慢，寿命有一定的限制。如果自输出量的变化不是很频繁，建议优先选用继电器型的输出模块。

4.1.4 PLC 的工作原理

PLC 采用循环扫描的工作方式，它可以看成是一种由系统软件支持的扫描设备，不论用户程序运行与否，都周而复始地进行循环扫描，并执行系统程序规定的任务。每一个循环所经历的时间称为一个扫描周期。每个扫描周期又分为几个工作阶段，每个工作阶段完成不同的任务。

PLC 上电后首先进行初始化，然后进入循环扫描工作过程。一次循环扫描过程可归纳为五个工作阶段：

1. 自诊阶段。
2. 输入采样阶段。
3. 程序执行阶段。
4. 输出刷新阶段。
5. 通信处理阶段。

图 4-4 描述了信号从输入端子到输出端子的传递过程。

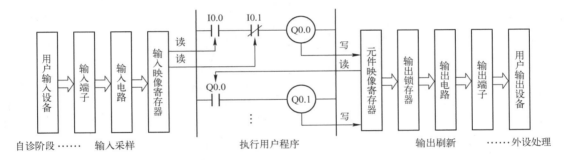

图 4-4 PLC 的工作过程

4.2 S7 - 200 系列 PLC

4.2.1 S7 - 200 CPU 模块外形结构

1. 外形结构

S7 - 200 CPU 模块结构如图 4-5 所示，状态 LED 指示 PLC 当前所处的操作模式（RUN、STOP、SF/DIAG）；前盖下是 RUN/STOP 开关、电位器、扩展 I/O 端口，扩展模块通过该端口与 CPU 模块相连；可选卡插槽可插入存储卡、时钟卡或电池卡；通信接口可与计算机、触摸屏等智能设备联网通信；输入端子及输入指示 LED、DC24 V 的传感器电源端子位于下端接线端子排；输出端子及输出指示 LED、PLC 电源端子位于上端的接线端子排。

2. S7 - 200 CPU 选择操作模式

S7 - 200 有两种操作模式：停止模式和运行模式。

CPU 前面板上的 LED 状态显示了当前的操作模式。在停止模式下，S7 - 200 不执行程序，用户可以下载程序和 CPU 组态。在运行模式下，S7 - 200 将运行程序。

1）S7 - 200 提供一个模式开关来改变操作模式。用户可以用模式开关（位于 S7 - 200 前盖下面）手动选择操作模式：可以将模式开关拨在停止模式，停止程序的执行；可以将模式开关拨在运行模式，起动程序的执行；也可以将模式开关打在 TERM（终端）模式，不改变当前操作模式。如果模式开关打在 STOP 或者 TERM 模式，且电源状态发生变化，则当电源恢复时，CPU 会自动进入 STOP 模式。如果模式开关打在 RUN 模式，且电源状态发生变化，则当电源恢复时，CPU 会进入 RUN 模式。

2）STEP7 - Micro/WIN 允许改变与之相连的 S7 - 200 的操作模式。如果希望用软件来改变操作模式，CPU 上的模式开关必须拨在 TERM 上。用户可以用菜单命令中的 PLC > STOP 和 PLC > RUN 或者工具栏中的相关按钮来改变操作模式。

3）可以在应用程序中插入 STOP 指令来将 S7 - 200 置为停止模式，使逻辑程序停止运行。

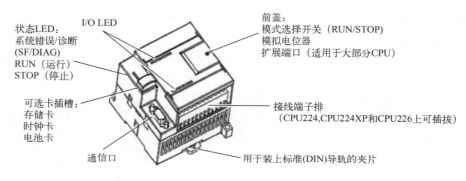

图 4-5 S7 - 200 CPU 模块结构

3. S7 - 200 PLC 供电类型

直流供电和交流供电的外接电源及接线方式不同，如图 4-6 所示，输出采用什么电源供电要根据输出信号的电压要求以及模块输出触点类型而定，如果输出触点是继电器，则可以使用直流或交流电源，电压范围不作要求，可以是 DC24 V，也可以是 AC220 V，具体由现场要求决定。如果输出触点是晶体管型，输出电源必须使用 24 V 直流电源。

4. S7 - 200 CPU 外部端子接线

PLC 的接线包括电源接线、输入端接线和输出端接线，接线的具体形式可从 S7 - 200 系列 PLC 型号看出来。例如，CPU224 DC/DC/

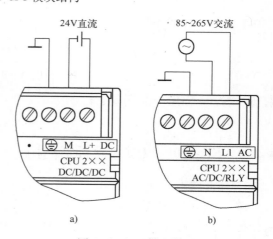

图 4-6   PLC 供电类型
a）直流供电 b）交流供电

DC 型 PLC 采用直流电源作为工作电源，输入端接直流电源，输出端接直流电源（输出形式为晶体管）；CPU AC/DC/RLY（继电器）型 PLC 采用交流电源作为工作电源，输入端接直流电源，输出形式为继电器，输出端接直流、交流电源均可。

S7 - 200 系列 PLC 接线时有以下规律：

1）工作电源有直流电源供电和交流电源供电方式。

2）PLC 输出形式有继电器输出、晶体管（场效应晶体管或普通晶体管）输出和晶闸管输出。对于继电器输出形式，负载接交流电源或直流电源均可；对于晶体管输出形式，负载只能接直流电源；对于晶闸管输出形式，负载只能接交流电源。

3）输入端可接外部提供的 24 V 直流电源，也可接 PLC 本身输出的 24 V 直流电源。

（1）DC/DC/DC 接线

图 4-7 所示为 CPU224 DC/DC/DC 型 PLC 的接线图。该型号 PLC 的电源端子 L + 、M 接 24 V 的直流电源；输出端负载一端与输出端子 0.0 ~ 0.4 连接，另一端连接在一起并与输出端直流电源的负极和 M 端连接，输出端直流电源正极接 L + 端子，输出端直流电源的电压值由输出端负载决定；输入端子分为两组，每组都采用独立的电源，第一组端子（0.0 ~ 0.7）的直流电源负极接端子 1M，第二组端子（1.0 ~ 1.5）的直流电源负极接端子 2M；PLC 还会从电源输出端子 L + 、M 输出 24 V 直流电压，该电压可提供给外接传感器作为电源，也可作为输入端子的电源。

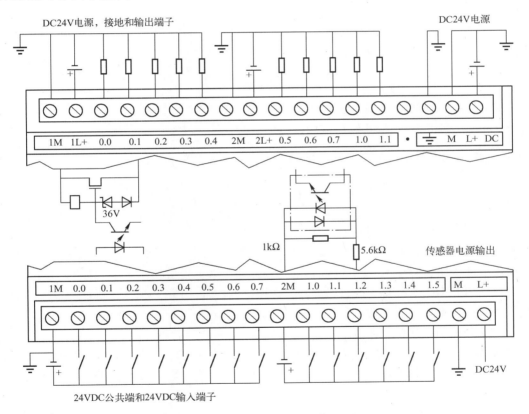

图 4-7　CPU224 DC/DC/DC 连接端子图

（2）AC/DC/ RLY 接线

图 4-8 所示为 CPU224 AC/DC/继电器型 PLC 的接线图。该型号 PLC 的工作电源采用 120 V 或 240 V 交流电源供电，该电源电压的允许范围为 85 ~ 265 V，交流电源接在 L1、N 端子上；输出端子分为两组，采用两组电源，由于采用继电器输出形式，故输出端电源既可为交流电源，也可是直流电流，当采用直流电源时，电源的正极分别接 1L、2L 端，采用交流

电源时不分极性；输入端子也分为两组，采用两组直流电源，电源的负极分别接 1M、2M 端。

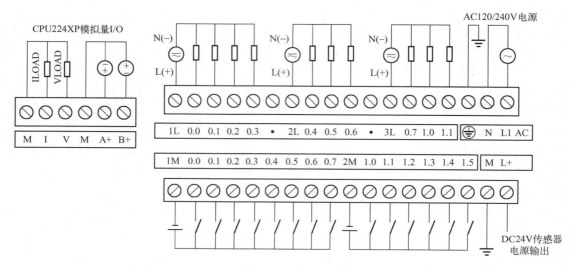

图 4-8　CPU224 AC/DC/ RLY 连接端子图

如果使用的输入端子较少，也可让 PLC 输出的 24 V 直流电源为输入端子供电。在接线时，将 1M、M 端接在一起，L + 与输入设备的一端连接。

4.2.2　S7 -200 系列 PLC CPU 存储区

PLC 内部元器件的功能是相互独立的，在数据存储区为每一种元器件分配一个存储区域。每一种元器件用一个字母表示器件类型，字母和数字一起表示数据存储地址。如 I 表示输入映像寄存器、Q 表示输出映像寄存器、M 表示内部标志位存储器、SM 表示特殊标志位存储器、S 表示顺序控制存储器、V 表示变量存储器、L 表示局部变量存储器、T 表示定时器、C 表示计数器、AI 表示模拟量输入映像寄存器、AQ 表示模拟量输出映像寄存器、AC 表示累加器以及 HC 表示高速计数器等等。掌握这些内部元件的定义以及位的范围、功能和使用方法是设计 PLC 程序的基础。

1. 输入/输出映像寄存器

输入/输出映像寄存器是用于存放输入/输出信号的寄存器。不同型号主机的输入/输出映像寄存器区域大小和 I/O 点数是不同的，可以参考相关的手册。PLC 扩展后的 I/O 点数不能超过 I/O 映像寄存器的区域大小。

（1）输入映像寄存器（I）

输入映像寄存器 I 又称作输入继电器，用于接收输入信号。输入继电器只能由信号驱动，不能用程序指令驱动，其触点只能驱动内部电路，即输入继电器的触点供内部编程使用。输入继电器用来检测外部信号（如按钮、行程开关）的变化，并通过输入端子提供给 PLC。

（2）输出映像寄存器（Q）

输出映像寄存器 Q 又称作输出继电器，主要用于驱动 PLC 的外部负载（如接触器、电磁阀及指示灯），其触点也可供内部编程使用。输入/输出映像寄存器与 PLC 内部的关系如图4-9所示。

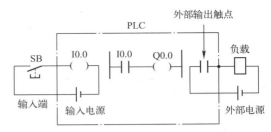

图4-9　输入/输出映像寄存器与 PLC 内部的关系

2. 位存储区

位存储区 M 又称作内部辅助继电器，其作用相当于继电器控制回路中的中间继电器，用于存储中间过程或其他控制信息，也可以按字节、字及双字来存储数据，其编程地址范围为 M0.0 ~ M31.7。

3. 特殊位存储器

特殊位存储器 SM 是指用于专用功能的特殊位存储器，它提供了 CPU 与用户程序之间信息传递的方法，用户可以使用这些特殊标志位提供专门信息，实现 S7 - 200 的一些特殊功能。特殊标志位的意义、作用具体见指令或查阅 S7 - 200PLC 的使用手册。

特殊位存储器分为只读和可读/可写两部分。S7 - 22X（S7 - 221、S7 - 222、S7 - 224、S7 - 226）系列 PLC 的特殊标志位的编程范围为 SM0.0 ~ SM179.7，共 180 B，其中前 30 B（SMB0 ~ SMB29）为只读区。

在 SMB0 ~ SMB29 中，SMB0 为状态字节，每一个循环扫描后由 PLC 自动更新，用户可以根据这些信息起动程序内的功能，供编程使用。SMB0 各位的作用定义如下：

SM0.0：PLC 运行监控，PLC 处于运行状态时，SM0.0 置 1，即 PLC 在运行过程中始终置 1。

SM0.1：PLC 上电后的第一个扫描周期置 1，即 PLC 由停止（STOP）状态转为运行（RUN）状态的第一个扫描周期置 1。在编程时，常调用其触点实现初始化。

SM0.2：当 RAM 数据出现丢失时，接通一个扫描周期。

SM0.3：开机后进入运行（RUN）方式，SM0.3 置 1 时一个扫描周期置 1。它可以用于 PLC 在起动操作之前给设备提供一个预热时间。

SM0.4：提供周期为 60 s、占空比为 1:1 的时钟脉冲。

SM0.5：提供周期为 1 s、占空比为 1:1 的时钟脉冲。

SM0.6：提供扫描脉冲，即第一个扫描周期置 1，下一个扫描周期置 0。

SM0.7：指示 CPU 的工作方式开关的位置，PLC 为暂态（TERM）时，SM0.7 置 0，PLC 为运行（RUN）状态时，SM0.7 置 1，此时自由端口通信有效。

SMB1：不同指令的错误指示，部分定义如下：

SM1.0：零标志位。在 PLC 运算结果出现 0 时，SM1.0 置 1。

SM1.1：溢出标志位。在 PLC 运算结果出现溢出或非法数据时，SM1.1 置 1。

SM1.2：负数标志位。在 PLC 运算结果出现负数时，SM1.2 置 1。

4. 变量存储器

变量存储器 V 用以存储运算的中间结果，也可以用来保存与工序或认为相关的其他数据，如模拟量控制、数据运算、参数设置等。变量存储器可以按位、字节、字或双字使用，变量存储器有较大的存储空间，如 CPU224PLC 的变量存储区为 VB0 ~ VB5119 共 5 KB 的存储空间。

5. 定时器

定时器 T 的作用相当于继电器控制回路中的时间继电器，用于计时控制。在 S7 - 200 系列 PLC 中定时器的计时方式采用内部时钟累计时间增量方式。S7 - 22X 系列 PLC 定时器的地址编号范围为 T0 ~ T255（256 个）。

定时器的分类如下：（1）按延时方式分为通电延时型、记忆型通电延时型和断电延时型 3 种；（2）按计时单位大小分为 1 ms、10 ms 和 100 ms 3 种。在使用定时器编程时，需要注意，不同种类的定时器的地址编号是不同的。

定时器的工作参数有设定值、当前值和状态位。设定值由程序给定，当前值为从计时开始后的任一时刻的时间值，状态位即是定时器本身的 0、1 状态，当定时器的当前值等于或大于设定值时，定时器置 1。定时器的当前值为 16 位的有符号整数。编程时可以用定时器地址来存取变量。对定时器位或当前值的存取依赖于编程指令：位操作数指令存取定时器的位状态，字操作指令存取定时器的当前值。

6. 计数器

计数器 C 用于记录某个信号的脉冲个数。计数器 C 按计数方式有以下 3 种：增计数、减计数和增/减计数，它与地址编号无关。S7 - 200 系列 PLC 的计数器的地址编号范围为 C0 ~ C255（256 个）。

计数器的工作参数与定时器相似，同样有设定值、当前值、状态位。设定值由程序给定，当前值为从计数开始后的任一时刻的脉冲数，状态位即是计数器本身的 0、1 状态。对于增计数器或增/减计数器，当计数器的当前值等于或大于设定值时，计数器置 1；对于减计数器，当计数器的当前值等于 0 时，计数器置 1。计数器的当前值也是 16 位的有符号整数。编程时可以用计数器地址来存取变量。同样对计数器位或当前值的存取依赖于编程指令：位操作数指令存取计数器的位状态，字操作指令存取计数器的当前值。

7. 顺序控制存储器

顺序控制存储器 S 又称作状态元件，用于程序段的控制，以实现顺序控制和步进控制。顺序控制存储器 S 编程时按字节、字及双字使用。其编程范围为 S0.0 ~ S31.7。

8. 局部存储器

局部存储器 L 的作用与变量存储器 V 很相似，主要区别在于局部存储器 L 是局部有效的，变量存储器 V 是全局有效的。全局有效是指同一个存储器可以被任何程序（主程序、中断程序、子程序）存取，局部有效是指存储区特定的程序关联。

S7 - 200 有 64 B 的局部存储器，其中的前 60 B 可以用作局部存储器或者给子程序传递指令参数，后 4 B 为系统保留字节。S7 - 200 系列 PLC 根据需要分配局部存储器。当主程序执行时，64 B 的局部存储器分配给主程序；当中断或调用子程序时，将局部存储器重新分配给相应的程序。局部存储器分配时，PLC 不进行初始化，初始值是任意的。

在使用局部存储器编程时，可以用直接寻址方式按字节、字及双字访问局部存储器，也可以把局部存储器作为间接寻址的指针，但不能作为间接寻址的存储区域。

9. 模拟量输入/输出映像寄存器

模拟量输入/输出映像寄存器的区域标志分别为 AI、AQ。

S7 - 200 的模拟量输入电路将外部输入的模拟量（如温度、压力等）转换成 1 个字长（16 位）的数字量存入输入映像寄存器，存取方式为标志符（AI）+ 数字长度（W）+ 字节起始字节地址，如 AIW8。由于模拟量存储为一个字长的空间，起始地址定义为偶数字节，如 AIW0、AIW2、…AIW62，S7－200 具有 32 个模拟量输入点。显然，模拟量输入值为只读数据。

模拟量输出电路将模拟量输出映像寄存器的 1 个字长（16 位）的数字量转换成模拟量（如电流或电压）输出，存取方式为标志符（AQ）＋数字长度（W）＋字节起始字节地址，如 AQW8。由于模拟量存储为一个字长的空间，起始地址定义为偶数字节，如 AQW0、AQW2、…AQW62，S7－200 具有 32 个模拟量输出点。显然，模拟量输出值只能给输出映像寄存器置数，但不能读取。且每个模块占用 2 个通道，地址定义 AQW0，AQW4，AQW8，AQW12……。

10. 累加器

累加器 AC 是用来暂存数据的寄存器，它能像存储器那样使用读/写数据。可以用于向子程序传递参数，或从子程序返回参数，以及用来存储计算的中间结果。S7－200 的 CPU 提供了 4 个（AC0～AC3）32 位的累加器。累加器可以支持以字节、字及双字存取。如果以字节、字存取数据时，累加器只使用该累加器的低 8 位或低 16 位，数据长度取决于所用指令。

11. 高速计数器

高速计数器 HC 是用于累计比扫描周期短的脉冲信号。它的计数频率可达 30 kHz，普通计数器的频率一般为 30 Hz。CPU221 和 CPU222 的计数器地址为 HC0、HC3～HC5，共计 4 个，CPU224 和 CPU226 的计数器地址为 HC0～HC5，共计 6 个。

4.2.3 S7－200 PLC 数据存储类型及其寻址方式

1. 数据存储器的分配

S7－200 PLC 按元器件的种类将数据存储器分成若干个存储区域，每一个区域的存储单元按照字节编址，每个字节由 8 位组成。PLC 在编程时可以对存储单元进行位操作，也可以对字节、字和双字操作。存储器的每一位都可以看成是 0、1 状态的逻辑器件，相当于继电器控制回路中的线圈的关断、通电。

2. 数值的表示方法

S7－200 系列 PLC 存储数据的类型有布尔型（BOOL）、整数型（INT）、实数型（REAL）3 种。

在 S7－200 的许多指令中还要使用常数，常数值的长度可以是字、字节和双字。CPU 用二进制方式存储常数，也可以采用十进制、十六进制书写常数。例如：

十进制常数：12345。

十六进制常数：$(4A8)_{16}$。

字符串："show"。

实数或浮点数：$+1.175\ 681E-38$（正数）、$-1.175\ 681E-38$（负数）。

二进制：$(0001101010)_2$。

3. S7－200 寻址方式

S7－200 将信息存于不同的存储单元，每个单元允许用户以字节、字及双字为单位存取数据。提供参与操作数据地址的方法称为寻址方式。S7－200 数据寻址方式有立即数寻址、直接寻址和间接寻址三种。立即数寻址在编程时以常数形式出现，直接寻址和间接寻址方式有位、字节、字及双字四种寻址方式。

（1）直接寻址

直接寻址方式是指在指令中直接使用存储器或寄存器的元件名称和地址编号，直接查找数据。数据直接寻址指的是：在指令中明确了存取数据的存储地址，允许用户程序直接存取信息。数据直接寻址表示方法如图4-10所示，图中，位地址在位寻址时标注位号，如I2.1，其他不标；字节地址标注字节号，如VB100；字、双字以标注起始号，如VW100表示VB100和VB101已使用，VD100表示VB100~VB103已使用；存储区区域字母为存储区种类字母，如V、M；数据大小包括字节、字和双字，即数据直接地址包括内存区域标志符，数据大小及该字节的地址或字、双字的起始地址以及位的分隔符和位。可以进行位操作的元件有：输入映像寄存器（I）、输出映像寄存器（Q）、内部标志位（M）、特殊标志位（SM）、局部变量存储器（L）以及状态元件（S）。

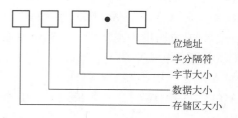

图4-10　数据地址格式

在字节、字和双字操作时，直接访问字节、字和双字数据必须指明数据存储区域、数据长度和起始地址。对变量存储器V的数据操作举例如图4-11所示。可按字节操作的元件有：I、Q、M、SM、S、V、L、AC及常数；可按字操作的元件有：I、Q、M、SM、S、T、C、V、L、AC及常数；可按双字操作的元件有：I、Q、M、SM、S、T、C、V、L、AC、HC及常数。

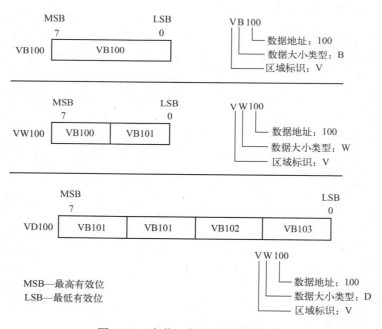

图4-11　字节、字及双字寻址方式

（2）间接寻址方式

间接寻址方式是指使用指针来存取存储器中的数据。使用前，首先将数据所在的内存地址放入指针寄存器中，然后根据此指针地址存取数据。在S7-200 CPU中允许使用指针进行间接寻址的元件有 I、Q、V、M、T 和 C。

建立内存地址指针为双字长度（32），故可以使用 V、L 及 AC 作为地址指针。必须采用双字传送（MOVD）将某个地址移入到指针当中，以生成指针地址。指令中的操作数（内存地址）必须使用"&"符号表示某一地址（长度 32 位），如：指令 MOVD &VB200，AC1 的意义是，将 VB200 在存储器中的 32 位物理地址传送到 AC1 中。VB200 是直接地址编号，& 为地址符号，将本指令中 &VB200 改为 &VW200 或 &VD200，功能不变。

在用间接寻址（指针）存取数据时，对于使用指针存取数据的指令，操作数前须加"∗"，表示该操作数为地址指针。如：MOVW ∗ AC1，AC0 的意义是将 AC1 作为内存地址指针，把以 AC1 中内容为起始地址的内存单元的 16 位数据送到累加器 AC0 中，如图 4-12 所示。

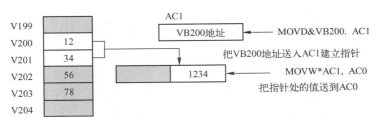

图 4-12　间接寻址示意图

4.2.4　S7-200 系列 PLC 的编程方式

1. 梯形图（LAD）编辑器

梯形图（ladder chart）是利用继电器接点、按钮等符号来表示逻辑关系而绘制的"控制电路"。在 PLC 编程时，利用 LAD 编辑器可以建立与电气图类似的程序，梯形图是 PLC 编程的高级语言，很容易被 PLC 编程人员和维护人员接受和掌握，所有 PLC 厂商均支持梯形图语言编程。

梯形图按逻辑关系可分成梯级网络。程序执行时按网络扫描，清晰的网络结构有利于程序的阅读和运行调试。同时，软件的编译功能可以直接指出错误指令所在网络的网络标号，有利于用户对程序的修正。

图 4-13 给出梯形图应用实例。LAD 图形指令有 3 个基本形式：触点、线圈（如 Q0.0）和指令盒（如 T37 定时器指令盒）。触点表示输入条件，例如开关、按钮控制的输入映像寄存器状态和内部寄存器状态等。线圈表示输出结果，利用 PLC 输出点可直接驱动照明、指示灯、继电器、接触器线圈及内部输出条件等负载。

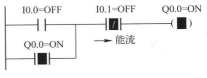

图 4-13　梯形图

指令盒代表一些有较复杂功能的附加指令，例如定时器、计数器或数学运算指令等附加指令。

2. 语句表（STL）编辑器

语句表（STL）编辑器使用指令助记符创建控制程序，类似于计算机的汇编语言，适合熟悉 PLC 并且有逻辑编程经验的程序员编程，以及对表编辑器提供不同于梯形图和功能块图编辑器的编程途径。STL 是手持式编程器唯一能够使用的编程语言，STL 编程语言是一种面向机器的编程语言，具有指令简单、执行速度快等优点。STEP 7 – Micro/WIN32 编程软件具有梯形图程序和语句表指令的相互转换功能，为 STL 程序的编制提供了方便。

例如，由图 4–13 中的梯形图（LAD）程序转换的语句表（STL）程序如图 4–14a 所示。

LD   I0.0
O   Q0.0
AN   I0.1
=   Q0.0

a)

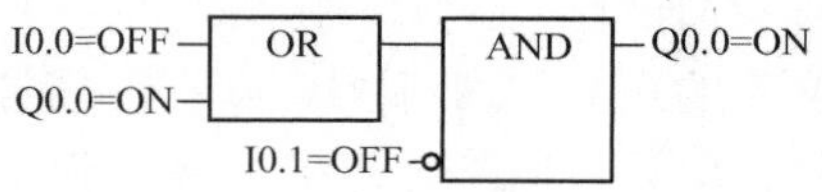

图 4–14　语句表及功能块

3. 功能块图（FBD）编辑器

STEP – Micro/WIN32 功能块图（FBD）是利用逻辑门图形组成的功能块图指令系统，功能块图指令由输入、输出段逻辑关系函数组成。用编程软件的自动切换功能可得到与图 4–13 相应的功能块图，如图 4–14b 所示。

4. 顺序功能图（Sequential Function Chart）

顺序功能图一种位于其他编程语言之上的图形语言，用来编制顺序控制程序，顺序功能图提供了一种组织程序的图形方法，第 5 章将详细介绍顺序功能图的设计方法。

5. 结构文本（Structured Text）

结构文本是为 IEC 61131 –3 标准创建的一种专用的高级编程语言，与梯形图相比，它能实现复杂的数学运算，编写的程序非常简洁和紧凑。

4.3　编程软件安装与使用

4.3.1　编程软件的安装与功能

为了实现 PLC 与计算机之间的通信，西门子公司为用户提供了两种硬件连接方式：一种是通过 PC/PPI 电缆直接连接，另一种是通过带有 MPI 电缆的通信处理器连接。

典型的单主机与 PLC 直接连接时不需要其他的硬件设备，方法是把 PC/PPI 电缆的 PC 端连接到计算机的 RS – 232 通信口（一般是 COM1），把 PC/PPI 电缆的 PPI 端连接到 PLC 的 RS –485 通信口即可。

1. 编程软件的安装

（1）系统要求

STEP 7 – Micro/WIN32 软件安装包是基于 Windows 的应用软件，4.0 版本的软件安装与运行需要 Windows 2000/SP3 或 Windows XP 操作系统。

（2）软件安装

STEP 7 – Micro/WIN32 软件的安装很简单，将光盘插入光盘驱动器，系统自动进入安装向导（或在光盘目录里双击 setup，则进入安装向导），按照安装向导完成软件的安装。软件程序安装路径可使用默认子目录，也可以单击"浏览"按钮，在弹出的对话框中任意选择或新建一个新子目录。

首次运行 STEP 7 – Micro/WIN32 软件时，系统默认语言为英语，可根据需要修改编程语言。如将英语改为中文，其具体操作如下：运行 STEP 7 – Micro/WIN32 编程软件，在主界面执行菜单 Tools→Options→General 选项，然后在对话框中选择 Chinese，即可将英语改为中文。

2. 基本功能

STEP 7 – Micro/WIN 的基本功能是协助用户完成应用程序的开发，同时它具有设置 PLC 参数、加密和运行监视等功能。

编程软件在联机工作方式（PLC 与计算机相连）可以实现用户程序的输入、编辑、上载、下载运行、通信测试及实时监视等功能。在离线条件下，也可以实现用户程序的输入、编辑和编译等功能。

起动 STEP 7 – Micro/WIN 编程软件，其主要界面外观如图 4–15 所示。主界面一般可分为以下 6 个区域：菜单栏（包含 8 个主菜单项）、工具栏（快捷按钮）、浏览栏（快捷操作窗口）、指令树（快捷操作窗口）、输出窗口和用户窗口（可同时或分别打开图中的 5 个用户窗口）。除菜单栏外，用户可根据需要决定其他窗口的取舍和样式的设置。

图 4–15　STEP 7 – Micro/WIN 的界面

3. 菜单栏

菜单栏包括 8 个主菜单选项，菜单栏各选项如图 4–16 所示。

文件(F)　编辑(E)　查看(V)　PLC(P)　调试(D)　工具(T)　窗口(W)　帮助(H)

图 4–16　菜单栏

为了帮助读者学习编程软件，充分了解编程软件功能，更好完成程序开发任务，下面介绍编程软件主界面各主菜单的功能及其选项内容：

① 文件：文件菜单可以实现对文件的操作。【文件】菜单及其选项如图 4–17 所示。

② 编辑：编辑菜单提供程序的编辑工具。【编辑】菜单及其选项如图 4–18 所示。

③ 查看：查看菜单可以设置软件开发环境的风格。【查看】菜单及其选项如图 4–19 所示。

图 4-17 【文件】菜单及其选项   图 4-18 【编辑】菜单及其选项

④ PLC：PLC 菜单可建立与 PLC 联机时的相关操作，也可提供离线编译的功能。【PLC】菜单及其选项如图 4-20 所示。

图 4-19 【查看】菜单及其选项   图 4-20 【PLC】菜单及其选项

⑤ 调试：调试菜单用于联机时的动态调试。【调试】菜单及其选项如图 4-21 所示。

⑥ 工具：工具菜单提供复杂指令向导，使复杂指令编程时的工作简化，同时提供文本显示器 TD200 设置向导；另外，工具菜单的定制子菜单可以更改 STEP 7 – Micro/WIN 工具条的外观或内容，以及在工具菜单中增加常用工具；工具菜单的选项可以设置 3 种编辑器的风格，如字体、指令盒的大小等样式。【工具】菜单及其选项如图 4-22 所示。

图 4-21 【调试】菜单及其选项   图 4-22 【工具】菜单及其选项

⑦ 窗口：窗口菜单可以打开一个或多个窗口，并可进行窗口之间的切换；还可以设置窗口的排放形式。【窗口】菜单及其选项如图 4-23 所示。

图 4-23 【窗口】菜单及其选项

⑧ 帮助：可以通过帮助菜单的目录和索引了解几乎所有相关的使用帮助信息。在编程过程中，如果对某条指令或某个功能的使用有疑问，可以使用在线帮助功能，在软件操作过程中的任何步骤或任何位置，都可以 按 F1 键显示在线帮助，大大方便了用户的使用。【帮助】菜单及其选项如图 4-24 所示。STEP 7 - Micro/WIN32【帮助】窗口如图 4-25 所示。

图 4-24 【帮助】菜单及其选项

图 4-25 STEP 7 - Micro/WIN【帮助】窗口

4. 工具栏

工具栏提供简便的鼠标操作，它将最常用的 STEP 7 - Micro/WIN 编程软件操作以按钮形式设定到工具栏。可执行菜单【查看】→【工具栏】选项，实现显示或隐藏标准、调试、公用和指令工具栏。工具栏其选项如图 4-26 所示。

图 4-26 工具栏

工具栏可划分为 4 个区域，下面按区域介绍各按钮选项的操作功能。

（1）标准工具栏

标准工具栏各快捷按钮选项如图 4-27 所示。

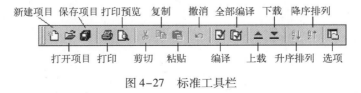

图 4-27 标准工具栏

（2）调试工具栏

调试工具栏各快捷按钮选项如图 4-28 所示。

图 4-28　调试工具栏

（3）公用工具栏

公用工具栏各快捷按钮选项如图 4-29 所示。

（4）指令工具栏

指令工具栏各快捷按钮选项如图 4-30 所示。

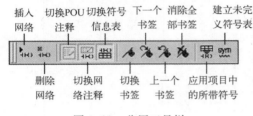

图 4-29　公用工具栏

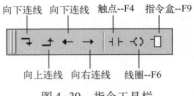

图 4-30　指令工具栏

5. 指令树

指令树以树形结构提供项目对象和当前编辑器的所有指令。双击指令树中的指令符，能自动在梯形图显示区的光标位置插入所选的梯形图指令。项目对象的操作可以双击项目选项文件夹，然后双击打开需要的配置页。指令树可用执行菜单【查看】→【指令树】选项来选择是否打开。指令树各选项如图 4-31 所示。

6. 浏览栏

浏览栏可为编程提供按钮控制的快速窗口切换功能，单击浏览栏的任意选项按钮，则主窗口切换成此按钮对应的窗口。浏览栏各选项如图 4-32 所示。

图 4-31　指令树及其选项

图 4-32　浏览栏及其选项

浏览栏可划分为 8 个窗口组件，下面按窗口组件介绍各窗口按钮选项的操作功能。

（1）程序块

程序块用于完成程序的编辑以及相关注释。程序包括主程序（OBI）、子程序（SBR）和中断程序（INT）。单击浏览栏的【程序块】按钮，进入程序块编辑窗口。【程序块】编辑窗口如图 4-33 所示。

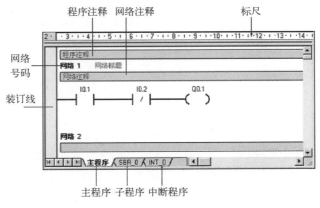

图 4-33 【程序块】编辑窗口

梯形图编辑器中的"网络 n"标志每个梯级，同时也是标题栏，可在网络标题文本框中键入标题，为本梯级加注标题。还可在程序注释和网络注释文本框中键入必要的注释说明，使程序清晰易读。

如果需要编辑 SBR（子程序）或 INT（中断程序），可以用编辑窗口底部的选项卡切换。

（2）符号表

符号表是允许用户使用符号编址的一种工具。实际编程时为了增加程序的可读性，可用带有实际含义的符号作为编程元件代号，而不是直接使用元件在主机中的直接地址。单击浏览栏的【符号表】按钮，进入符号表编辑窗口。【符号表】编辑窗口如图 4-34 所示。

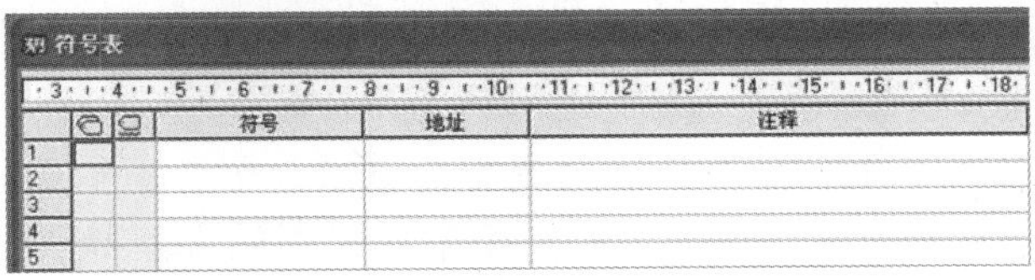

图 4-34 【符号表】编辑窗口

（3）状态表

状态表用于联机调试时监控各变量的值和状态。在 PLC 运行方式下，可以打开状态表窗口，在程序扫描执行时，能够连续、自动地更新状态表的数值和状态。单击浏览栏的【状态表】按钮，进入状态表编辑窗口。【状态表】编辑窗口如图 4-35 所示。

（4）数据块

数据块用于设置和修改变量存储区内各种类型存储区的一个或多个变量值，并加注必要的注释说明，下载后可以使用状态表监控存储区的数据。可以使用下列方法之一访问数据块：①单击浏览条的【数据块】按钮。②执行菜单【查看】→【组件】→【数据块】。③双击指令树的【数据块】，然后双击用户定义 1 图标。【数据块】编辑窗口如图 4-36 所示。

图 4-35　【状态表】编辑窗口　　　　　　　　图 4-36　【数据块】编辑窗口

（5）系统块

系统块可配置 S7-200 用于 CPU 的参数，可以使用下列方式之一进入【系统块】编辑：

1）单击浏览栏的【系统块】按钮。

2）执行菜单【查看】→【组件】→【系统块】。

3）双击指令树中的【系统块】文件夹，然后双击打开需要的配置页。

系统块的信息需下载到 PLC，为 PLC 提供新的系统配置。当项目的 CPU 类型和版本能够支持特定选项时，这些系统块配置选项将被启用。【系统块】编辑窗口如图 4-37 所示。

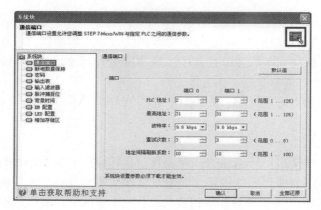

图 4-37　【系统块】编辑窗口

（6）交叉引用

交叉引用提供用户程序所用的 PLC 信息资源，包括 3 个方面的引用信息，即交叉引用信息、字节使用情况信息和位使用情况信息，使编程所用的 PLC 资源一目了然。交叉引用及用法信息不会下载到 PLC。单击浏览栏【交叉引用】按钮，进入交叉引用编辑窗口。【交叉引用】编辑窗口如图 4-38 所示。

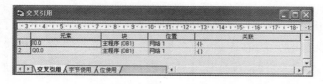

图 4-38　【交叉引用】编辑窗口

（7）通信

网络地址是用户为网络上每台设备指定的一个唯一号码。该唯一的网络地址确保将数据传送至正确的设备，并从正确的设备检索数据。S7－200 支持 0～126 的网络地址。

数据在网络中的传送速度称为波特率，通常以千波特（kbaud）、兆波特（Mbaud）为单位。波特率测量在某一特定时间内传送的数据量。S7－200CPU 的默认波特率为 9.6 kbaud，默认网络地址为 2。

单击浏览栏的【通信】按钮，进入通信设置窗口。【通信】设置窗口如图 4-39 所示。

如果需要为 STEP 7－Micro/WIN 配置波特率和网络地址，在设置参数后，必须双击 🔁 图标，刷新通信设置，这时可以看到 CPU 的型号和网络地址 2，说明通信正常。

（8）设置 PG/PC

单击浏览栏的【设置 PG/PC 接口】按钮，进入 PG/PC 接口参数设置窗口，【设置 PG/PC 接口】窗口如图 4-40 所示。单击【Properties】按钮，可以进行地址及通信速率的配置。

图 4-39 【通信】设置窗口

图 4-40 【设置 PG/PC 接口】窗口

4.3.2 编程软件的使用

STEP 7－Micro/WIN4.0 编程软件具有编程和程序调试等多种功能，下面通过一个简单程序示例，介绍编程软件的基本使用。STEP 7－Micro/WIN4.0 编程软件的基本使用示例如图 4-41 所示。

（1）创建一个项目或打开一个已有的项目

在进行控制程序编程之前，首先应创建一个项目。执行菜单【文件】→【新建】选项或单击工具栏的 🗋 新建按钮，可以生成一个新的项目。执行菜单【文件】→【打开】选项或单击工具栏的 📂 打开按钮，可以打开已有的项目。项目以扩展名为 . mwp 的文件格式保存。

（2）设置与读取 PLC 的型号

在对 PLC 编程之前，应正确地设置其型号，以防止创建程序时发生编辑错误。如果指定了型号，指令树

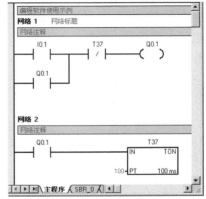

图 4-41 编程软件使用示例的梯形图

用红色标记"X"表示对当前选择的 PLC 无效的指令。设置与读取 PLC 的型号可以有两种方法：①执行菜单【PLC】→【类型】选项，在出现的对话框中，可以选择 PLC 型号和CPU 版本，如图 4-42 所示。②双击指令树的【项目 1】，然后双击 PLC 型号和 CPU 版本选项，在弹出的对话框中进行设置即可。如果已经成功地建立通信连接，单击对话框中的【读取 PLC】按钮，可以通过通信读出 PLC 的信号与硬件版本号。

（3）选择编程语言和指令集

S7-200 系列 PLC 支持的指令集有 SIMATIC 和 IEC1131-3 两种。SIMATIC 编程模式选择，可以执行菜单【工具】→【选项】→【常规】→【SIMATIC】选项来确定。

编程软件可实现 3 种编程语言（编程器）之间的任意切换，执行菜单【查看】→【梯形图】或【STL】或【FBD】选项便可进入相应的编程环境。

（4）确定程序的结构

简单的数字量控制程序一般只有主程序，系统较大、功能复杂的程序除了主程序外，可能还有子程序、中断程序。编程时可以单击编辑窗口下方的选项来实现切换，以完成不同程序结构的程序编辑。用户程序结构选择编辑窗口如图 4-43 所示。

图 4-42　设置 PLC 的型号

图 4-43　用户程序结构选择编辑窗口

主程序在每个扫描周期内均顺序执行一次。子程序的指令放在独立的程序块中，仅在被程序调用时才执行。中断程序的指令也放在独立的程序块中，用来处理预先规定的中断事件，在中断事件发生时操作系统调用中断程序。

4.3.3　编写用户程序

1. 梯形图的编写

在梯形图编辑窗口中，梯形图程序被划分成若干个网络，一个网络中只能有一个独立电路块。如果一个网络中有两个独立电路块，在编译时输出窗口将显示"1 个错误"，待错误修正后方可继续。可以对网络中的程序或者某个编程元件进行编辑，执行删除、复制或粘贴操作。

（1）首先打开 STEP 7-Micro/WIN4.0 编程软件，进入主界，STEP 7-Micro/WIN4.0 编程软件主界面如图 4-44 所示。

（2）单击浏览栏的【程序块】按钮，进入梯形图编辑窗口。

（3）在编辑窗口中，把光标定位到将要输入编程元件的地方。

（4）可直接在指令工具栏中单击常开触点按钮，选取触点如图 4-45 所示。在打开的位逻辑指令中单击 ⊣⊢ 图标选项，选择常开触点如图 4-46 所示。输入的常开触点符号会自动写入到光标所在位置。输入常开触点如图 4-47 所示。也可以在指令树中双击位逻辑选项，然后双击常开触点输入。

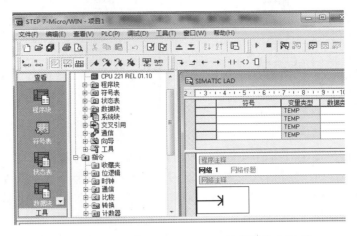

图 4-44 STEP 7 – Micro/WIN4.0 编程软件主界面

图 4-45 选取触点

图 4-46 选择常开触点

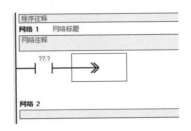

图 4-47 输入常开触点

（5）在???中输入操作数 I0.1，光标自动移到下一列。输入操作数 I0.1，如图 4-48 所示。

（6）用同样的方法在光标位置输入 和 ，并填写对应地址，T37 和 Q0.1 编辑结果如图 4-49 所示。

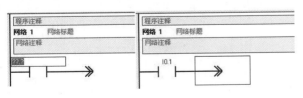

图 4-48 输入操作数 I0.1

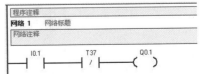

图 4-49 T37 和 Q0.1 编辑结果

（7）将光标定位到 I0.1 下方，按照 I0.1 的输入方法输入 Q0.1。Q0.1 编辑结果如图 4-50 所示。

（8）将光标移到要合并的触点处，单击指令工具栏中的向上连线按钮 ，将 Q0.1 和 I0.1 并联，如图 4-51 所示。

（9）将光标定位到网络 2，按照 I0.1 的输入方法编写 Q0.1。

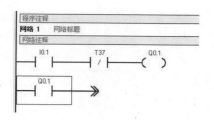

图 4-50 Q0.1 编辑结果

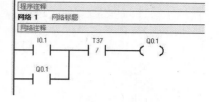

图 4-51 Q0.1 和 I0.1 并联

（10）将光标定位到定时器输入位置，双击指令树的【定时器】选项，再双击接通延时定时器图标，在光标位置即可输入接通延时定时器。选择定时器图标如图 4-52 所示。

（11）在定时器指令上面的????处输入定时器编号 T37，在左侧????处输入定时器的预置值 100，编辑结果如图 4-53 所示。

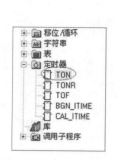

图 4-52 选择定时器

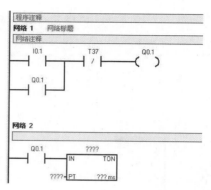

图 4-53 输入接通延时定时器

经过上述操作过程，编程软件使用示例的梯形图就编辑完成了。如果需要进行语句表和功能图编辑，可按下面办法来实现。

2. 语句表的编辑

执行菜单【查看】→【STL】选项，可以直接进行语句表的编辑。语句表的编辑如图 4-54 所示。

3. 功能图的编辑

执行菜单【查看】→【FBD】选项，可以直接进行功能图的编辑。功能图的编辑如图 4-55 所示。

图 4-54 语句表的编辑

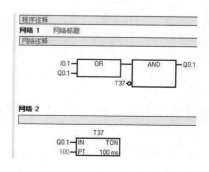

图 4-55 功能图的编辑

4.3.4 程序的状态监控与调试

1. 编译程序

执行菜单【PLC】→【编译】或【全部编译】选项，或单击工具栏的 ☑ 或 ☑ 按钮，可以分别编译当前打开的程序或全部程序。编译后在输出窗口中显示程序编译结果，必须在修正程序中的所有错误，编译无错误后，才能下载程序。若没有对程序进行编译，在下载之前编程软件会自动对程序进行编译。

2. 下载与上载程序

下载是将当前编程器中的程序写入到 PLC 的存储器中。计算机与 PLC 建立其通信连接正常，并且用户程序编译无错误后，可以将程序下载的 PLC 中。下载操作可执行菜单【文件】→【下载】选项，或单击工具栏 ▼ 按钮。

上载是将 PLC 中未加密的程序向上传送到编程器中。上载操作可执行菜单【文件】→【上载】选项，或单击工具栏 ▲ 按钮。

3. PLC 的工作方式

PLC 有两种工作方式，即运行和停止工作方式。在不同的工作方式下，PLC 进行调试的操作方法不同。可以通过执行菜单栏【PLC】→【运行】或【停止】的选项来选择工作方式，也可以在 PLC 的工作方式开关处操作来选择。PLC 只有处在运行工作方式下，才可以起动程序的状态监控。

4. 程序运行与调试

程序的调试及运行监控是程序开发的重要环节，很少有程序一经编制就是完全正确的，只有经过调试运行甚至现场运行后才能发现程序中不合理的地方，从而进行修改。

STEP 7 – Micro/WIN4.0 编程软件提供了一系列工具，可使用户直接在软件环境下调试并监视用户程序的执行。

（1）程序的运行

单击工具栏的 ▶ 按钮，或执行菜单【PLC】→【运行】选项，在对话框中确定进入运行模式，这时黄色 STOP（停止）状态指示灯灭，绿色 RUN（运行）灯点亮。

（2）程序的调试

在程序调试中，经常采用程序状态监控、状态表监控和趋势图监控三种监控方式反映程序的运行状态。下面结合示例介绍基本使用情况。

1）程序状态监控

单击工具栏中的 🔳 按钮，或执行菜单【调试】→【开始程序状态监控】选项，进入程序状态监控。起动程序运行状态监控后：①当 I0.1 触点断开时，编程软件使用示例的程序状态如图 4-56 所示。②当 I0.1 触点接通瞬间，编程软件使用示例的程序状态如图 4-57 所示。③当定时器延时时间 10 s 后，T37 位为 1 状态，T37 的常闭触点断开，使 Q0.1 线圈失电，同时对定时器 T37 复位，回到编程软件使用示例的程序状态如图 4-56 所示。

在监控状态下，"能流"通过的元件将显示蓝色，通过施加输入，可以模拟程序实际运行，从而检验程序。梯形图中的每个元件的实际状态也都显示出来，这些状态是 PLC 在扫描周期完成时的结果。

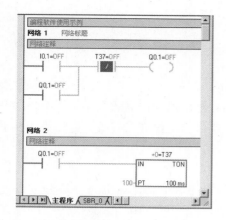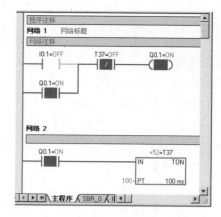

图4-56　编程软件使用示例的程序状态1　　图4-57　编程软件使用示例的程序状态2

2）状态表监控

可以使用状态表来监控用户程序，还可以采用强制表操作修改用户程序的变量。编程软件使用示例的状态表监控如图4-58所示，在当前值栏目中显示了各元件的状态和数值大小。

	地址	格式	当前值	新值
1	I0.1	位	2#0	
2	Q0.1	位	2#1	
3	T37	位	2#0	
4	T37	有符号	+51	

图4-58　编程软件使用示例的状态表监控

可以选择下面办法之一来进行状态表监控：

① 执行菜单【查看】→【组件】→【状态表】。

② 单击浏览栏的【状态表】按钮。

③ 单击装订线，选择程序段，单击鼠标右键，选择【创建状态图】命令，能快速生成一个包含所选程序段内各元件的新的表格。

● 写入数据

完成了对状态表中变量的改变后，可用全部写入功能将所有的改动传送到PLC。同时，修改的数值可能被改写成新数值。物理输入点不能用此功能改动。

● 强制的基本概念

可以强制所有的I/O点，还可以同时强制最多16个V、M、AI或AQ地址。强制的数据用EEPROM永久性地存储。在状态表的地址列中选中一个操作数，在"新数值"列中写入希望的数据，然后单击工具条中的"强制"按钮，则每次扫描都会将修改的数值用于该操作数，直到取消对它的强制。被强制的数值旁边将显示锁定图标。

3）趋势图监控

趋势图监控是采用编程元件的状态和数值大小随时间变化关系的图形监控。可单击工具栏的 按钮，将状态表监控切换为趋势图监控。

4.3.5　符号表与符号地址的使用

使用符号表可将梯形图中的直接地址编号用具有实际含义的符号代替，使程序更直观、易懂。使用符号表的方法：

（1）在符号表中编辑符号。

（2）在程序编辑器中定义符号。

（3）在程序编辑器中选用符号。

符号表有用户定义的符号表、程序组织单元符号表。符号表用来定义地址或常数符号，在程序中使用符号地址使程序更容易阅读和理解。除累加器、局部存储器之外，所有的储存区地址都可以定义符号，在符号表定义的变量是全局变量，可以在所有的程序组织单元中使用，可以在创建程序之前或创建之后使用。编辑符号表在符号表中编辑符号，如图4-59所示。

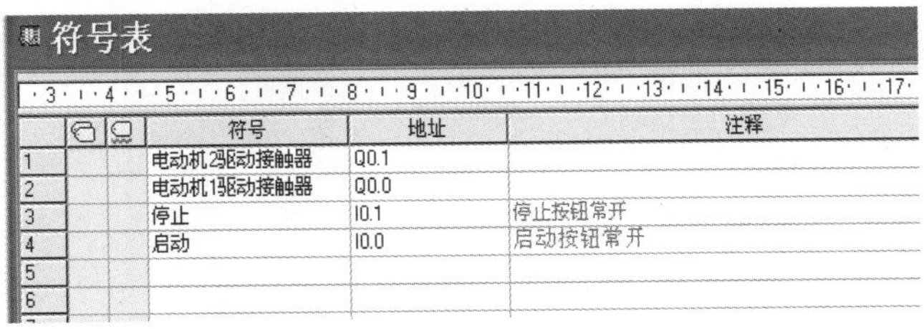

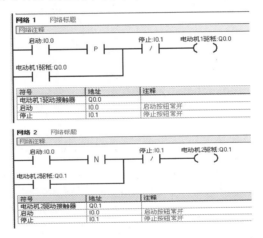

图4-59　符号表

（4）根据控制要求编写梯形图程序，并下载到PLC中，梯形图如图4-60所示。

图4-60　梯形图

4.4　位逻辑指令

含有直接位地址的指令叫作位操作指令，是PLC常用的基本指令，能实现基本的位逻辑运算控制。

1. 标准触点指令

（1）LD：装入常开触点（Load），取指令，表示一个与输入母线相连的常开触点指令，即常开触点逻辑运算起始。

（2）LDN：装入常闭触点（Load Not），取反指令，表示一个与输入母线相连的常闭触点指令，即常闭触点逻辑运算起始。

（3）A：与常开触点（And），与指令，用于单个常开触点的串联。

（4）AN：与常闭触点（And Not），与非指令，用于单个常闭触点的串联。

（5）O：或常闭触点（Or），或指令，用于单个常开触点的并联。

（6）ON：或常闭触点（Or Not），或非指令，用于单个常闭触点的并联。

（7）NOT：触点取非（输出反相）。

（8）空操作指令：NOP 指令不影响程序的执行，执行数 N(1～255)。

（9）=：输出指令，线圈输出，在执行输出指令时，映像寄存器中的指定参数位被接通。

标准触点指令梯形图如图 4-61 所示。

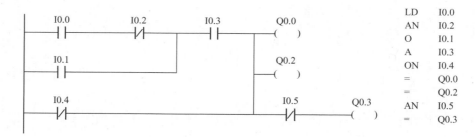

图 4-61　触点与输出指令

2. 置位、复位指令

（1）S：置位指令（$\overset{\text{bit}}{\underset{N}{S}}$）从 bit 开始的 N 个元件置 1 并保持。

（2）R：复位指令（$\overset{\text{bit}}{\underset{N}{S}}$）从 bit 开始的 N 个元件置 0 并保持。

置位指令与复位指令的使用说明如下：

1）bit 表示位元件，N 表示常数，N 的范围为 1～255。

2）被 S 指令置位的软元件只能用 R 指令才能复位。

3）R 指令也可以对定时器和计数器的当前值清 0。

置位指令与复位指令梯形图如图 4-62 所示。

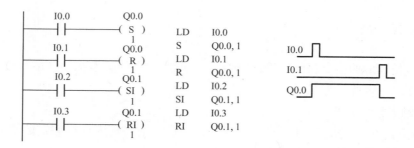

图 4-62　置位指令与复位指令

（3）正、负跳变：EU、ED

EU：在检测到一个正跳变（从 OFF 到 ON）之后，让能流接通一个扫描周期。

ED：在检测到一个负跳变（从 ON 到 OFF）之后，让能流接通一个扫描周期。

取反及正、负跳变梯形图如图 4-63 所示。

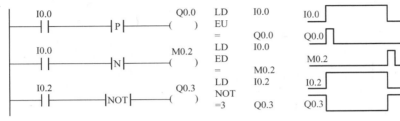

图 4-63　取反与跳变指令

基本指令见表 4-1。

表 4-1　基本指令

名　　称	助 记 符	目 标 元 件	说　　明
取指令	LD	I、Q、M、SM、T、C、V、S、L	常开接点逻辑运算起始
取反指令	LDN	I、Q、M、SM、T、C、V、S、L	常闭接点逻辑运算起始
线圈驱动	=	Q、M、SM、T、C、V、S、L	驱动线圈的输出
与指令	A	I、Q、M、SM、T、C、V、S、L	单个常开接点的串联
与非指令	AN	I、Q、M、SM、T、C、V、S、L	单个常闭接点的串联
或指令	O	I、Q、M、SM、T、C、V、S、L	单个常开接点的并联
或非指令	ON	I、Q、M、SM、T、C、V、S、L	单个常闭接点的并联
置位指令	S	I、Q、M、SM、T、C、V、S、L	使动作保持
复位指令	R	I、Q、M、SM、T、C、V、S、L	使保持复位
正跳变	EU	I、Q、M、SM、T、C、V、S、L	输入上升沿产生脉冲输出
负跳变	ED	I、Q、M、SM、T、C、V、S、L	输入下降沿产生脉冲输出
空操作	NOP	无	使步序作空操作

3. 堆栈指令

S7-200 有一个 9 层堆栈，最上面的第一层为栈顶，用来存储逻辑运算的结果，下面的 8 位用来存储中间运算结果，满足"先进后出"的原则。

（1）或装载指令 OLD

OLD 指令对堆栈的第 1 层和第 2 层中的两个二进制数进行"或"运算（两个电路块并联），运算结果存入栈顶中。执行 OLD 指令后，堆栈的深度减 1，3~9 层数据依次上移。

触点的串并联指令只能将单个触点与别的触点或电路串并联。要想完成图 4-64 中由 I3.2 和 T16 的触点组成的串联电路与它上面的电路并联，首先需要完成两个电路块内部"与"逻辑运算（即触电的并联），这两个电路块用 LDN 或 LD 指令来表示电路块的起始触点。前两条指令执行完后，"与"运算的结果 S0 存放在图 4-65 的堆栈的栈顶，当执行完第 3、4 条指令后，"与"运算结果压入栈顶，原来在栈顶的 S0 被推到堆栈的第 2 层，原第 2 层的数据被推到第 3 层……堆栈最下面一层的数据丢失。执行 OLD 指令是对堆栈第 1 层和第 2 层的数据进行 "或" 的运算（将两个串联电路块并联），并将运算结果 S2 = S0 + S1 存入堆栈的栈顶，第 3 ~ 9 层数据依次向上移动一层。

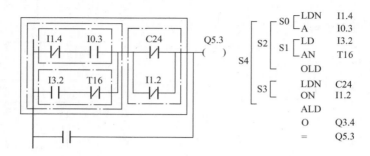

图 4-64　ALD 与 OLD 指令

OLD 指令不需要地址，它相当于需要并联的两块电路右端的一段垂直连线，图 4-65 所示堆栈中 x 表示不确定值。

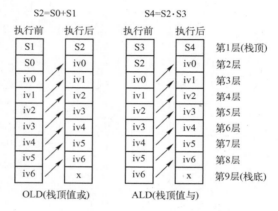

图 4-65　ALD 与 OLD 指令的堆栈操作

（2）与装载指令 ALD

ALD 指令对堆栈的第 1 层和第 2 层中的两个二进制数进行 "与" 运算（两个电路块串联），运算结果存入栈顶中。执行 ALD 指令后，堆栈的深度减 1，如图 4-64、图 4-65 所示。

例 4-1　已知图 4-66 中的语句表，画出对应的梯形图。

（3）逻辑入栈指令 LPS

LPS 指令复制栈顶的值并将其压入堆栈的第 2 层，堆栈中原来数据依次向下移一层，栈底值被推出并丢失，如图 4-66 所示。

（4）逻辑读栈指令 LRD

LRD 指令将堆栈的第 2 层的数据复制到栈顶。原来的栈顶值被复制值取代，第 2 ~ 9 层数据不变，如图 4-67 所示。

（5）逻辑出栈指令 LPP

LPP 指令将栈顶值弹出，堆栈其他数据向上移一层，第 2 层的数据成为新栈顶值，如图 4-66 所示。

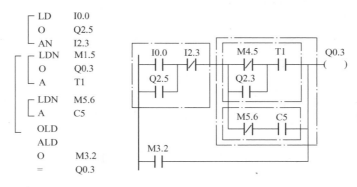

图 4-66 语句表与梯形图

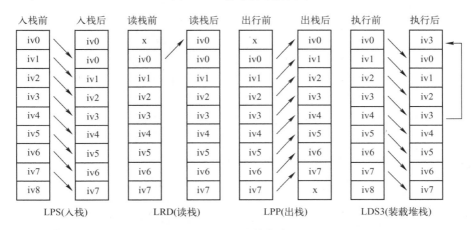

图 4-67 堆栈指令

图 4-68 所示的分支电路用堆栈指令实现,首个分支处用逻辑进栈指令 LPS,每一条 LPS 指令必须有一条对应的逻辑出栈指令 LPP 指令,中间的支路使用 LRD 指令,处理最后一条支路时必须使用 LPP 指令。在一块独立电路中,用进栈指令同时用堆栈保存的中间运算结构不能超过 8 个。

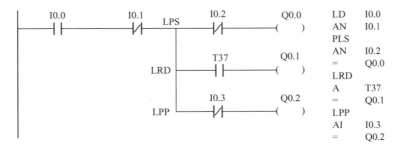

图 4-68 堆栈指令的使用

图 4-69 中的第 1 条 LPS 指令将栈顶的 A 点逻辑运算结果保存到栈顶的第 2 层,第 2 条 LPS 指令将 B 点逻辑运算结果保存到堆栈的第 2 层,A 点逻辑运算结果被"压"到堆栈的第 3 层。第 1 条 LPP 指令将堆栈第 2 层 B 点的逻辑运算结果上移到栈顶,第 3 层中 A 点的逻辑运算结果上移到堆栈的第 2 层。最后一条 LPP 指令将堆栈第 2 层的 A 点的逻辑运算结果上

移到栈顶。

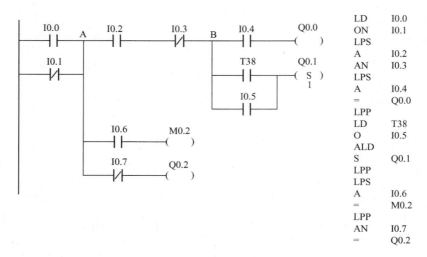

图 4-69　双重堆栈的使用

（6）装载堆栈 LDS N（N = 0 ～ 8）

LDS 指令复制堆栈内第 N 层的值到栈顶。堆栈中原来的数据依次向下移动一层，栈底值被推出并丢失（见图 4-67）。一般很少用这条指令。

4. 其他指令

（1）立即触点

立即（Immediate）触点指令只能用于输入位 I，立即读入物理输入点的值，根据该值决定触点状态，但并不更新该物理输入点对应的过程映像输入寄存器。在语句表中，分别用 LDI（LDNI）、AI（ANI）和 OI（ONI）来表示开始、串联和并联的常开（常闭）立即触点，如图 4-70 所示。

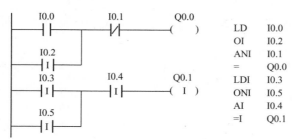

图 4-70　立即触点与立即输出指令

（2）立即输出

立即输出指令（= I）只能用于输出位 Q，执行该指令时，将栈顶值立即写入指定的物理输出点和对应的过程映像输出寄存器，如图 4-70 所示。

（3）立即置位与立即复位

执行立即置位指令（SI）或立即复位指令（RI）时（见图 4-62），从指定位地址开始的 N 个连续的物理输出点将被立即置位或复位，N = 1 ～ 255，I 表示立即。该指令只能用于输出位 Q，新值被同时写入对应的物理输出点和过程映像输出寄存器。

（4）RS 双稳态触发器指令

图 4-71 中标有 SR 的是置位优先双稳态触发器，当置位信号和复位信号都有效时，置位信号优先，输出线圈接通。标有 RS 的是复位优先双稳态触发器，当置位信号和复位信号都有效时，复位信号优先，输出线圈不接通。

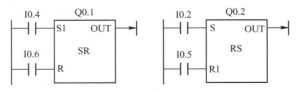

图 4-71　置位优先与复位优先触发器

项目 4-1　与或非逻辑指令训练

一、实训目的

1. 掌握 S7 - 200 系列编程控制器的外部接线方法。
2. 了解编程软件 STEP 7 的编程环境和软件的使用方法。
3. 掌握与、或、非位逻辑指令。

二、实训内容

1. 两个按钮控制一个灯的发光与熄灭

（1）起动用常开按钮，停止用常开按钮。

（2）起动用常开按钮，停止用常闭按钮。

（3）起动用常开按钮，停止用常开按钮，置位/复位指令控制。

2. 单个按钮控制一个灯的发光与熄灭

3. 通过程序判断 Q0.0、Q0.1、Q0.2 及 Q0.3 的输出状态，并通过程序运行，加以验证。

三、实训步骤

1. 两个按钮控制一个灯的发光与熄灭

（1）起动用常开按钮，停止用常开按钮。

1）I/O 地址分配，见表 4-2。

表 4-2　I/O 地址分配表

输入（I）			输出（O）		
名称	符号	地址	名称	符号	地址
起动按钮	SB1	I0.0	灯	KM1	Q0.0
停止按钮	SB2	I0.1			

2）通过专用 PC/PPI 电缆连接计算机与 PLC 主机。打开编程软件 STEP 7，根据控制要求编写梯形图程序，检查无误后，将所编程序下载到主机内，并将可编程序控制器主机上的 STOP/RUN 开关拨到 RUN 位置（并验证其他几种改变工作方式的方法），运行指示灯点亮，表明程序开始运行，有关的指示灯将显示运行结果，梯形图如图 4-72 所示。

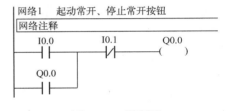

图 4-72　梯形图

3）按图4-73所示的I/O接线图进行正确的接线。注意接线要牢固，接触要良好，文明操作。

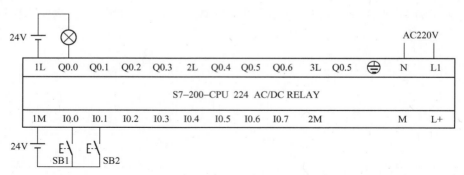

图4-73 I/O接线图

4）接线完成后，检查无误，经指导老师检查后，方可调试操作运行。

（2）起动用常开按钮，停止用常闭按钮。

1）I/O地址分配见表4-3。

表4-3 I/O地址分配表

输入（I）			输出（O）		
名称	符号	地址	名称	符号	地址
起动按钮	SB1	I0.2	灯	KM1	Q0.1
停止按钮	SB2	I0.3			

2）根据控制要求编写梯形图程序，并下载到PLC中，梯形图如图4-74所示。

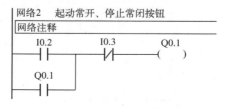

图4-74 梯形图

3）按I/O接线图进行正确的接线。注意接线要牢固，接触要良好，文明操作。

4）调试操作运行。

（3）起动用常开按钮，停止用常开按钮，置位/复位指令控制。

1）I/O地址分配见表4-4。

表4-4 I/O地址分配表

输入（I）			输出（O）		
名称	符号	地址	名称	符号	地址
起动按钮	SB1	I0.4	灯	KM1	Q0.2
停止按钮	SB2	I0.5			

2）根据控制要求编写梯形图程序，并下载到 PLC 中，梯形图如图 4-75 所示。

3）按 I/O 接线图进行正确的接线。注意接线要牢固，接触要良好，文明操作。

4）调试操作运行

2. 单按钮控制一个灯的发光与熄灭

1）I/O 地址分配见表 4-5。

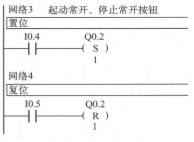

图 4-75　梯形图

表 4-5　I/O 地址分配表

输入（I）			输出（O）		
名称	符号	地址	名称	符号	地址
按钮	SB1	I0.0	灯	HL	Q0.0

2）根据控制要求编写梯形图程序，并下载到 PLC 中，梯形图如图 4-76 所示。

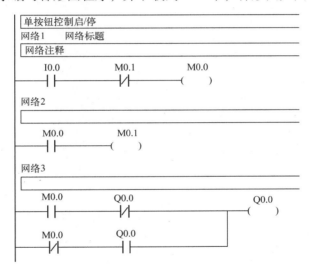

图 4-76　梯形图

3）按 I/O 接线图进行正确的接线。注意接线要牢固，接触要良好，文明操作。

4）调试操作运行

3. 通过程序判断 Q0.0、Q0.1、Q0.2、Q0.3 的输出状态，并通过程序运行，加以验证。

梯形图中的 I0.1、I0.3 分别对应控制输入开关 I0.1、I0.3。按图 4-77 接线，编辑图 4-78 所示的梯形图并下载到 PLC，拨动输入开关 I0.1、I0.3，观察输出指示灯 Q0.0、Q0.1、Q0.2、Q0.3 是否符合与、或、非逻辑的正确结果。

四、实训报告要求

1. 编制 I/O 地址分配表。

2. 绘制 I/O 接线图。

3. 记录运行结果，画出对应时序图，并分析。

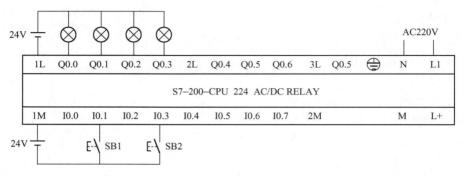

图 4-77　I/O 接线图

五、思考题

1. 单个触点的逻辑关系如何表示？常开触点和常闭触点有什么区别？

2. 块逻辑指令是如何使用？

3. 时序图如何绘制？时序图与常开常闭触点有什么关系？

六、设计题

1. 电动机正反转控制。按下正转起动按钮，电动机正转；按下反转起动按钮，电机反转；再按正转按钮电动机又正转。按停止按钮电动机停止。过载保护采用热继电器 FR 实现，正反转应有物理自锁。要求编写梯形图程序并调试运行。

2. 某生产设备有 1 台电动机，除连续运行控制

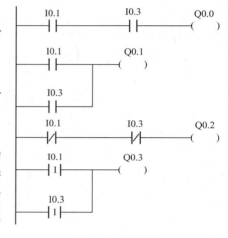

图 4-78　梯形图

外，还需要用点动控制调整生产设备的状态。要求编写梯形图程序并调试运行。

4.5　定时器与计数器指令

4.5.1　定时器指令

定时器的当前值用于存储定时器当前所累计的时间，它是一个 16 位的存储器，存储 16 位带符号的整数，最大计数值为 32767。

对于 TONR 和 TON，当定时器的当前值等于或大于预置值时，该定时器位被置为 1，即所对应的定时器常开触点闭合；对于 TOF，当输入 IN 接通时，定时器位被置 1，当输入信号由高变低负跳变时启动定时器，达到预定值 PT 时，定时器位清 0。

1. 接通延时定时器 TON

使能输入（IN）有效时，定时器开始计时，当前值从 0 开始递增，大于或等于预置值（PT）时，定时器位置 1（输出触点有效）当前值的最大值为 32767。使能端无效（断开）时，定时器复位（当前值清零，输出状态位清 0）。

图 4-79 是接通延时定时器应用举例，用于输入端接通后的单一时间间隔计时。在 T37 输入电路 I0.0 接通 10 s 后，T37 定时器位为 1，T37 的常开触点闭合，输出线圈 Q0.0 得电。

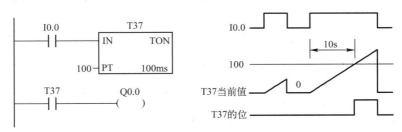

图 4-79　接通延时定时器

2. 断电延时定时器 TOF

使能输入（IN）有效时，定时器位被置 1（输出触点有效），定时器当前值为 0；当输入信号由高变低负跳变时启动定时器，当前值从 0 开始递增，大于或等于预置值（PT）时，定时器位为 0，当前值不变。

图 4-80 所示为断电延时定时器的应用举例，用于输入端断开后的单一时间间隔计时，常用于大型设备停机后，辅助设备的延时停机。

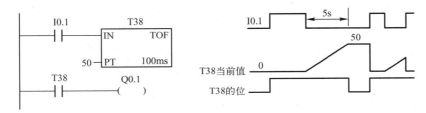

图 4-80　断电延时定时器

3. 保持型接通延时定时器 TONR

使能输入端（IN）有效时（接通），定时器开始计时，当前值大于或等于预置值（PT）时，输出状态置 1。使能端输入无效（断开）时，当前值保持不变，使能输入（IN）再次接通有效时，在原记忆值的基础上递增计时。TONR 定时器采用复位指令（R）进行复位操作，当复位线圈有效时，定时器当前值清零，输出状态位置 0。图 4-81 所示为保持型接通延时定时器应用举例，用于累计输入信号的接通时间。

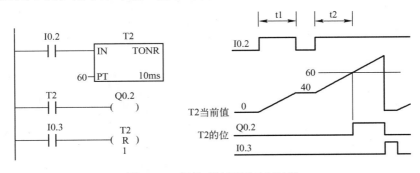

图 4-81　保持型接通延时定时器

延时时间 $= t1 + t2 = 60 \times 10$ ms

定时器有 1 ms、10 ms 和 100 ms 三种分辨率，分辨率取决于定时器的编号，见表 4-6。

表 4-6 定时器号与分辨率

类　　型	分辨率/ms	定时范围/s	定 时 器 号
TONR	1	32.767	T0 和 T64
	10	327.67	T1 ~ T4 和 T65 ~ T68
	100	3276.7	T5 ~ T31 和 T69 ~ T95
TON TOF	1	32.767	T32 和 T96
	10	327.67	T33 ~ T36 和 T97 ~ T100
	100	3276.7	T37 ~ T63 和 T101 ~ T255

4.5.2　计数器指令

计数器的当前值用于存储计数器当前所累计的脉冲数。它是一个 16 位存储器，存储 16 位带符号的整数，最大计数值为 32767。

对于 CTU、CTUD 来说，当计数器的当前值等于或大于预置值时，该计数器位被置为 1，即所对应的计数器常开触点闭合；对于 CTD 来说，当计数器当前值减为 0 时，计数器位置为 1。

1. 加计数器 CTU

首次扫描时，计数器位为 OFF，当前值为 0。在计数器脉冲输入端 CU 的每一个上升沿，计数器计数一次，当前值加 1。当前值达到设定值 PV 时，计数器位为 1，当前值可继续计数到 32767 后停止。复位输入端 R 有效或对计数器执行复位指令，计数器自动复位，当前值为 0，图 4-82 所示为加计数器应用举例。

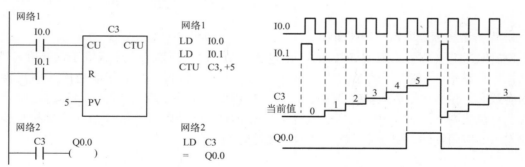

图 4-82　加计数器

2. 减计数器 CTD

装载端（LD）有效时，计数器预置值（PV）装入当前值存储器，计数器状态位复位。装载端无效时，减脉冲 CD 端输入脉冲上升沿，减计数器的当前值从预置值开始减 1，减至 0 时，计数器状态位置位，停止计数，图 4-83 所示为减计数器应用举例。

3. 加减计数器 CTUD

图 4-84 所示为加减计数器应用举例，增减计数器有两个计数脉冲输入端，CU 用于增计数，CD 用于减计数，R 为复位端。增减计数器当前值计数到 32767（最大值）后，下一

个 CU 输入的上升沿将使当前值跳变为最小值（−32768）；当前值达到最小值 −32768 后，下一个 CD 输入的上升沿将使当前值跳变为最大值 32767。复位输入端有效或使用复位指令对计数器进行复位操作后，计数器自动复位，即计数器位为 0，当前值为 0。

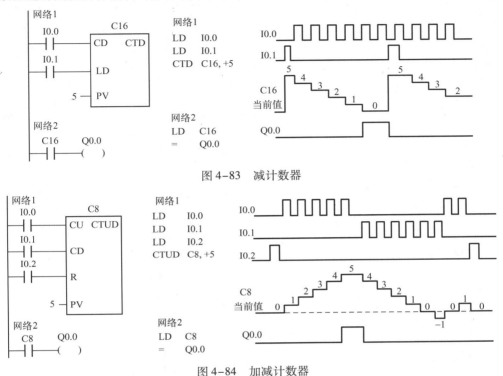

图 4-83　减计数器

图 4-84　加减计数器

项目 4-2　定时器和计数器指令训练

一、实训目的

掌握定时器、计数器的正确编程方法，并学会定时器和计数器扩展方法，用编程软件对可编程序控制器的运行进行监控。

二、实训内容

1. 定时器与计数器的认识及扩展。

2. 利用定时器实现延时接通、延时断开控制。

3. 利用定时器和计数器实现三只彩灯循环工作控制。

三、实训步骤

1. 定时器的认识及扩展实验

定时器的控制逻辑是经过时间继电器的延时动作，然后产生控制作用。其控制作用与一般延时继电器相同。图 4-85 为梯形图示例。

由于 PLC 的定时器和计数器都有一定的定时范围和计数范围。如果需要的设定值超过机器范围，可通过几个定时器和计数器的串联组合来扩充设定值的范围。图 4-86 为梯形图示例。

2. 用程序状态监控与调试程序

用户可直接在软件环境下调试并监视用户程序的执行。利用梯形图编辑器可以监视在线程序运行状态。如图 4-87 中的梯形图窗口所示，图中被点亮的元件表示处于接触状态，未点亮的元件表示处于非接触状态。通过强制、取消强制以及取消全部强制来调试和监控程序。

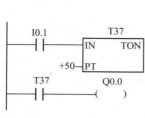

图 4-85　梯形图

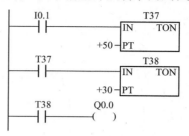

图 4-86　梯形图

（1）用状态表监控程序

1）打开和编辑已有的状态表。

2）创建新的状态表。

3）起动和关闭状态表。

4）单次读取状态信息。

5）用状态表强制改变数值。

① 全部写入

完成了对状态表中变量的改变后，可用全部写入功能将所有的改动传送到 PLC。同时，修改的数值可能被改写成新数值。物理输入点不能用此功能改动。

② 强制

在状态表的地址列中选中一个操作数，在"新数值"列中写入希望的数据，然后单击工具条中的"强制"按钮。一旦使用了强制功能，每次扫描都会将修改的数值用于该操作数，直到取消对它的强制。被强制的数值旁边将显示锁定图标。

③ 对单个操作数取消强制

选择一个被强制的操作数，然后进行取消强制操作，锁定图标将会消失。

④ 读取全部强制

（2）梯形图程序的状态监视

利用梯形图编辑器可以监视在线程序运行状态。

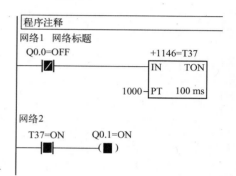

图 4-87　程序运行状态梯形图窗口

3. 计数器及扩展实验

对于 CTU、CTUD 来说，当计数器的当前值等于或大于预置值时，该计数器位被置为 1，即所对应的计数器触点闭合；对于 CTD 来说，当计数器当前值减为 0 时，计数器位置为 1。梯形图如图 4-88 所示。

4. 延时接通、延时断开控制

本电路实现的功能是：用输入端 I0.0 控制输出端

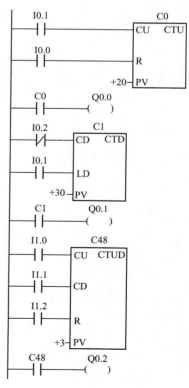

图 4-88　梯形图

160

Q0.0，当I0.0接通后，延时9 s，Q0.0端输出接通，当I0.0断开后，延时7 s，Q0.0断开。延时接通延时断开时序图如图4-89所示。编写梯形图程序。

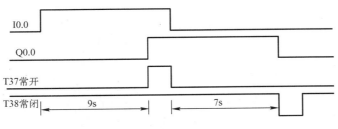

图4-89　延时接通延时断开时序图

1）时序图。

2）根据控制要求编写梯形图程序，并下载到PLC中，梯形图如图4-90所示。

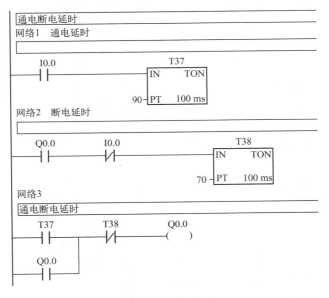

图4-90　梯形图

3）设计I/O接线图，并进行正确接线。注意接线要牢固，接触要良好，文明操作。

4）接线完成后，检查无误，经指导老师检查认可后，方可调试操作运行。

5. 三只彩灯循环工作控制

（1）控制要求

三只彩灯相隔10 s点亮各运行20 s后熄灭，循环往复，其工作时序如图4-91所示。

（2）I/O地址分配

三只彩灯循环工作控制I/O地址分配表见表4-7。

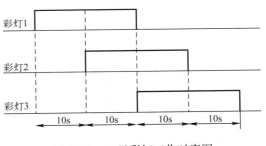

图4-91　三只彩灯工作时序图

表4-7 I/O地址分配表

输入(I)			输出(O)		
名称	符号	地址	名称	符号	地址
起动开关	SA	I0.0	彩灯1	HL1	Q0.0
			彩灯2	HL2	Q0.1
			彩灯3	HL3	Q0.2

（3）三只彩灯循环工作I/O接线图

三只彩灯循环工作I/O接线图如图4-92所示。按I/O接线图进行正确的接线。注意接线要牢固，接触要良好，文明操作。

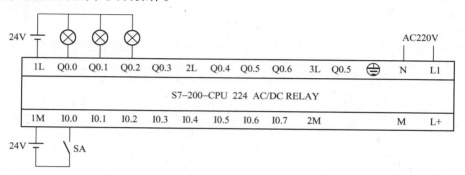

图4-92 PLC I/O接线图

（4）三只彩灯循环工作梯形图

根据控制要求编写梯形图程序，将PLC程序下载到PLC中。三只彩灯循环工作梯形图如图4-93所示。

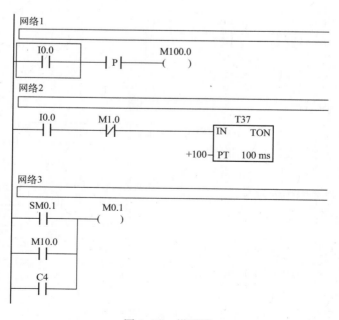

图4-93 梯形图

162

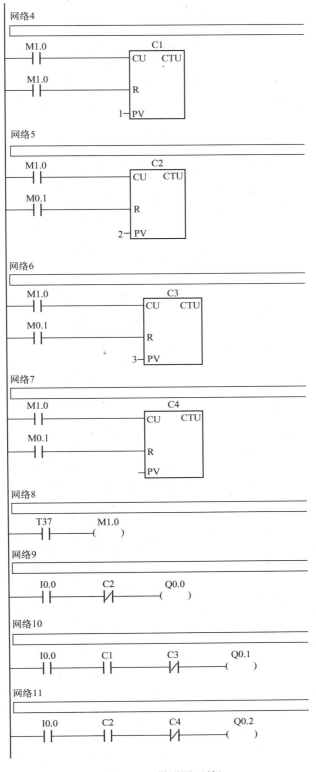

图 4-93　梯形图（续）

（5）操作调试

1）按图 4-92 接线，操作调试。

2）用状态表监控调试程序；观察运行情况。

四、实训报告要求

1. 编制 I/O 地址分配表。

2. 绘制 I/O 接线图。

3. 记录运行结果，画出对应时序图，并分析。

五、思考题

1. S7-200 中定时器有几种？计数器有几种？

2. 定时器是如何扩展的？

3. 计数器如何计数？脉冲输入端的触点常开或常闭有什么区别？

4.6 习题

1. 填空

1）可编程序控制器有（　　）和（　　）两种工作模式。

2）按字节寻址的格式，如 VW100，其中 V 表示（　　），W 表示（　　），100 表示（　　）。

3）若减计数器的计数输入电路（　　）、复位输入电路（　　）时计数器的当前值减1，复位后当前值为（　　）。

4）SM（　　）在首次扫描时为 ON，SM0.0 一直为（　　）。

5）接通延时定时器 TON 的输入 IN 电路（　　）时开始定时，当前值大于或等于设定值时其定时器位变为（　　），其常开触点（　　），接通延时定时器 TON 的输入（IN）电路（　　）时被复位，复位后其常开触点（　　），当前值等于（　　）。

6）外部输入电路接通时，对应的输入过程映像寄存器 I 为（　　）状态，梯形图中对应的常开触点（　　），常闭触点（　　）。

7）若加计数器的计数输入电路 CU（　　）、复位输入电路 R（　　），计数器的当前值加1。当前值大于或等于设定值 PV 时，其常开触点（　　），常闭触点（　　）。复位输入电路（　　）时，计数器被复位，复位后其常开触点（　　）。

8）输出指令 = 不能用于（　　）过程映像寄存器。

2. T31、T32 和 T33 分别属于什么定时器？它们的分辨率分别是多少？

3. 整体式 PLC 与模块式 PLC 各有什么特点？分别适用于什么场合？

4. 写出图 4-94 所示梯形图对应的语句表程序。

5. 写出图 4-95 语句表程序对应的梯形图。

6. 根据图 4-96 所示的梯形图及输入波形，画出 M0.0、M0.1 及 Q0.0 的波形图。

7. 设计满足图 4-97 所示波形的梯形图。

8. 某运输带控制系统梯形图如图 4-98 所示，已知输入波形，画出输出 M0.0、Q0.4、Q0.5 的波形图并标出时间。

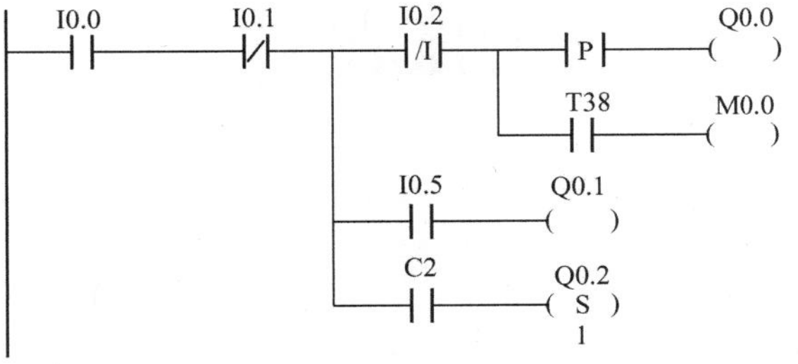

图 4-94　第 4 题图

网络1　网络标题
LD　　I0.0
AN　　T37
TON　　T37, 60
网络2
LD　　T37
LD　　I0.3
CTU　　C0, 5
网络3
LD　　C0
O　　Q0.1
AN　　I0.1
=　　Q0.1

图 4-95　第 5 题图

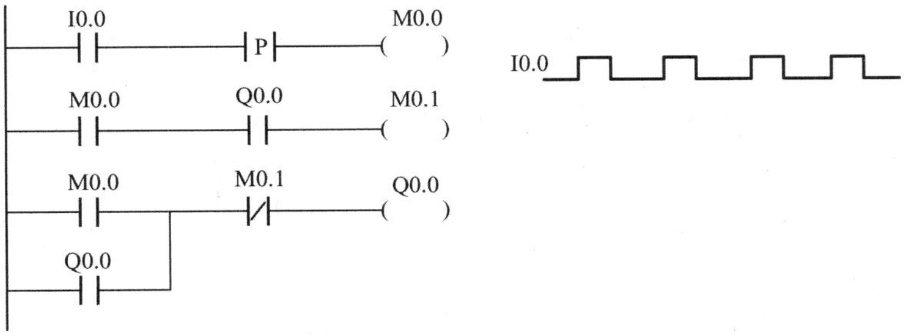

图 4-96　第 6 题图

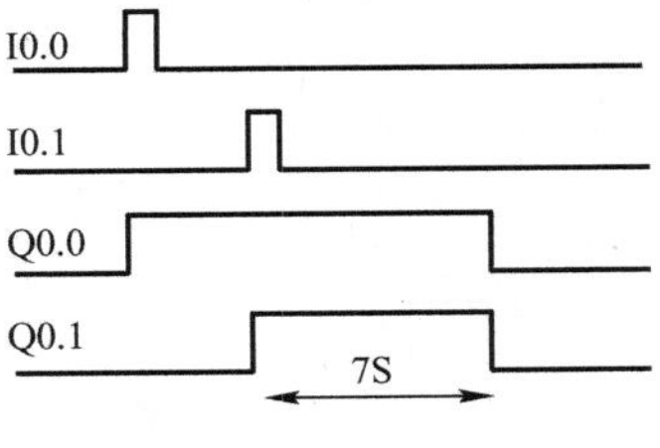

图 4-97　第 7 题图

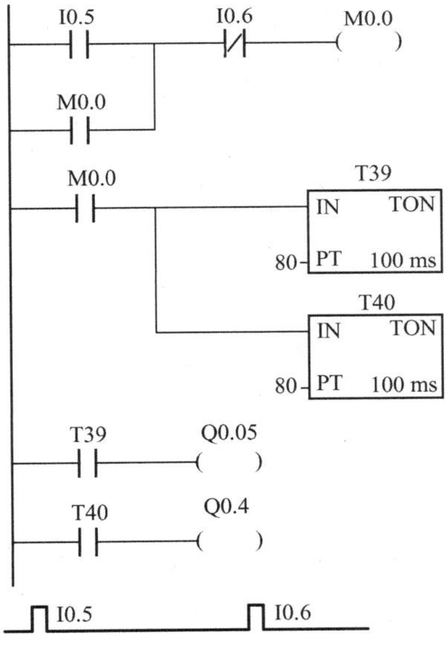

图 4-98　第 8 题图

第5章 数字量控制系统梯形图设计方法

数字量控制系统梯形图设计方法是 PLC 应用的重要方面。本章从介绍编程的方法和技巧开始，详细讲解经验设计法和顺序控制法，最后进行编程实训。

5.1 梯形图的经验设计法

数字量控制系统又称为开关量控制系统，继电器控制系统就是典型的数字量控制系统。在设计简单的控制电路时可以在一些典型的电路基础上，根据控制要求不断修改和调试梯形图，最后得到一个满足要求的结果，这种方法成为经验设计法。这种方法多适用于简单的数字量控制系统，它没有普遍的规律可以遵循，具有很大的探索性和随意性，设计所用时间和设计的质量与设计者的经验有很大关系，一般不适用于复杂的控制系统中。

下面介绍经验设计法中一些常用的典型电路。

5.1.1 有保持功能的电路

如图 5-1 所示，当按下起动按钮 I0.0，I0.0 的常开触点接通，输出线圈 Q0.0 "通电"，同时它的常开触点接通。松开起动按钮 I0.0，I0.0 的常开触点断开，"能流"经 Q0.0 的常开触点和 I0.1 的常闭触点将使线圈 Q0.0 仍为 ON，这就是"自保持"或"自锁"功能。按下停止按钮 I0.1，其常闭触点断开，使 Q0.0 线圈"失电"，这种电路也叫起动保持停止电路，简称起保停电路。另外用置位和复位指令也能实现这种功能。

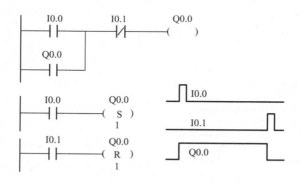

图 5-1　有保持功能的电路

有保持功能的电路的实际应用非常广泛，起动信号和停止信号可以使多个触点的串并联的逻辑结果提供。

5.1.2 闪烁电路

闪烁电路指输出脉冲的周期和脉冲的宽度可以调节，也叫占空比可调电路。如图 5-2

所示，起动开关 I0.0 闭合，定时器 T37 开始定时，3 s 后定时时间到，T37 的常开触点闭合，Q0.0 线圈接通，同时定时器 T38 开始定时，定时 4 s，T38 的常闭触点断开，T37 的使能输入端断开，定时器 T37 复位，同时其常开触点断开，则 Q0.0 失电变为 OFF，同时定时器 T38 复位，其常闭触点恢复闭合状态，定时器 T41 又开始了下一个周期的定时，Q0.0 的线圈将这样周期性地"通电"和"断电"，直到起动开关 I0.0 断开。Q0.0 的通断时间由 T38 和 T37 的预设值决定。闪烁电路由 T37 和 T38 的触点分别控制对方的线圈，形成了正反馈。

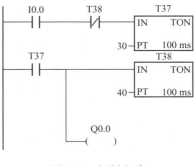

图 5-2　闪烁电路

5.1.3　定时器的扩展电路

S7－200 的定时器的设定值最大是 32767，也就是说定时器最长的定时时间为 3276.7 s，如需要较长时间的延时，可以用图 5-3 所示的梯形图来实现。周期为 1min 的时钟脉冲 SM0.4 的常开触点为计数器 C4 提供计数脉冲，实现长时延时。

图 5-4 所示的梯形图利用定时器和计数器配合可以实现 25000 h 的延时。当 I0.0 为 ON 时，其常开触点闭合，T38 开始定时，3000 s 后定时时间到，其常开触点闭合，给计数器 C0 提供一个脉冲，C0 当前值加 1。定时器 T38 定时时间到时，位于 T38 定时器使能输入端的 T38 的常闭触点断开，定时器 T38 复位，其常开触点闭合，开始下一周期的定时，T38 产生周期为 3000s 的脉冲序列送给 C0，计数满 30000 后，实现了延时 3000 × 30000 s 即 25000 h，C0 的常开触点闭合使 Q0.0 延时 25000 h 后接通。

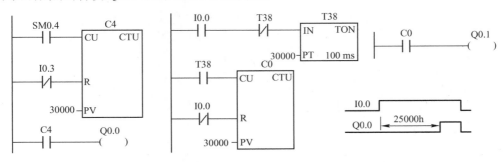

图 5-3　扩展电路　　　　　　　　图 5-4　长时扩展的电路

5.1.4　控制程序实例

以两条运输带控制为例，如图 5-5 所示，PLC 分别通过 Q0.0 和 Q0.1 来控制两条运输带 M1 和 M2。为了避免运送货物在运输带 M1 上堆积，按下起动按钮 I0.0，运输带 M1 开始运行，8 s 后带 M2 起动。按下停止按钮 I0.1 后，停机的顺序与起动的顺序正好相反，即带 M2 先停止，8 s 后停运 M1 输带。

图 5-6 的梯形图程序中设置了一个辅助元件 M0.0，用它的常开触点控制接通延时定时器 T38 和断开延时定时器 T37 的使能输入端。

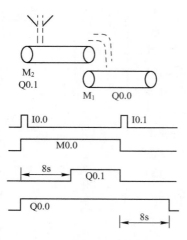

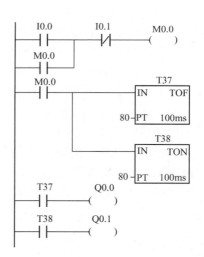

图 5-5 运输带示意图与波形图   图 5-6 梯形图

TON T38 的常开触点在 I0.0 的上升沿后的 8 s 接通，在 I0.1 的上升沿后断开，与波形图中 2 号带 Q0.1 的运行方式一致，所以可以用 T38 的常开触点控制 Q0.1。

TOF T37 的常开触点在起动按钮 I0.0 按下后由辅助触点 M0.0 保持接通，当按下停止按钮 I0.1 后延时 8 s 断开，所以可以用 T37 的常开触点直接控制 1 号带的 Q0.0。

5.2 根据继电器电路图设计梯形图的方法

由于原有的继电器控制系统经过长期的使用和考验已经被证明能完成系统要求的控制功能，而继电器电路图与梯形图在表示方法和分析方法上有很多相似之处，因此可以根据继电器电路图来设计梯形图，即将继电器电路图"转换"为具有相同功能的 PLC 的外部硬件接线图和梯形图。这种设计方法一般不需要改动控制面板，保持了系统原有的外部特性，操作人员不用改变长期形成的操作习惯。因此根据继电器电路图来设计梯形图是一条捷径。

5.2.1 基本方法

将继电器电路图改为 PLC 控制时，需要用 PLC 的外部接线图和梯形图来等效继电器电路图。可以将 PLC 想象成是一个控制箱，其外部接线图描述了这个控制箱的外部接线，梯形图是这个控制箱的内部"线路图"，梯形图中的输入位 I 和输出位 Q 是这个控制箱与外部世界联系的"接口继电器"，这样就可以用分析继电器电路图的方法来分析 PLC 控制系统。在分析梯形图时可以将输入位的触点想象成对应的外部输入器件的触点，将输出位的线圈想象成对应的外部负载的线圈。外部负载的线圈除了受梯形图的控制外，还可能受外部触点的控制。

将继电器电路图转换成为功能相同的 PLC 的外部接线图和梯形图的步骤如下：

1）了解和熟悉被控设备的工作原理、工艺过程和机械的动作情况，根据继电器电路图分析和掌握控制系统的工作原理。以小车自往返为例，如图 5-7 所示。

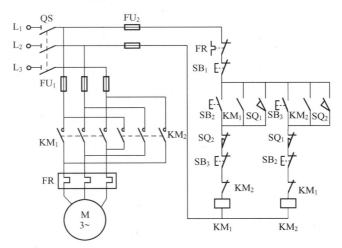

图5-7 小车往返运动的继电器控制电路图

2）确定 PLC 的输入信号和输出负载。继电器电路图中的交流接触器和电磁阀等执行机构如果用 PLC 的输出位来控制，它们的线圈在 PLC 的输出端。按钮、操作开关和行程开关、接近开关等提供 PLC 的数字量输入信号继电器电路图中的中间继电器和时间继电器的功能用 PLC 内部的存储器位和定时器来完成，它们与 PLC 的输入位、输出位无关。硬件接线如图5-8所示。

3）选择 PLC 的型号，根据系统所需要的功能和规模选择 CPU 模块，电源模块和数字量输入和输出模块，对硬件进行组态，确定输入、输出模块在机架中的安装位置和它们的起始地址。

4）确定 PLC 各数字量输入信号与输出负载对应的输入位和输出位的地址，画出 PLC 的外部接线图。各输入和输出在梯形图中的地址取决于它们的模块的起始地址和模块中的接线端子号。

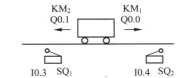

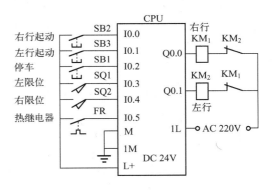

图5-8 硬件接线图

5）确定与继电器电路图中的中间、时间继电器对应的梯形图中的存储器和定时器、计数器的地址。

6）根据上述的对应关系画出梯形图，如图5-9所示。

5.2.2 常闭触点输入信号的处理

设计输入电路时，应尽量采用常开触点，如果只能使用常闭触点，梯形图中对应触点的常开/常闭类型应与继电器电路图中的相反。例如图5-7 PLC 的输入电路中热继电器 FR 的常闭触点与接触器 KM1 和 KM2 的线圈串联。电动机长期过载时，FR 的常闭触点断开，使 KM1 和 KM2 线圈断电。

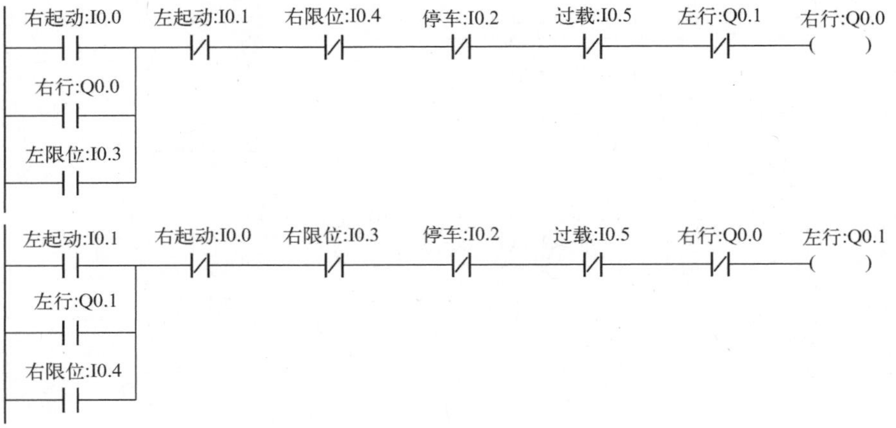

图 5-9 梯形图

如果将图 5-8 中接在 PLC 的输入端 I0.5 处的 FR 触点改为常闭触点,未过载时它是闭合的,I0.5 为 ON,梯形图中 I0.5 的常开触点闭合。显然应将 I0.5 的常开触点而不是常闭触点与 Q0.0 或 Q0.1 的线圈串联。过载时 FR 的常闭触点断开,I0.5 为 OFF,梯形图中的 I0.5 的常开触点断开,使 Q0.0 或 Q0.1 的线圈断电,起到了过载保护的作用。但是继电器电路图中的 FR 的触点类型(常闭)和梯形图中对应的触点类型(常开)刚好相反,给梯形图的设计带来不便,建议尽可能用常开触点作 PLC 的输入信号。

5.2.3 注意事项

使用这种设计方法时注意梯形图是 PLC 的程序,是一种软件,而继电器电路是由硬件元件组成的,梯形图和继电器电路有很大的本质区别,例如在继电器电路图中,各继电器可以同时动作,而 PLC 的 CPU 是串行工作的,即 CPU 同时只能处理 1 条指令,根据继电器电路图设计 PLC 的外部接线图和梯形图时应注意以下问题:

1)应遵守梯形图语言中的语法规定

由于工作原理不同,梯形图不能照搬继电器电路中的某些处理方法。例如在继电器电路中,触点可以放在线圈的两侧,但是在梯形图中,线圈必须放在电路的最右边。

2)适当地分离继电器电路图中的某些电路

设计继电器电路图时的一个基本原则是尽量减少图中使用的触点的个数,因为这意味着成本的节约,但是这往往会使某些线圈的控制电路交织在一起。而在设计梯形图时首要的问题是设计的思路要清楚,设计出的梯形图容易阅读和理解,并不是在意是否多用几个触点,因为这不会增加硬件的成本,只是在输入程序时需要多花一点时间。

3)尽量减少 PLC 的输入和输出点

PLC 的价格与 I/O 点数有关,减少输入/输出信号的点数是降低硬件费用的主要措施。一般只需要同一输入器件的一个常开触点或常闭触点给 PLC 提供输入信号,在梯形图中,可以多次使用同一输入继电器的常开触点和常闭触点。

在继电器电路图中,如果几个输入元件触点的串并联电路只出现一次或总是作为一个整体多次出现,可以将它们作为 PLC 的一个输入信号,只占 PLC 的一个输入点。

某些器件的触点如果在继电器电路图中只出现一次，并且与 PLC 的输出端的负载串联（如有手动复位功能的热继电器的常闭触点），不必将它们作为 PLC 的输入信号，可以将它们放在 PLC 外部的输出回路，仍与相应的外部负载串联。

继电器控制系统中某些相对独立且比较简单的部分，可以用继电器电路控制，这样同时减少了所需的 PLC 的输入点和输出点。

4）时间继电器的处理

时间继电器除了有延时动作的触点外，还有在线圈通电瞬间接通的瞬动触点。在梯形图中，可以在定时器的线圈两端并联存储器位的线圈（如 M0.1），其常开触点相当于定时器的瞬动触点。

5）设置中间单元

在梯形图中，若多个线圈都受某一触点串并联电路的控制。为了简化电路，在梯形图中可以设置中间单元，即用该电路来控制某存储位，在各线圈的控制电路中使用其常开触点。这种中间元件类似于继电器电路中的中间继电器。

6）设立外部互锁电路

控制异步电动机正转的交流接触器如果同时动作，将会造成三相电源短路。为了防止出现这样的事故，应在 PLC 外部设置硬件互锁电路。

7）外部负载的额定电压

PLC 双向晶闸管输出模块一般只能驱动额定电压 AC 220 V 的负载，如果系统原来的交流接触器的线圈电压为 380 V，应换成 220 V 的线圈，或设置外部中间继电器。

5.3 顺序控制设计法与顺序功能图

如果一个控制系统可以分解成几个独立的控制动作，且这些动作必须严格按照一定的先后次序执行才能保证生产过程的正常运行，这样的控制系统称为顺序控制系统，也称为步进控制系统。其控制总是一步一步按顺序进行。在工业控制领域中，顺序控制系统的应用很广，尤其在机械行业，几乎无一例外地利用顺序控制来实现加工的自动循环。

PLC 顺序控制就是按照生产工艺预先规定的顺序，在各个输入信号的作用下，根据内部状态和时间的顺序，在生产过程中各个执行机构自动有序地进行工作。使用顺序控制设计法时首先根据系统的工艺过程，画出顺序功能图，然后根据顺序功能图画出 PLC 梯形图。顺序控制设计法就是针对顺序控制系统的一种专门的设计方法。这种设计方法很容易被初学者接受，对于有经验的工程师，也会提高设计的效率，程序的调试、修改和阅读也很方便。PLC 的设计者们为顺序控制系统的程序编制提供了大量通用和专用的编程元件，开发了专门供编制顺序控制程序用的功能表图，使这种先进的设计方法成为当前 PLC 程序设计的主要方法。

5.3.1 顺序功能图的组成

在 IEC 的 PLC 编程语言标准（IEC 61131 – 3）中，顺序功能图位于 PLC 编程方法的首位。顺序功能图主要由步、有向连线、转换、转换条件和动作（或命令）组成。

顺序控制设计法的基本思想是将一个工作周期划分成若干个顺序相连的阶段，这些阶段称为步，并用编程元件（M 或 S）来代表各步。

1. 步

一般情况下步是根据输出量的状态变化来划分的，正确划分步是整个设计的基础和关键，衡量步划分正确与否可用以下两条来衡量，步的划分必须满足这样两条：在同一步内，各输出量的状态（ON 或 OFF）不变；相邻两步内输出量的状态必发生改变。步的这种划分方法使代表各步的编程元件的状态与输出量的状态之间有着极为简单的逻辑关系。

图 5-10 所示的波形图中给出了机床运行控制系统的润滑油泵和主轴电动机的动作要求。按下起动按钮 I0.0，润滑油泵先动作，延时 12 s 后，主轴电动机再动作。按下停止按钮 I0.1 后，主轴电动机先停止，10 s 后润滑油泵再停止工作。

根据 Q0.0 和 Q0.1 状态变化，可以将一个工作周期分为 3 步，分别用 M0.1 ~ M0.3 来代表对应的 3 步，另外还应设置一个等待命令相对静止的初始步 M0.0。图 5-11 所示为描述该系统的顺序功能图，图中步用矩形方框表示，初始步用双线方框表示，每个顺序功能图至少应该有一个初始步。

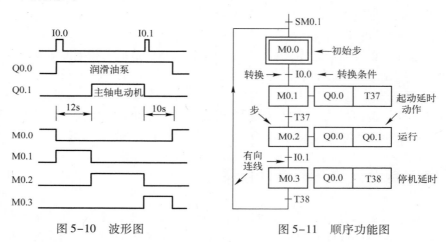

图 5-10　波形图　　　　　图 5-11　顺序功能图

为了便于将顺序功能图转换为梯形图，用代表各步的编程元件的地址作为步的代号，例如 M0.1 等，并用编程元件的地址来标注转换条件和各步的动作或命令，这样在根据顺序功能图设计梯形图时较为方便。

当系统执行到某一步所在的阶段时。该步处于活动状态，称该步为"活动步"。处于活动步时，相应的动作才被执行；处于非活动步时，相应的非存储型动作被停止执行。

2. 有向连线

在顺序功能图中，随着时间的推移和转换条件的实现，将会发生步的活动状态的进展，这种进展按有向连线规定的路线和方向进行。在画顺序功能图时，将代表各步的方框按它们成为活动步的先后次序顺序排列，并用有向连线将它们连接起来。有向连线上的箭头在从上至下或从左至右这两个方向可以省略，其他方向上不可省略箭头，如图 5-11 所示。

3. 转换

转换用有向连线上与有向连线垂直的短线来表示，转换将相邻两步分隔开。步的活动状态的进展是由转换的实现来完成的，并与控制过程的发展相对应。

4. 转换条件

使系统由当前步进入下一步的信号称为转换条件。转换条件可以是外部的输入信号，如：按钮、指令开关以及限位开关的接通/断开等；也可以是可编程序控制器内部产生的信号，如：定时器、计数器触点的接通/断开；还可能是若干个信号的与、或、非逻辑组合。

转换条件可以用文字语言、布尔代数表达式或图形符号标注在表示转换的短线旁，最常用的是布尔代数表达式，如图 5-12 所示。

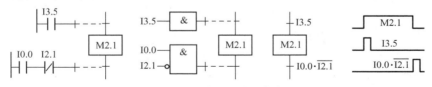

图 5-12　转换与转换条件

5. 动作或命令

一个控制系统可以划分为被控系统和施控系统，例如在数控车床系统中，数控装置是施控系统，而车床是被控系统。对于被控系统，在某一步中要完成某些"动作"，对于施控系统，在某一步中则要向被控系统发出某些"命令"，将动作或命令简称为动作，并用矩形框中的文字或符号表示，该矩形框应与相应的步的符号相连。如果某一步有几个动作，可以用如图 5-13 所示的两种画法来表示，但是图中并不隐含这些动作之间的任何顺序。

应该清楚地表明动作是存储型还是非存储型的，步与非存储型动作的波形是完全相同的。使用动作的修饰词（见表 5-1），可以在一步中完成不同的动作。修饰词允许在不增加逻辑的情况下控制动作。例如可以使用 L 来限制某阀的打开时间。

图 5-13　动作

表 5-1　动作的修饰词

N	非存储型	当步变为不活动步时动作终止
S	置位（存储）	当步变为不活动步时动作继续，直到动作被复位
R	复位	被修饰词 S、SD、SL 或 DS 起动的动作被终止
L	时间限制	当步变为活动步时动作被起动，直到步变为不活动步或设定时间到
D	时间延迟	步变为活动步时延迟定时器被起动，如果延迟以后仍为活动步的，动作被起动和继续，直到步变为不活动步
P	脉冲	当步变为活动步，动作被起动并且只执行一次
SD	存储与时间延迟	在时间延迟之后动作被起动，直到动作被复位
DS	延迟与存储	在延迟以后如果步仍为活动步，动作被起动直到被复位
SL	存储与时间限制	步变为活动步时动作被起动，直到设定的时间或动作被复位

5.3.2　顺序功能图的基本结构

1. 单序列

单序列由一系列相继激活的步组成，每一步的后面仅有一个转换，每一个转换的后面只有一个步（如图 5-14a）。

2. 选择序列

选择序列的开始称为分支（如图 5-14b），转换符号只能标在水平连线之下。如果步 5

为活动步，并且转换条件 h 满足，则发生步 5→步 8 的进展。如果步 5 为活动步，并且 k 满足，则发生步 5→步 10 的进展。

选择序列的结束称为合并（如图 5-14b），几个选择序列合并到一个公共序列时，需要用重新组合的序列相同数量的转换符号和转换条件来表示，转换符号只允许标在水平连线之上。

如果步 9 是活动步，并且转换条件 j 满足，则发生步 9→步 12 的进展；如果步 11 是活动步，并且 n 满足，则发生步 11→步 12 的进展。

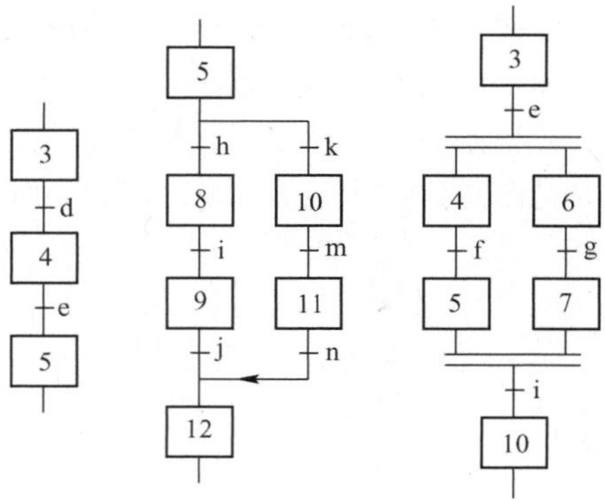

3. 并行序列

图 5-14 单序列、选择序列与并行序列

在控制系统中，有很多控制是并行完成的。如流水线上各个工位，尽管各个工位的操作是不同的，但各工位上的动作却是并行发生的。如图 5-14c 所示，当步 3 是活动步，并且转换条件 e 满足，步 4 和步 6 同时变为活动步，每个序列中活动步的进展是独立的。在表示并行的水平双线上，只允许有一个转换符号。

并行序列的结束称为合并，在表示同步水平线之下，只允许有一个转换符号。当直接连在双线上的前级步（步 5 和步 7）都处于活动步，并且转换条件 i 为 ON 时，才会发生步 5 和步 7 到步 10 的进展，即步 5 和步 7 同时变为不活动步，而步 10 变为活动步。

5.3.3　顺序功能图中转换实现的基本规则

1. 转换实现的条件

1）该转换所有的前级步都是活动步。

2）相应的转换条件得到满足。

两个条件必须同时满足，缺一不可。

2. 转换实现应完成的操作

当转换实现时应该完成以下操作：

1）使所有由有向连线与相应转换符号相连的后续步变为活动步。

2）使所有由有向连线与相应转换符号相连的前级步变为不活动步。

3. 绘制顺序功能图时的注意事项

1）两个步绝对不能直接相连，必须用一个转换将它们分隔开。

2）两个转换也不能直接相连，必须用一个步将它们分隔开。

3）不要漏掉初始步，初始步对应于系统等待起动的初始状态。

4）在顺序功能图中一般应有由步和有向连线组成的闭环。

5）只有当某一步的前级步是活动步时，该步才有可能变成活动步。

5.4　使用起保停电路的顺序控制梯形图设计方法

控制系统的梯形图一般采用如图 5-15 所示的典型结构，系统有自动和手动两种工作方式。SM0.0 的常开触点一直闭合，每次扫描都会执行公用程序。自动方式和手动方式都需要执行公用程序，公用程序还用于自动程序和手动程序相互切换的处理。I2.0 是自动/手动切换开关，当它为 1 状态时调用手动程序，为 0 状态时调用自动程序。开始执行自动程序时，要求系统处于与自动程序的顺序功能图中初始步对应的初始状态。如果开机时系统没有处于初始状态，则应进入手动工作方式，用手动操作使系统进入初始状态后，再切换到自动工作方式，也可以设置使系统自动进入初始状态的工作方式。

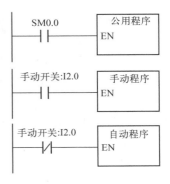

图 5-15　程序结构

根据顺序功能图设计梯形图时，可以用存储器位 M 来表示步。某一步为活动步时，对应的存储位为 1 状态，某一转换实现时，该转换的后续步变为活动步，前级步变为不活动步。

5.4.1　单序列的编程方法

图 5-16 给出了图 5-11 中的润滑油泵和主轴电动机工作示意图的顺序功能图和梯形图。如果使用的 M 区被设置为没有断电保持功能，在开机时 CPU 调用 SM0.1 将初始步对应的 M0.0 置为 1 状态，开机时其余各步对应的存储器位被 CPU 自动复位为 0 状态。

设计起、保、停电路的关键是确定它的起动条件和停止条件。根据转换实现的基本规则，转换实现的条件是它的前级步为活动步，并且相应的转换条件满足。以控制 M0.2 的起、保、停电路为例，步 M0.2 的前级步为活动步时，M0.1 的常开触点闭合，它前面的转换条件满足，T37 的常开触点闭合。两个条件同时满足时，M0.1 和 T37 的常开触点组成的串联电路接通。因此在起、保、停电路中，应将代表前级步的 M0.1 的常开触点和代表条件的 T37 的常开触点串联，作为控制 M0.2 的起动电路。

在起动后，M0.1 为 1 状态，其常开触点闭合，引风机工作，同时定时器 T37 开时延时。延时时间到，T37 的常开触点闭合，由 M0.1 和 T37 的常开触点串联而成的 M0.2 的起动电路接通，使 M0.2 的线圈通电。在下一个扫描周期，M0.2 的常闭触点断开，使 M0.1 的线圈断电，其常开触点断开，使 M0.2 的起动电路断开。由以上的分析可知，起、保、停电路的起动电路只能接通一个扫描周期，因此必须用有记忆功能的电路来控制代表步的存储器位。

当 M0.2 和 I0.1 的常开触点均闭合时，步 M0.3 变为活动步，这时步 M0.2 应变为不活动步，因此可以将 M0.3 = 1 作为使存储器位 M0.2 变为 0 状态的条件，即将 M0.3 的常闭触点与 M0.2 的线圈串联。

在这个例子中，可以用 I0.1 的常闭触点代替 M0.3 的常闭触点。但是当转换条件由多个信号"与、或、非"逻辑运算组合而成时，需要将它的逻辑表达式求反，经过逻辑代数运算后再将对应的触点串并联电路作为起、保、停电路的停止电路，不如使用后续步对应的常闭触点这样简单方便。

根据上述的编程方法和顺序功能图，很容易画出梯形图。以步 M0.1 为例，由顺序功能图可知，M0.0 是它的前级步，两者之间的转换条件为 I0.0，所以应将 M0.0 和 I0.0 的常闭触点串联，作为 M0.1 的起动电路。起动电路并联了 M0.0 的自保持触点。后续步 M0.2 的常闭触点与 M0.1 的线圈串联，M0.2 为 1 时 M0.1 的线圈"断电"，步 M0.1 变为不活动步。

下面介绍设计梯形图的输出电路部分的方法。因为步是根据输出变量的状态变化来划分的，它们之间的关系极为简单，可以分为两种情况来处理：

第一种情况：某一输出量仅在某一步中为 ON，例如图 5-16 中的 Q0.1 就属于这种情况，可以将它的线圈与对应步的存储器位 M0.2 的线圈并联。从顺序功能图还可以看出，可以将定时器 T37 的线圈与 M0.1 的线圈并联，将 T38 的线圈和 M0.3 的线圈并联。有人也许觉得既然如此，不如用这些输出位来代表该步，例如用 Q0.1 代替 M0.2，虽然这样可以节省一些编程元件，但是编程元件 M 不占用输出点数，而且存储器位来代替步具有概念清楚、编程规范及梯形图易于阅读和查错的优点。

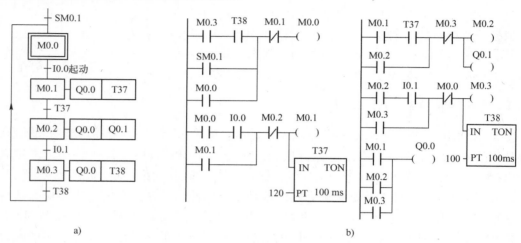

图 5-16　润滑油泵和主轴电动机顺序功能图及梯形图

a）顺序功能图　b）梯形图

第二种情况：如果某一输出量在几步中都为 1 状态，应将代表各有关步的存储器位的常开触点并联后，驱动该输出的线圈。图 5-16 中，Q0.0 在 M0.1、M0.2 和 M0.3 这三步中均应工作，所以用 M0.1、M0.2 和 M0.3 的常开触点组成的并联电路来驱动 Q0.0 的线圈。

5.4.2　选择序列与并行序列的编程方法

1. 选择序列的分支的编程方法

从多个分支流程中选择某一个分支，称为选择分支，同一时刻只允许选择一个分支。如图 5-17 中步 M0.0 之后有一个选择序列的分支，设 M0.0 为活动步，当它的后续步 M0.1 或 M0.2 变为活动步时，它都变为不活动步，即 M0.0 变为 0 状态，所以应将 M0.1 和 M0.2 的常闭触点与 M0.0 的线圈串联。

如果某步的后面有一个由 N 条分支组成的选择序列，该步可能转换到不同的 N 步去，则应将这 N 个后续步对应的存储器位的常闭触点与该步的线圈串联，作为结束该步的条件。

2. 选择序列的合并的编程方法

图 5-17 中，步 M0.2 之前有一个选择序列的合并，当步 M0.1 为活动步（M0.1 为 1 状态），并且转换条件 I0.1 满足，或者步 M0.0 为活动步，并且转换条件 I0.2 满足，步 M0.2 都应变为活动步，即控制代表该步的存储器位 M0.2 的起保停电路的起动条件应为 M0.1 · I0.1 + M0.0 · I0.2，对应的起动电路由两条并联支路组成，每条支路分别由 M0.1、I0.1 或 M0.0、I0.2 的常开触点串联而成。

一般来说，对于选择序列的合并，如果某一步之前有 N 个转换，即有 N 条分支进入该步，则控制代表该步的存储器位的起保停电路的起动电路由 N 条支路并联而成，各支路由某一前级步对应的存储器位的常开触点与相应转换条件对应的触点或电路串联而成。

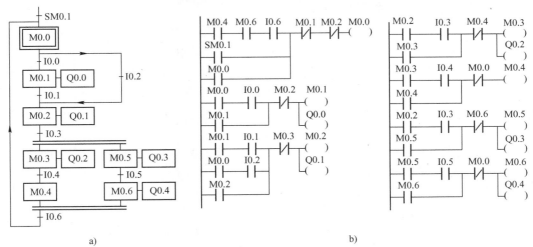

图 5-17　选择序列与并行序列的顺序功能图及梯形图

a）顺序功能图　b）梯形图

3. 仅有两步的闭环的处理

如果在顺序功能图中有仅由两步组成的小闭环（如图 5-18a），用起保停电路设计的梯形图不能正常工作。例如 M0.2 和 I0.2 均为 1 状态时，M0.3 的起动电路接通，但是这时与 M0.3 的线圈串联的 M0.2 的常闭触点却是断开的，所以 M0.3 的线圈不能"通电"。出现上述问题的根本原因在于步 M0.2 既是步 M0.3 的前级步，又是它的后续步。

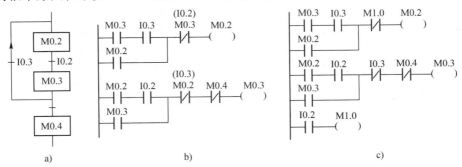

图 5-18　仅有两步的闭环的处理

a）顺序功能图　b）梯形图 1　c）梯形图 2

如果用转换条件 I0.2 和 I0.3 的常闭触点分别代替后续步 M0.3 和 M0.2 的常闭触点（见图 5-18b），将引发出另一个问题。假设步 M0.2 为活动步时 I0.2 变为 1 状态，执行修改后的图 5-18b 中的第 1 个起保停电路时，因为 I0.2 为 1 状态，它的常闭触点断开，使 M0.2 的线圈断电。M0.2 的常开触点断开，使控制 M0.3 的起保停电路起动电路开路，因此不能转换到步 M0.3。

为了解决这一问题，增设了一个受 I0.2 控制的中间元件 M1.0（见图 5-18c），用 M1.0 的常闭触点取代修改后的图 5-18c 中 I0.2 的常闭触点。如果 M0.2 为活动步时 I0.2 变为 1 状态，执行图 5-18c 中的第 1 个起保停电路时，M1.0 尚为 0 状态，它的常闭触点闭合，M0.2 的线圈通电，保证了控制 M0.3 的起保停电路的起动电路接通，使 M0.3 线圈通电。执行完图 5-18c 中最后一行的电路后，M1.0 变为 1 状态，在下一个扫描周期使 M0.2 的线圈断电。

4. 并行序列的分支的编程方法

在图 5-17 中的步 M0.2 之后有一个并行序列的分支，当步 M0.2 是活动步并且转换条件 I0.3 满足时，步 M0.3 和步 M0.5 应同时变为活动步，这是用 M0.2 和 I0.3 的常开触点组成的串联电路分别作为 M0.3 和 M0.5 的起动电路来实现的；与此同时，步 M0.2 应变为不活动步。步 M0.3 和 M0.5 是同时变为活动步的，只需将 M0.3 或 M0.5 的常闭触点与 M0.2 线圈串联就行了。

5. 并行序列的合并的编程方法

步 M0.0 之前有一个并行序列的合并，该转换实现的条件是所有的前级步（即步 M0.4 和步 M0.6）都是活动步和转换条件 I0.6 满足。由此可知，应将 M0.4，M0.6 和 I0.6 的常开触点串联，作为控制 M0.0 的起保停电路的起动电路。

任何复杂的顺序功能图都是由单序列、选择序列和并行序列组成的，掌握了单序列的编程方法和选择序列、并行序列的分支及合并的编程方法，就不难快速设计出任意复杂的顺序功能图描述的数字量控制系统的梯形图。

综上所述，使用起保停电路将顺序功能图转换为梯形图时的注意事项有以下几点：

1）起：每种起动方式由前级步及转换条件决定。有几条有向连线指向此步就有几种起动的方式，并且将起动方式并联在一起。

2）保：步本身的常开触点并在起动条件的两端作为保持。

3）停：一般常用后续步的常闭触点本步的停止。

4）动作：仅出现一次的动作，随对应步同网络输出；多步出现的动作要放在起保停电路网络的后面，用对应步的常开触点并联在一起驱动该步的线圈。

5）起保停电路针对的是顺序功能图中的步，有几步就有几个与之相对应的起保停电路网络。

项目 5-1 使用起保停电路的顺序控制梯形图设计方法

一、实验目的

1. 掌握顺序功能图绘制方法。
2. 掌握将顺序功能图转化为梯形图的方法。

二、基本知识点

1. 顺序功能图基本概念。
2. 顺序功能图基本构成。
3. 单序列的编程方法。
4. 起保停顺序控制梯形图设计方法。

三、实验内容

设五个彩灯的输出分别为 Q0.0、Q0.1、Q0.2、Q0.3 和 Q0.4，I0.0 为控制开关。当 I0.0 打开时，彩灯依次点亮（当一盏灯亮时，前一盏灯灭），点亮的周期为 2 s。

画出顺序功能图，用起保停顺序控制梯形图设计方法设计梯形图。

四、实训步骤

（1）I/O 地址分配见表 5-2。

表 5-2　五只彩灯控制 I/O 地址分配表

输入（I）			输出（O）		
名称	符号	地址	名称	符号	地址
起动开关	SA	I0.0	五只彩灯	HL0 ~ HL4	Q0.0 ~ Q0.4

（2）五只彩灯控制 I/O 接线图

五只彩灯控制 I/O 接线图如图 5-19 所示。

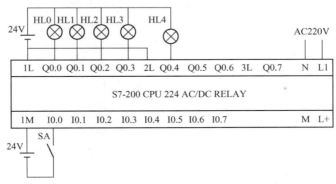

图 5-19　五只彩灯 PLC 控制 I/O 接线图

（3）设计五只彩灯控制顺序功能图。

（4）编写五只彩灯循环控制梯形图。

（5）按图接线，操作调试，用状态表监控调试程序；观察运行情况。

五、实训报告要求

1. 编制 I/O 地址分配表。

2. 绘制 I/O 接线图。

3. 绘制顺序功能图。

4. 编写梯形图和语句表。

六、巩固练习

电镀生产线专用行车 PLC 控制的设计。电镀生产线有三个槽，工件由可升降吊钩的行车移动，经过电镀、镀液回收以及清洗工序，实现对工件的电镀。工艺要求是：把工件放入电镀槽中，电镀 280 s 后提起，停放 28 s，让镀液从工件上流回电镀槽，然后把工件放入回收液槽中浸 30 s，提起后停 15 s，再放入清水槽中清洗 30 s，最后提起停 15 s 后，行车返回原位，电镀一个工件的全过程结束。电镀生产线的工艺流程如图 5-20 所示。要求：（1）画出 PLC 外部端子接线图。（2）设计顺序功能图。（3）编写梯形图程序。（4）调试并运行程序。

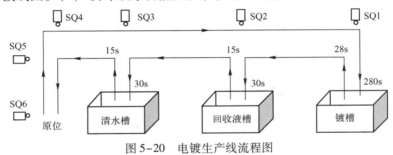

图 5-20　电镀生产线流程图

5.5　使用置位复位指令的顺序控制梯形图设计方法

使用置位复位指令将顺序功能图转换为梯形图主要是针对顺序功能图中的转换，依据转换实现的条件及转换实现后的操作来设计。

在顺序功能图中，如果某一转换所有的前级步都是活动步，并且满足相应的转换条件，则转换实现，即所有由有向连线与相应的转换符号相连的后续步都变为活动步，而所有由有向连线与相应转换符号相连的前级步都变为不活动步。将转换所有前级步对应的存储器位的常开触点与转换对应的触点或电路串联，该串联电路即为起保停电路中的起动电路，用它作为使所有后续步对应的存储器位置位（使用 S 指令）和使所有前级步对应的所有存储器位复位（使用 R 指令）的条件。在任何情况下，代表步的存储器位的控制电路都可以用这一原则来设计，每一个转换对应一个这样的控制置位和复位电路块，有多少转换就有多少个这样的电路块。这种设计方法特别有规律，梯形图与转换实现的基本规则之间有着严格的对应关系，在设计复杂的顺序功能图的梯形图时既容易掌握，又不容易出错。

5.5.1　单序列的编程方法

某组合机床的动力头在初始状态时停在最左边，限位开关 I0.3 为 1 状态。按下起动按钮 I0.0，动力头进给运动，工作一个循环后，返回并停在初始位置，控制电磁阀的 Q0.0 ~ Q0.2 在各工步的状态如图 5-21 中的顺序功能图所示。

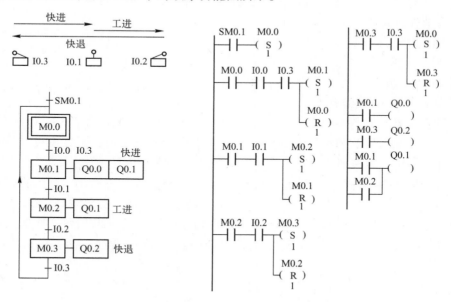

图 5-21　控制系统的顺序功能图与梯形图

实现图 5-21 中 I0.1 对应的转换需要同时满足两个条件，即该转换的前级步是活动步（M0.1 = 1）和转换条件满足（I0.1 = 1）。在梯形图中，可以用 M0.1 和 I0.1 的常开触点组成的串联电路来表示上述条件。该电路接通时，两个条件同时满足。此时应将该转换的后续步变为活动步，即用置位指令"S M0.2，1"将 M0.2 置位；还应将该转换的前级步变为不活动步，即用复位指令"R M0.1，1"将 M0.1 复位。

使用这种编程方法时，不能将输出位的线圈与置位指令和复位指令并联，这是因为图 5-21 中控制置位复位的串联电路接通的时间只有一个扫描周期，转换条件满足后前级步马上被复位，该串联电路断开，而输出位（Q）的线圈至少应该在某一步对应的全部时间内被接通。所以应根据顺序功能图，用代表步的存储器位的常开触点或它们的并联电路来驱动输出位的线圈。

5.5.2　选择序列的编程方法

如果某一转换与并行序列的分支、合并无关，它的前级步和后续步都只有一个，需要复位、置位的存储器位也只有一个，因此对选择序列的分支与合并的编程方法实际上与对单序列的编程方法完全相同。

图 5-22 所示的顺序功能图中，除了 I0.3 与 I0.6 对应的转换外，其余的转换均与并行序列的分支、合并无关，I0.0 ～ I0.2 对应的转换与选择序列的分支、合并有关，它们都只有一个前级步和一个后续步。与并行序列的分支、合并无关的转换对应的梯形图是非常标准的，每一个控制置位、复位的电路块都由前级步对应的一个存储器位的常开触点和转换条件对应的触点组成的串联电路、一条置位指令和一条复位指令组成。

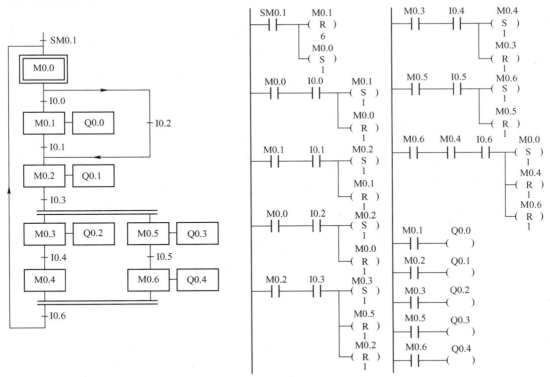

图 5-22　选择序列与并行序列的顺序功能图及梯形图

5.5.3　并行序列的编程方法

图 5-22 中步 M0.2 之后有一个并行序列的分支，当步 M0.2 是活动步，并且转换条件 I0.2

满足时，步 M0.3 与步 M0.5 同时变为活动步，这是用 M0.2 和 I0.3 的常开触点组成的串联电路使 M0.3 和 M0.5 同时置位来实现的；与此同时，步 M0.2 应变为不活动步，这是用复位指令来实现的。I0.6 对应的转换之前有一个并行序列的合并，该转换实现的条件是所有的前级步（步 M0.4 和 M0.6）都是活动步和转换条件 I0.6 满足。由此可知，应将 M0.4、M0.6 和 I0.6 的常开触点串联，作为使后续步 M0.0 置位和使 M0.4 和 M0.6 复位的条件。

图 5-23 中转换的上面是并行序列的合并，转换的下面是并行序列的分支，该转换实现的条件是所有的前级步（即步 M1.0 和 M1.1）都是活动步和转换条件满足。因此应将 M1.0、M1.1 及 I0.3 的常开触点组成串并联电路，作为使 M1.2、M1.3 置位和使 M1.0、M1.1 复位的条件。

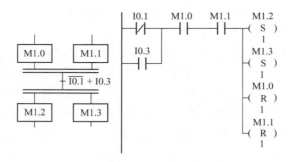

图 5-23　转换的同步实现

项目 5-2　使用置位复位指令的顺序控制梯形图设计方法

一、实训目的
1. 掌握使用置位复位指令的顺序控制梯形图设计方法。
2. 掌握将顺序功能图转化为梯形图方法。

二、基本知识点
1. 并列序列的编程方法。
2. 使用置位复位指令的顺序控制梯形图设计方法。

三、实训内容
设计公路与人行横道之间的交通信号灯的顺序控制。

控制要求：没有人横穿公路时，公路绿灯与人行道红灯始终亮；当有人过路时按下按钮 SB1 或 SB2，15 s 后公路绿灯灭，黄灯亮，再过 10 s 黄灯灭，红灯亮，然后过 5 s 后人行道红灯灭、绿灯亮，绿灯亮 10 s 后又闪烁 5 s 后红灯又亮了，再过 5 s 则公路红灯灭、绿灯亮。当整个过程结束后，即公路绿灯与人行道红灯同时亮时，按钮 SB$_1$ 或 SB$_2$ 才可再次作用。其时序图如图 5-24 所示。

画出顺序功能图；使用置位复位指令的顺序控制梯形图设计方法，设计控制梯形图程序，接线并调试运行。

四、实训步骤
（1）I/O 地址分配

人行横道交通信号灯控制的 I/O 地址分配表见表 5-3。

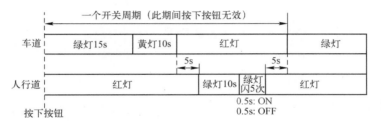

图 5-24　人行横道交通信号灯时序图

表 5-3　I/O 地址分配表

输入（I）			输出（O）		
名　称	符　号	地　址	名　称	符　号	地　址
行人过路按钮	SB1	I0.0	公路绿灯	HL1	Q0.0
行人过路按钮	SB2	I0.1	公路黄灯	HL2	Q0.1
			公路红灯	HL3	Q0.2
			人行道红灯	HL4	Q0.3
			人行道绿灯	HL5	Q0.4

（2）人行横道交通信号灯 PLC 控制 I/O 接线

人行横道交通信号灯 PLC 控制 I/O 接线图如图 5-25 所示。

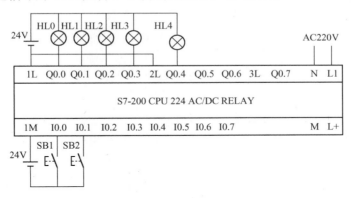

图 5-25　人行横道交通信号灯 PLC 控制 I/O 接线图

（3）设计顺序功能图。

（4）编写人行横道交通信号灯控制梯形图。

（5）按图接线，操作调试，用状态表监控调试程序；观察运行情况。

五、实训报告要求

1. 编制 I/O 地址分配表。

2. 绘制 I/O 接线图。

3. 绘制顺序功能图。

4. 编写梯形图和语句表。

六、巩固练习

用起保停电路顺序控制梯形图设计方法设计人行横道交通信号灯的控制编程并调试运行。

5.6 使用 SCR 指令的顺序控制梯形图设计方法

5.6.1 顺序控制继电器指令的应用

顺序控制继电器指令见表 5-4。

表 5-4 顺序控制继电器指令

梯 形 图	语 句 表	描 述
SCR	LSCR S – bit	SCR 程序段开始
SCRT	SCRT S – bit	SCR 转换
SCRE	CSCRE	SCR 程序段条件结束
SCRE	SCRE	SCR 程序段结束

顺序控制继电器（SCR）指令是基于 SFC 的编程方式，使用顺序控制继电器（S0.0 ~ S31.7），依据被控对象的顺序功能图进行编程，将逻辑程序划分为 LSCR 与 SCRE 之间的若干个 SCR 段，一个 SCR 程序段对应顺序功能图中的一个程序步，从而实现顺序控制。

顺序控制继电器装载（LSCR n）指令表示一个顺序控制继电器（SCR）程序段的开始。顺序控制继电器为 ON 时，执行对应的 SCR 段中的程序，反之则不执行。LSCR 指令中指定的顺序控制继电器 S 被放入 SCR 堆栈和逻辑堆栈栈顶，SCR 堆栈的值决定该 SCR 程序段是否执行，当 SCR 程序段的 S 位置位时，允许该程序段工作。

顺序控制继电器转换（SCRT）指令表示 SCR 程序段之间的转换，SCRT 指令有两个功能：一是使当前激活的 SCR 程序段的 S 位复位，使该程序段停止工作；二是使下一个将要执行的 SCR 程序段 S 位置位，以便下一个 SCR 程序段工作。

顺序控制继电器结束（SCRE）指令表示 SCR 程序段的结束，它使程序退出一个激活的 SCR 程序段，SCR 程序段必须由 SCRE 指令结束。

使用 SCR 指令时有以下限制：不能在不同的程序中使用相同的 S 位；不能在 SCR 段之间使用 JMP 及 LBL 指令，即不允许用跳转的方法跳入或跳出 SCR 段；不能在 SCR 段中使用 FOR、NEXT 和 END 指令。

5.6.2 单序列的编程方法

图 5-26 是某小车运动的示意图和顺序功能图。设小车的初始位置停在左边，限位开关 I0.2 为 1 状态。按下起动按钮 I0.0 后小车向右运动（简称右行），碰到限位开关 I0.1 后，停在该处，3 s 后开始左行，碰到 I0.2 后返回初始步，停止运动。根据 Q0.0 和 Q0.1 状态的变化，可以将一个工作周期分为左行、暂停和右行 3 步，另外还应设置等待起动的初始步，分别用 S0.0 ~ S0.3 来代表这 4 步。起动按钮 I0.0 和限位开关的常开触点、T37 延时接通的常开触点是各步之间的转换条件。

每个 SCR 段都是针对顺序功能图中的步，SCR 段一般包括装载、动作、转换及结束这几部分，单序列由一系列相继执行的工步组成。每一工步的后面只能接一个转移条件；而每一转移条件之后仅有一个工步，其结构及转化成梯形图及语句表的方法如图 5-26 所示。

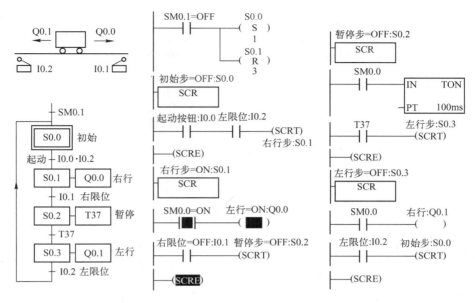

图 5-26　小车控制的顺序功能图与梯形图

注意：

① 用 OUT 指令输出只能在本程序段内保持，为了能在段外也有输出，应该使用置位指令 S，但一定要有复位指令 R 配合使用。

② 段内输出一般直接用常开触点（SM0.0）控制，不再设置其他条件，否则即使进入该步也不会有输出。

③ 是段转移指令使本步复位，而不是段结束指令。所以应该注意各语句的先后位置，应该是：段开始，段输出，段转移，段结束。

④ 状态转移图可以转化成梯形图程序，也可以直接写成语句表程序，梯形图程序需要画到 3 个以上网络里，而语句表程序都写到 1 个网络里也能编辑运行。所以建议直接转化成语句表来编辑运行，会减少大量的输入、调试时间。

5.6.3　选择序列与并行序列的编程方法

如图 5-27 所示，若初始步 S0.0 动作时，一旦 I0.0 接通，动作状态就向 S0.1 转移，则 S0.0 变为 0 状态；此后即使 I0.2 闭合，S0.2 也不动作。分支结束称为汇合，任一分支流程结束时的转移条件成立（I0.1 或 I0.3 接通），均可转移到汇合状态 S0.3。

在将选择分支转化成梯形图及语句表时应注意以下几点：

1）各个程序段中的操作应根据实际工程要求去编辑，在梯形图中应处在各段的段开始（LSCR）和段转移（SCRT）之间，用常开触点（SM0.0）控制。

2）该种结构最需注意的是选择分支开始的梯形图转化，当 S0.0 动作时，下一步有可能转移到 S0.1 或 S0.2，所以在 S0.0 段编程时，要有两个段转移指令，然后才是段结束指令。

3）多个选择分支应按着从左到右的顺序转化为梯形图，当左边支路按着顺序结构转化方法编辑完成后，才转化右边支路。

4）将每个支路的结束段（S0.1 和 S0.2）的段转移（SCRT）的目标段都指向汇合处

185

（S0.3），则完成了选择结构汇合点的转化。

并行分支的开始与汇合。满足某个条件后导致几个分支同时动作，称为并行分支。如图5-27中，若S0.3动作时，I0.4接通，S0.4和S0.6就同时接通，并按各自分支的条件向下转移，待各分支流程的动作全部结束即S0.5和S0.7步同时为活动步时，"＝1"为转换条件恒成立，则顺序控制汇合状态S0.0动作，同时将S0.5和S0.7全部复位。为了强调转移的同步实现，分支开始和汇合处的水平连线用双线表示。各个程序段中的操作应根据实际工程要求去编辑，编程内容如图5-27所示。

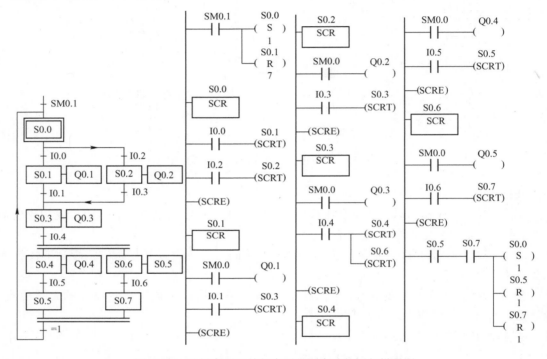

图5-27　选择序列和并行序列的顺序功能图与梯形图

在将并行结构转化成梯形图及语句表时应注意以下几点：

1）首先需要注意的是并行分支的开始的转化，在S0.3程序段当I0.4接通时，同时激活S0.4和S0.6。

2）如果系统有n条并行支路，在前n-1条支路的结束段不要使用段转移指令使该段复位，但要有段结束指令（格式需要）。

3）并行分支结束要求必须保证全部并行支路均已完成，且并行结束条件接通（＝1），才能使各并行支路结束段同时复位，同时置位并行汇集段（采用R、S指令）。

项目5-3　使用SCR指令的顺序控制梯形图设计方法

一、实训目的

1. 掌握使用SCR指令的顺序控制梯形图设计方法。

2. 掌握将顺序功能图转化为梯形图的方法。

二、基本知识点

1. 顺序控制继电器。
2. SCR 指令。
3. 使用 SCR 指令的顺序梯形图设计方法。
4. 选择序列的编程方法。

三、实训内容

工业混料装置将两种液体按一定比例混合，并进行搅拌以达到充分混合的目的。如图 5-28 所示，混料罐装由两个进料泵分别控制两种液料的进罐，并装有一个出料泵控制混合料出罐，搅拌电动机用于搅拌液料，罐体上装有三个液位传感器 LS1、LS2 和 LS3，分别输出罐内液位高、中、低的检测信号。

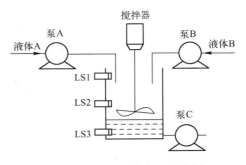

混料配方选择开关 SA 接通，选择配方 1；SA 断开，选择配方 2。按下起动按钮 SB1，混料罐按工艺流程开始运行。停止按钮 SB2 作为生产过程的停止操作。

图 5-28 工业混料装置示意图

其工作过程如下：初始状态，所有泵均关闭，按下起动按钮 SB1，进料泵 A 打开，当罐中液位达到中限位时，LS2 动作，此时如果选择配方 1，关闭进料泵 A，打开进料泵 B；此时如果选择配料 2，进料泵 A，泵 B 均打开；当液位达到上限位时，LS1 动作，关闭进料泵 A、B，打开搅拌电机，延时 60 s，关闭搅拌电动机，打开出料泵 C 开始出料，当液位达到下限位时，LS3 动作，延时 10 s 关闭出料泵 C，完成一次循环。

画出顺序功能图；使用 SCR 指令的顺序控制梯形图设计方法，设计控制梯形图程序，接线并调试运行。

四、实训步骤

（1）I/O 地址分配

工业混料控制 I/O 地址分配表见表 5-5。

表 5-5 I/O 地址分配表

输入（I）			输出（O）		
名　称	符　号	地　址	名　称	符　号	地　址
起动按钮	SB1	I0.0	泵 A	KM1	Q0.0
停止按钮	SB2	I0.1	泵 B	KM2	Q0.1
配方选择	SA	I0.2	泵 C	KM3	Q0.2
上限液位开关	LS1	I0.3	搅拌电动机	KM4	Q0.3
中限液位开关	LS2	I0.4			
下限液位开关	SL3	I0.5			

（2）工业混料系统 PLC 控制 I/O 接线图

工业混料系统 PLC 控制 I/O 接线图如图 5-29 所示。在 I/O 接线中，各接触器用指示灯模拟，液位开关用普通开关模拟。

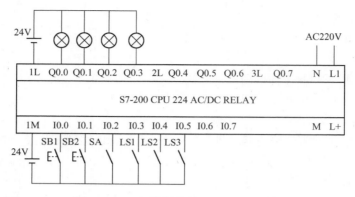

图 5-29 工业混料控制 PLC I/O 接线图

（3）设计顺序功能图

（4）编写工业混料系统控制梯形图。

（5）按图接线，操作调试，用状态表监控调试程序；观察运行情况。

五、实训报告要求

1. 编制 I/O 地址分配表。

2. 绘制 I/O 接线图和主电路原理图。

3. 绘制顺序功能图。

4. 编写梯形图和语句表。

六、巩固练习

使用 SCR 指令顺序控制梯形图设计方法，设计人行横道交通信号灯的控制编程并调试运行。

5.7 PLC 编程训练

项目 5-4 基于 PLC 的三相异步电动机丫/△减压起动控制

一、实训目的

1. 掌握电动机丫/△减压起动主电路。

2. 掌握利用 PLC 实现电动机丫/△减压起动控制的编程方法。

二、实训内容

（1）I/O 地址分配

三相异步电动机丫/△减压起动控制 I/O 地址分配见表 5-6。

表 5-6 三相异步电动机丫/△降压起动控制 I/O 地址分配表

输入（I）			输出（O）		
名　称	符　号	地　址	名　称	符　号	地　址
停止按钮	SB1	I0.0	电动机电源接触器	KM1	Q0.0
起动按钮	SB2	I0.1	定子绕组丫接触器	KM2	Q0.1
热继电器常开	FR1	I0.2	定子绕组△接触器	KM3	Q0.2

（2）丫/△减压起动 PLC 控制 I/O 接线

丫/△减压起动 PLC 控制 I/O 接线图如图 5-30 所示，丫/△减压起动主电路图如图 5-31 所示，按图接线。

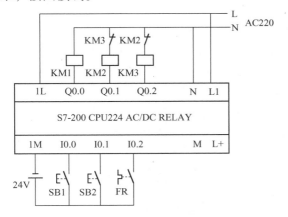

图 5-30　丫/△减压起动 I/O 接线图　　　　图 5-31　丫/△减压起动主电路图

（3）编写 PLC 控制梯形图。

（4）操作调试，用状态表监控调试程序；观察电动机运行情况。

三、实训报告要求

1. 编制 I/O 地址分配表。

2. 绘制电气原理图。

3. 编写梯形图和语句表。

四、巩固练习

利用 PLC 实现电动机的两地起停控制，操作人员能够在不同的两地对电动机 M 进行起动、停止的控制。当按下电动机 M 的起动按钮 SB1 或 SB2 时，电动机 M 起动运转；当按下停止按钮 SB3 或 SB4 时，电动机 M 停止运转。要求：（1）I/O 地址分配。（2）画出主电路原理图和 PLC 外部端子接线图。（3）编写梯形图程序。（4）调试并运行程序。

项目 5-5　基于 PLC 的三相异步电动机正反转延时控制

一、实训目的

1. 掌握电动机正反转控制的主电路。

2. 掌握利用 PLC 实现电动机正反转延时控制的编程方法。

二、实训内容

（1）I/O 地址分配

三相异步电动机正反转延时控制 I/O 地址分配见表 5-7。

表 5-7　三相异步电动机正反转延时控制 I/O 地址分配表

输入（I）			输出（O）		
名　称	符　号	地　址	名　称	符　号	地　址
停止按钮	SB1	I0. 0	正转接触器	KM1	Q0. 0
起动按钮	SB2	I0. 1	反转接触器	KM2	Q0. 1

（2）三相异步电动机正反转延时控制线路接线

三相异步电动机正反转延时控制电气原理图如图5-32所示，按图接线。

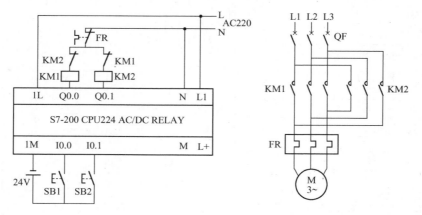

图5-32　三相异步电动机正反转延时控制电气原理图

（3）编写PLC控制梯形图。

（4）操作调试，用状态表监控调试程序；观察电动机运行情况。

三、实训报告要求

1. 编制I/O地址分配表。

2. 绘制电气原理图。

3. 编写梯形图和语句表。

四、巩固练习

1. 利用PLC实现三相异步电动机串电阻减压起动控制，当按下起动按钮SB2时，电动机M串电阻减压起动；经过延时时间后，切除串电阻R，电动机M全压运行。要求：（1）I/O地址分配。（2）画出主电路原理图和PLC外部端子接线图。（3）编写梯形图程序。（4）调试并运行程序。

2. 锅炉燃料的燃烧需要充分的氧气，引风机和鼓风机为燃料燃烧提供氧气。控制过程如下：按下起动按钮，引风机先起动，延时8s后鼓风机起动；按停止按钮，鼓风机停止，8s后引风机停止；具有过载保护功能。要求：（1）I/O地址分配。（2）画出PLC外部端子接线图。（3）编写梯形图程序。（4）调试并运行程序。

项目5-6　八段码的模拟控制

一、实训目的

熟悉比较指令和传送指令。

二、实训内容

要求设计八段码每隔2s，按A、B、C、D、E、F、G、H、0、1、2、3、4、5、6、7、8、9的顺序依次循环显示。八段码不同的组合关系见表5-8。

（1）I/O地址分配显示

八段码I/O地址分配见表5-9。

（2）八段码 PLC 控制 I/O 接线

八段码 PLC 控制 I/O 接线图如图 5-33 所示。在 I/O 接线中，可利用 8 个指示灯模拟八段码。

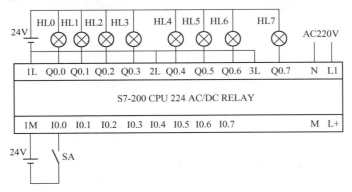

图 5-33　8 段码控制 I/O 接线图

（3）编写 PLC 控制梯形图。

（4）操作调试，用状态表监控调试程序；观察运行情况。

三、实训报告要求

1. 编制 I/O 地址分配表。

2. 绘制电气原理图。

3. 编写梯形图和语句表。

表 5-8　八段码不同的组合关系

8 段组合数字	H	G	F	E	D	C	B	A	显示数字	十六进制
	0	0	1	1	1	1	1	1	0	3F
	0	0	0	0	0	1	1	0	1	06
	0	1	0	1	1	0	1	1	2	5B
	0	1	0	0	1	1	1	1	3	4F
	0	1	1	0	0	1	1	0	4	66
	0	1	1	0	1	1	0	1	5	6D
	0	1	1	1	1	1	0	1	6	7D
	0	0	0	0	0	1	1	1	7	07
	0	1	1	1	1	1	1	1	8	7F
	0	1	1	0	1	1	1	1	9	6F
	0	0	0	0	0	0	0	1	A	01
	0	0	0	0	0	0	1	0	B	02
	0	0	0	0	0	1	0	0	C	04
	0	0	0	0	1	0	0	0	D	08
	0	0	0	1	0	0	0	0	E	10
	0	0	1	0	0	0	0	0	F	20
	0	1	0	0	0	0	0	0	G	40
	1	0	0	0	0	0	0	0	H	80

表 5-9　八段码控制 I/O 地址分配表

输入（I）		输出（O）	
名　　称	地　　址	名　　称	地　　址
起动开关	I0.0	A	Q0.0
		B	Q0.1
		C	Q0.2
		D	Q0.3
		E	Q0.4
		F	Q0.5
		G	Q0.6
		H	Q0.7

项目 5-7　天塔之光的模拟控制

一、实训目的

利用 PLC 实现天塔之光的自动控制。

二、实训内容

1. 控制要求

灯光按 L12→L11→L10→L8→L1→L1、L2、L9→L1、L5、L8→L1、L4、L7→L1、L3、L6→L1→L2、L3、L4、L5→L6、L7、L8、L9→L1、L2、L6→L1、L3、L7→L1、L4、L8→L1、L5、L9→L1→L2、L3、L4、L5→L6、L7、L8、L9→L12→L11→L10 ……循环下去。天塔之光示意图如图 5-34 所示。

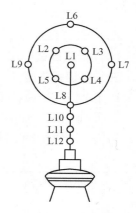

图 5-34　天塔之光示意图

2. I/O 地址分配

天塔之光 PLC 控制 I/O 地址分配见表 5-10。

表 5-10　天塔之光 PLC 控制 I/O 地址分配表

输入（I）		输出（O）			
名　称	地　址	名　称	地　址	名　称	地　址
起动按钮	I0.0	L1	Q0.0	L2	Q0.1
停止按钮	I0.1	L3	Q0.2	L4	Q0.3
		L5	Q0.4	L6	Q0.5
		L7	Q0.6	L8	Q0.7
		L9	Q1.0	L10	Q1.1
		L11	Q1.2	L12	Q1.3

3. 设计天塔之光控制系统电气原理图，并按图接线。

4. 按要求设计梯形图并输入程序。

5. 调试并运行程序。

三、实训报告要求

1. 编制 I/O 地址分配表。

2. 绘制电气原理图。

3. 编写梯形图和语句表。

四、巩固练习

1. 利用移位寄存器指令编程进行舞台灯光的 PLC 控制系统设计。

舞台灯光示意图如图 5-35 所示，其控制要求：L1、L2、L9→L1、L5、L8→L1、L4、L7→L1、L3、L6→L1→L2、L3、L4、L5→L6、L7、L8、L9→L1、L2、L6→L1、L3、L7→L1、L4、L8→L1、L5、L9→L1→L2、L3、L4、L5→L6、L7、L8、L9→L1、L2、L9→L1、L5、L8……循环下去。

2. 彩灯示意图如图 5-36 所示，要求进行彩灯的 PLC 控制系统设计，控制要求：隔灯闪烁：L1 亮 0.5 s 后灭，接着 L2 亮 0.5 s 后灭，接着 L3 亮 0.5 s 后灭，接着 L4 亮 0.5 s 后灭，接着 L5、L9 亮 0.5 s 后灭，接着 L6、L10 亮 0.5 s 后灭，接着 L7、L11 亮 0.5 s 后灭，接着 L8、L12 亮 0.5 s 后灭，L1 亮 0.5 s 后灭，如此循环下去。

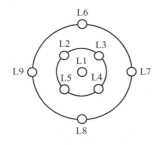

图 5-35 舞台灯光示意图

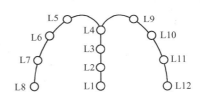

图 5-36 彩灯示意图

项目 5-8 交通灯的模拟控制

一、实训目的

利用 PLC 实现交通灯的自动控制。

二、实训内容

1. 控制要求

起动后，南北红灯亮并维持 25 s。在南北红灯亮的同时，东西绿灯也亮。1 s 后，东西车灯即甲亮。到 20 s 时，东西绿灯闪亮，3 s 后熄灭，在东西绿灯熄灭后东西黄灯亮，同时甲灭。黄灯亮 2 s 后灭东西红灯亮。与此同时，南北红灯灭，南北绿灯亮。1 s 后，南北车灯即乙亮。南北绿灯亮了 25 s 后闪亮，3 s 后熄灭，同时乙灭，黄灯亮 2 s 后熄灭，南北红灯亮，东西绿灯亮，循环。交通灯示意图如图 5-37 所示。

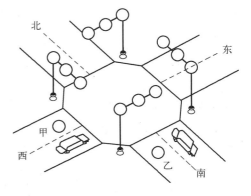

图 5-37 交通灯示意图

2. I/O 地址分配

交通灯 PLC 控制 I/O 地址分配见表 5-11。

表 5-11　交通灯 PLC 控制 I/O 地址分配表

输入（I）		输出（O）			
名　称	地　址	名　称	地　址	名　称	地　址
起动按钮	I0.0	南北红灯	Q0.0	南北黄灯	Q0.1
		南北绿灯	Q0.2	东西红灯	Q0.3
		东西黄灯	Q0.4	东西绿灯	Q0.5
		南北车灯（乙）	Q0.6	东西车灯（甲）	Q0.7

3. 设计交通灯控制系统电气原理图，并按图接线。

4. 按要求设计梯形图并输入程序。

5. 调试并运行程序。

三、实训报告要求

1. 编制 I/O 地址分配表。

2. 绘制电气原理图。

3. 编写梯形图和语句表。

项目 5-9　水塔水位的模拟控制

一、实训目的

利用 PLC 实现水塔水位的自动控制。

二、实训内容

1. 控制要求

当蓄水池水位达到 SL4 时，蓄水池需要进水，电动机 M2 起动，向水池内注水；当蓄水池水位达到 SL3 时，电动机 M2 停转；当水塔水位低于 SL2 时，表示水塔水位低需要进水，电动机 M1 起动开始抽水；直到水塔水位达到 SL1 时，电动机 M1 停转；水塔开始正常供水，2 s 后，水塔放水结束，可重复上述过程。水塔水位示意图如图 5-38 所示。

2. I/O 地址分配

水塔水位 PLC 控制 I/O 地址分配见表 5-12。

表 5-12　水塔水位 PLC 控制 I/O 地址分配表

输入（I）		输出（O）	
名　称	地　址	名　称	地　址
SL1	I0.1	M1	Q0.1
SL2	I0.2	M2	Q0.2
SL3	I0.3		
SL4	I0.4		

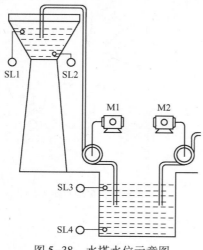

图 5-38　水塔水位示意图

3. 设计水塔水位控制系统电气原理图，并按图接线。在实训中，电动机 M1 和 M2 的接触器可用指示灯模拟，液位开关用按钮模拟。

4. 按要求设计梯形图并输入程序。

5. 调试并运行程序。

三、实训报告要求

1. 编制 I/O 地址分配表。

2. 绘制电气原理图。

3. 编写梯形图和语句表。

项目 5-10　轧钢机的模拟控制

一、实训目的

利用 PLC 实现轧钢机的模拟控制。

二、实训内容

1. 控制要求

按下起动按扭，电动机 M1、M2 运行，当传感器 S1 检测到钢板时，电动机 M3 正转，此时灯 M3F 亮。当钢板经轧制后传送到传感器 S2 位置时，电动机 M3 反转，此时灯 M3R 亮，同时电磁阀 Y1 动作。再次当传感器 S1 检测到钢板时，电动机 M3 正转，经过三次重复循环后，系统停机 3 s，取出成品。不需要按起动按钮，系统将继续运行。若按下停止按钮，必须按起动按钮后系统方可运行。注意按工艺要求，钢板的第一次轧制传送方向为由 S1 至 S2，即 S1 不动作，S2 将不会动作。轧钢机示意图如图 5-39 所示。

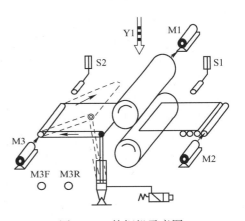

图 5-39　轧钢机示意图

2. I/O 地址分配

轧钢机 PLC 控制 I/O 地址分配见表 5-13。

表 5-13　轧钢机 PLC 控制 I/O 地址分配表

输入（I）		输出（O）			
名　称	地　址	名　称	地　址	名　称	地　址
起动按钮	I0.0	M1	Q0.0	M2	Q0.1
停止按钮	I0.1	M3F	Q0.2	M3R	Q0.3
传感器 S1	I0.2	Y1	Q0.4		
传感器 S2	I0.3				

3. 设计轧钢机模拟控制系统的电气原理图，并按图接线。在实训中，电动机 M1、M2、M3 的接触器和电磁阀 Y1 可用指示灯模拟，传感器 S1、S2 可用按钮模拟。

4. 按要求设计梯形图并输入程序。

5. 调试并运行程序。

1. 编制 I/O 地址分配表。

2. 绘制电气原理图。

3. 编写梯形图和语句表。

项目 5-11 四节传送带的模拟控制

一、实训目的

利用 PLC 实现四节传送带的模拟控制。

二、实训内容

1. 控制要求

起动后，先起动最末的皮带机（M4），1 s 后依次起动其他的皮带机；停止时，先停止最初的皮带机（M1），1 s 后依次停止其他的皮带机；当某条皮带机发生故障时，该机及其前面的皮带机应立即停止，以后的每隔 1 s 顺序停止。四节传送带示意图如图 5-40 所示。

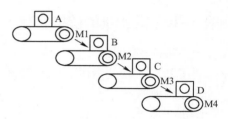

图 5-40 四节传送带示意图

2. I/O 地址分配

四节传送带 PLC 控制 I/O 地址分配见表 5-14。

表 5-14 四节传送带 PLC 控制 I/O 地址分配表

输入（I）				输出（O）	
名　　称	地　　址	名　　称	地　　址	名　　称	地　　址
起动按钮	I0.0	故障 A	I0.1	M1	Q0.0
停止按钮	I0.5	故障 B	I0.2	M2	Q0.1
		故障 C	I0.3	M3	Q0.2
		故障 D	I0.4	M4	Q0.3

3. 设计四节传送带控制系统的电气原理图，并按图接线。在实训中，电动机 M1、M2、M3 和 M4 的接触器可用指示灯模拟，故障 A、B、C、D 用按钮模拟。

4. 按要求设计梯形图并输入程序。

5. 调试并运行程序。

三、实训报告要求

1. 编制 I/O 地址分配表。

2. 绘制电气原理图。

3. 编写梯形图和语句表。

四、巩固练习

如图 5-40 所示的四节传送带，起动后，先起动最末的皮带机（M4），1 s 后依次起动其他的皮带机；停止时，先停止最初的皮带机（M1），1 s 后依次停止其他的皮带机；当某条皮带机有重物超重时，该皮带机前面的皮带机应立即停止，该皮带机运行 1 s 后停止，再 1 s 后接下去的一台停止，依此类推。

项目 5-12 机械手的模拟控制

一、实训目的
利用 PLC 实现机械手的模拟控制。

二、实训内容
1. 控制要求

图 5-41 所示为机械手。按下起动按钮后，传送带 A 运行，当光电开关 PS 检测到物体时，光电开关 PS 动作，传送带 A 停止，同时机械手下降。下降到位后机械手夹紧物体，2 s 后开始上升，而机械手保持夹紧，上升到位左转，左转到位后机械手下降，下降到位机械手松开，将重物放到传送带 B 上，2 s 后机械手上升。上升到位后，传送带 B 开始运行，同时机械手右转，右转到初始位置，传送带 B 停止，在此过程中传送带 A 一直运行，当光电开关再次检测到物体，开始一次新循环。

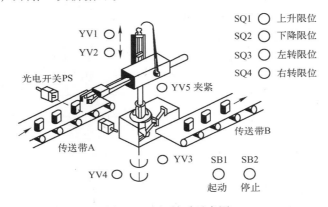

图 5-41 机械手示意图

2. I/O 地址分配

机械手 PLC 控制 I/O 地址分配见表 5-15。

表 5-15 机械手 PLC 控制 I/O 地址分配表

输入（I）		输出（O）	
名　称	地　址	名　称	地　址
起动按钮	I0.0	上升 YV1	Q0.1
停止按钮	I0.5	下降 YV2	Q0.2
上升限位 SQ1	I0.1	左转 YV3	Q0.3
下降限位 SQ2	I0.2	右转 YV4	Q0.4
左转限位 SQ3	I0.3	夹紧 YV5	Q0.5
右转限位 SQ4	I0.4	传送带 A	Q0.6
光电开关 PS	I0.6	传送带 B	Q0.7

3. 设计机械手控制系统的电气原理图，并按图接线。在实训中，YV1、YV2、YV3、YV4、YV5 以及传送带 A、B 可用指示灯模拟，上升限位开关、下降限位开关、左转限位开关、右转限位开关和光电开关用按钮模拟。

4. 按要求设计梯形图并输入程序。

5. 调试并运行程序。

三、实训报告要求

1. 编制 I/O 地址分配表。

2. 绘制电气原理图。

3. 编写梯形图和语句表。

项目 5-13　基于 PLC 的自动装卸料小车控制系统设计

一、实训目的

1. 培养运用可编程序逻辑控制器解决实际工程技术问题的能力。

2. 培养工程制图以及撰写技术报告的能力。

二、设计要求

自动装卸料小车控制如图 5-42 所示，小车开始停在装料处，右侧行程开关 SQ1 被压合，按下起动按钮 SB1 打开贮料斗的闸门，8 s 后关闭贮料斗的闸门，同时小车开始左行，碰到卸料处左侧行程开关 SQ2 后停下卸料，卸料闸门打开开始卸料 10 s 后停止卸料，关闭卸料闸门，同时小车开始右行，碰到右限位开关 SQ1 后返回初始状态，又开始下一周期的工作，如果按下停止按钮，当前工作周期的工作结束后，才能停止运行。

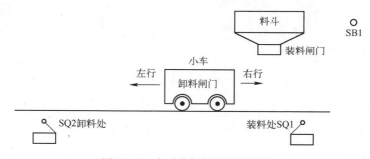

图 5-42　自动装卸料小车示意图

三、实训报告要求

1. 确定 PLC 的输入设备和输出设备，根据输入输出设备，编制 I/O 地址分配表。

2. 选择电器元件，编制电器元件明细表。

3. 设计并利用 AutoCAD 绘制电气原理图。

4. 绘出顺序功能图，编写梯形图和语句表。

5. 设计电器元件布置图和电气接线图。

四、巩固练习

全自动洗衣机的工作过程包括起动、进水、洗涤、排水和脱水等。全自动洗衣机的洗衣桶（外桶）和脱水桶（内桶）是同轴安装的。外桶固定，做盛水用。内桶可以旋转，做脱水用。内桶的四周有很多小孔，使内外桶的水流相通。洗衣机的进水和排水分别由进水电磁阀和排水电磁阀来执行。进水时，进水阀打开，经进水管将水注入到外桶。排水时，排水阀打开，将水由外桶排到机外。洗涤正转、反转由洗涤电动机驱动波盘正、反转来实现，此时脱水桶并不旋转。脱水时，离合器合上，由洗涤电动机带动内桶正转进行甩干。高、低水位开关分别来检测高、低水位。由起动按钮控制洗衣机起动工作。停止按钮用来实现手动停止进水、排水、脱水及报警。排水按钮可实现手动排水。

控制流程：1）PLC 上电系统进入初始状态，准备起动。2）起动时开始进水，水位达到高水位时停止进水并开始洗涤。3）洗涤正转 15 s，暂停 3 s。4）反转 15 s 后，暂停 3 s 为一次小循环。5）若小循环不足 3 次，则返回洗涤正转；若小循环达到 3 次，则开始排水。6）水位下降到低水位时开始脱水并继续排水。脱水 10 s 即完成一次大循环。7）大循环不足 3 次则返回进水，进行下一次大循环；若完成 3 次大循环；则进行洗完报警。8）报警10 s 后结束全部洗涤过程，自动停机。

项目 5-14　基于 PLC 的三层电梯控制系统设计

一、实训目的
1. 培养运用可编程序逻辑控制器解决实际工程技术问题的能力。
2. 培养工程制图以及撰写技术报告的能力。

二、设计要求
图 5-43 所示为三层电梯示意图。

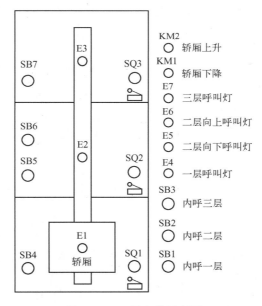

图 5-43　三层电梯示意图

① 当轿厢停在 1 层或 2 层时，按 SB7 或 SB3，则轿厢上升至 3 层停。

② 当轿厢停在 3 层或 2 层时，按 SB4 或 SB1，则轿厢下降至 1 层停。

③ 当轿厢停在 1 层时，若按 SB5 或 SB6 或 SB2，则轿厢上升至 2 层停。

④ 当轿厢停在 3 层时，若按 SB5 或 SB6 或 SB2，则轿厢下降至 2 层停。

⑤ 当轿厢停在 1 层时，若按 SB6 或 SB2，同时按 SB7 或 SB3，则轿厢上升至 2 层暂停，继续上升至 3 层停。

⑥ 当轿厢停在 1 层时，若按 SB5，同时按 SB7 或 SB3，则轿厢上升至 3 层暂停，转而下降至 2 层停。

⑦ 当轿厢停在 3 层时，若按 SB5 或 SB2，同时按 SB7 或 SB3，则轿厢下降至 2 层暂停，

继续下降至 1 层停。

⑧ 当轿厢停在 2 层时，若先按 SB7 或 SB3，接着按 SB4 或 SB1，则轿厢上升至 3 层停。

⑨ 当轿厢停在 2 层时，若先按 SB4 或 SB1，接着按 SB7 或 SB3，则轿厢下降至 1 层停。

三、实训报告要求

1. 确定 PLC 的输入设备和输出设备，根据输入输出设备，编制 I/O 地址分配表。

2. 选择电器元件，编制电器元件明细表。

3. 设计并利用 AutoCAD 绘制电气原理图。

4. 绘出顺序功能图，编写梯形图和语句表。

5. 设计电器元件布置图和电气接线图。

四、巩固练习

分析四层电梯的运行过程，利用 PLC 实现四层电梯的自动控制。

5.8 习题

1. 填空

1）顺序功能图中的有向连线的箭头在（　　）或（　　）这两个方向可以省略。

2）继电器的线圈"断电"时，其常开触点（　　），常闭触点（　　）。

3）移位寄存器指令 SHRB 将（　　）端输入的数值移入移位寄存器中。

4）顺序控制段转移指令的操作码是（　　）。

2. 如何正确划分顺序功能图中的步？

3. 顺序功能图基本结构有哪几种？顺序功能图由哪些部分组成？

4. 转换实现的条件是什么？转换实现后要完成什么操作？

5. 说明图 5-44 的顺序功能图是什么结构，并画出其对应的梯形图程序。

6. 某剪板机如图 5-45 所示，开始时压钳和剪刀在上限位置，限位开关 I0.0 和 I0.1 为 ON。按下起动按钮 I1.0，工作工程如下：首先板材右行（Q0.0 为 ON）至限位开关 I0.3 动作，然后压钳下行，Q0.1 为 ON，压紧板材后压力继电器 I0.4 为 ON，压钳保持压紧，剪刀开始下行，Q0.2 为 ON。剪断板材后，I0.2 为 ON，压钳和剪刀同时上行，Q0.3 和 Q0.4 为 ON，Q0.1 和 Q0.2 为 OFF，它们分别碰到限位开关 I0.0 和 I0.1 后，分别停止上行，又开始下一个周期的工作，剪完 3 块板后停止工作并停在初始状态。根据上述要求设计顺序功能图和梯形图。

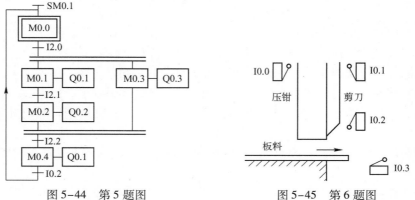

图 5-44　第 5 题图　　　　　　　图 5-45　第 6 题图

7. 某展厅最多可容纳 50 人同时参观。系统起动开关 SA，展厅进口和出口各装一个传感器 SL1、SL2，每有一人进出，传感器发出一个脉冲信号。当展厅内不足 50 人时，绿灯 HL1 亮，表示可以进入；当展厅满 50 人时，红灯 HL2 亮，表示不准进入。试编程实现。

8. 按下起动按钮 SB1 后，装卸料小车如图 5-46 所示运动，最后回到起始位置，画出功能图，并设计梯形图程序。

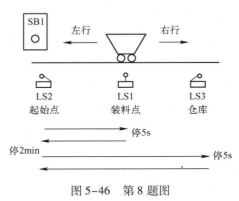

图 5-46　第 8 题图

第6章　PLC 的功能指令及程序设计

6.1　功能指令

6.1.1　学习功能指令的方法

功能指令分为较常用的指令、与数据的基本操作有关的指令、与 PLC 的高级应用有关的指令和用得较少的指令。

初学功能指令时，首先可以按指令的分类浏览所有的指令。初学者没有必要花大量的时间去熟悉功能指令使用中的细节，应重点了解指令的基本功能和有关的基本概念。要通过读程序、编程序和调试程序来学习功能指令。

6.1.2　S7 –200 的指令规约

1. 使能输入与使能输出

语句表用 AENO 指令来产生与方框指令的 ENO 相同的效果。删除 AENO 指令后，方框指令将由串联变为并联。如果方框指令的 EN 输入端有能流且执行无误，则使能输出 ENO 将能流传递给下一个元件，如图 6–1 所示。

图 6–1　EN 与 ENO

2. 梯形图中的指令

梯形图中的指令分为条件输入指令与不需要条件的指令，条件输入指令必须通过触点电路连接到左母线上，不需要条件的指令必须直接连接在左母线上。

3. 能流指示器

必须解决开路问题网络才能成功编译。出现在 ENO 端的可选开能流指示器表示将其他梯形图元件附加到该位置，才不影响编译。

6.2　数据处理指令

6.2.1　比较指令与数据传送指令

1. 比较指令

比较指令用于比较两个数据类型相同的数值 IN1 与 IN2 的大小：= （等于），<> （不等于）、 >= ， <= ， > 和 < 。

字节比较操作是无符号的。整数比较操作、双字比较操作和实数比较操作是有符号的。

当比较结果为真时，比较指令接通触点。当使用 IEC 比较指令时，可以使用各种数据类型作为输入，但是，两个输入的数据类型必须一致。

注意：

下列情况是致命错误，并且会导致 S7 – 200 立即停止执行用户程序：非法的间接地址（任意比较指令），非法的实数。

为了避免这些情况的发生，在执行比较指令之前，要确保合理使用了指针和存储实数的数值单元。无论功率流的状态如何，比较指令都会执行，见表6–1。

表6–1　比较指令的有效操作数

输入/输出	类 型	操 作 数
IN1、IN2	BYTE INT DINT 实型	IB、QB、VB、MB、SMB、SB、LB、AC、*VD、*LD、*AC、常数 IW、QW、VW、MW、SMW、SW、LW、T、C、AC、AIW、*VD、*LD、*AC、常数 ID、QD、VD、MD、SMD、SD、LD、AC、HC、*VD、*LD、*AC、常数 ID、QD、VD、MD、SMD、SD、LD、AC、*VD、*LD、*AC、常数
OUT	BOOL	I、Q、V、M、SM、S、T、C、L、功率流

2. 传送指令

传送包括单个数据传送及一次性多个连续字块的传送，根据传送数据的类型分为字节、字、双字和实数等几种情况。传送指令用于机内数据的流转与生成，可用于存储单元的清零、程序初始化等场合。

（1）字节、字、双字、实数传送指令

字节传送（MOVB）、字传送（MOVW）、双字传送（MOVD）和实数传送指令在不改变原值的情况下将 IN 中的值传送到 OUT。使用双字传送指令可以创建一个指针。对于 IEC 传送指令，输入和输出的数据类型可以不同，但数据长度必须相同。表6–2为字节、字、双字、实数传送指令的表达形式和操作数。

表6–2　字节、字、双字、实数传送指令

项　　目	字 节 传 送	字　传　送	双 字 传 送	实 数 传 送
指令表 梯形图	MOVB IN,OUT ┌─MOV_B─┐ ─┤EN　　ENO├─ ????─┤IN　OUT├─ ????	MOVW IN,OUT ┌─MOV_W─┐ ─┤EN　　ENO├─ ????─┤IN　OUT├─ ????	MOVD IN,OUT ┌─MOV_DW─┐ ─┤EN　　ENO├─ ????─┤IN　OUT├─ ????	MOVR IN,OUT ┌─MOV_R─┐ ─┤EN　　ENO├─ ????─┤IN　OUT├─ ????
操作数的 含义及范围	IN：IB、QB、VB、MB、SMB、SB、LB、AC、*VD、*LD、*AC、常数 OUT：QB、VB、MB、SMB、SB、LB、AC、*VD、*LD、*AC	IN：IW、QW、VW、MW、SMW、SW、LW、T、C、AC、AIW、*VD、*LD、*AC、常数 OUT：IW、QW、VW、MW、SMW、SW、LW、T、C、AC、AIW、*VD、*LD、*AC	IN：ID、QD、VD、MD、SMD、SD、LD、AC、HC、&VB、&IB、&QB、&MB、&SB、&T、&C、&SMB、&AIW、&AQW　*VD、*LD、*AC、常数 OUT：VD、QD、ID、MD、SMD、SD、LD、AC、*VD、*LD、*AC	IN：ID、QD、VD、MD、SMD、SD、LD、AC、*VD、*LD、*AC、常数 OUT：ID、QD、VD、MD、SMD、SD、LD、AC、*VD、*LD、*AC

使 ENO = 0 的错误条件：0006（间接寻址）

（2）字节立即传送指令

字节立即传送指令含字节立即读指令（BIR）及字节立即写（BIW）指令，允许在物理 I/O 和存储器之间立即传送一个字节数据。字节立即读指令（BIR）读物理输入 IN，并存入 OUT，不刷新过程映像寄存器。

字节立即写指令（BIW）从内存地址（IN）中读取数据，写入物理输出（OUT），同时刷新相应的过程映像区。表 6-3 为字节立即传送指令表达形式和操作数。图 6-2 所示为比较与传送指令应用实例。

表 6-3　字节立即传送指令

项　　目	字节立即读指令	字节立即写指令
指令表 梯形图	BIR IN,OUT MOV_BIR EN　ENO ????—IN　　OUT—????	BIW IN,OUT MOV_BIW EN　ENO ????—IN　　OUT—????
操作数的含义及范围	IN：IB、＊VD、＊LD、＊AC OUT：IB、QB、VB、MB、SMB、SB、LB、 AC、＊VD、＊LD、＊AC、	IN：IB、QB、VB、MB、SMB、SB、LB、 AC、＊VD、＊LD、＊AC、常数 OUT：QB、＊VD、＊LD、＊AC

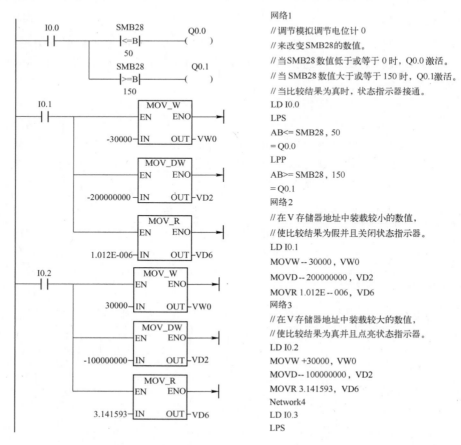

图 6-2　比较与传送指令实例

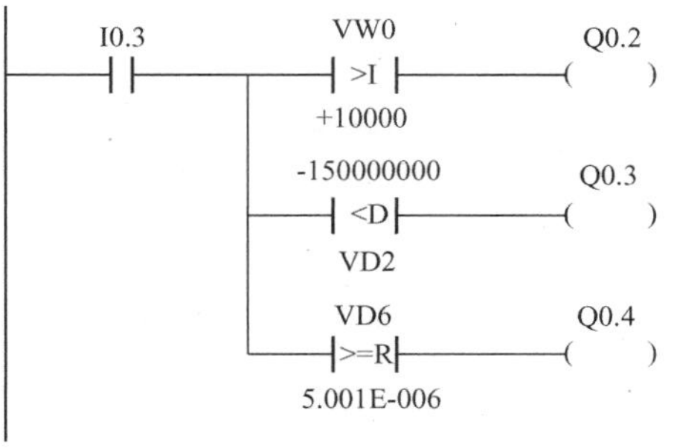

I0.3	VW0 >I +10000	Q0.2
	-150000000 <D VD2	Q0.3
	VD6 >=R 5.001E-006	Q0.4

AW> VW0, +10000
= Q0.2
LRD
AD< -- 150000000, VD2
= Q0.3
LPP
AR> VD6, 5.001E --006
= Q0.4

图 6-2　比较与传送指令实例（续）

使 ENO = 0 的错误条件：0006（间接寻址）、不能访问扩展模块

（3）块传送指令

字节块传送（BMB）、字块传送（BMW）和双字块传送（BMD）指令传送指定数量的数据到一个新的存储区，数据的起始地址 IN，数据长度为 N 个字节、字或者双字，新块的起始地址为 OUT。N 的范围从 1～255。表 6-4 为块传送指令的表达形式和操作数。

表 6-4　块传送指令

项　　目	字节的块传送	字的块传送	双字的块传送
指令表 梯形图	BMB IN,OUT,N 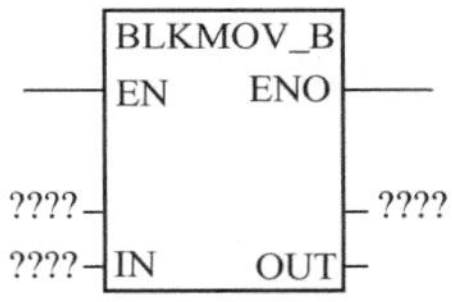 BLKMOV_B EN ENO ????— ????—IN OUT— ????	BMW IN,OUT,N 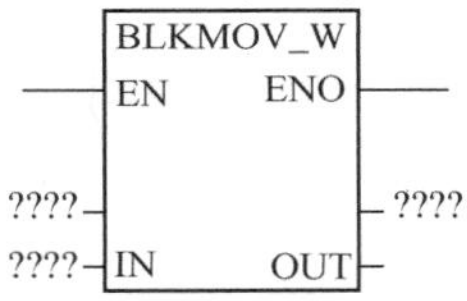 BLKMOV_W EN ENO ????— ????—IN OUT— ????	BWD IN,OUT,N 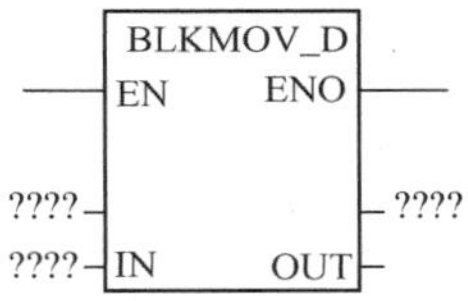 BLKMOV_D EN ENO ????— ????—IN OUT— ????
操作数的含义及范围	IN：IB、QB、VB、MB、SMB、SB、LB、*VD、*LD、*AC OUT：IB、QB、VB、MB、SMB、SB、LB、*VD、*LD、*AC	IN：IW、QW、VW、SMW、SW、T、C、LW、AIW、*VD、*LD、*AC OUT：IW、QW、VW、MW、SMW、SW、T、C、LW、AQW、*VD、*LD、*AC	IN：ID、QD、VD、MD、SMD、SD、LD、*VD、*LD、*AC OUT：ID、QD、VD、MD、SMD、SD、LD、*VD、*LD、*AC
	N：IB、QB、VB、MB、SMB、SB、LB、AC、常数、*VD、*LD、*AC		

项目6-1　比较指令与传送指令及应用

一、实训目的

1. 掌握比较指令和传送指令。

2. 能够将比较和传送指令应用于实际。

二、基本知识点

1. 比较指令

（1）基本概念

1）比较指令的定义

比较指令是将两个操作数按指定条件进行比较，条件成立时，触点闭合。

2）比较指令的主要类型

① 字节比较（B）（无符号整数）。

② 整数比较（I）（有符号整数）。

③ 双字整数比较（D）（有符号整数）。

④ 实数比较（R）（有符号双字浮点数）。

3）比较指令的运算符

包括 = 等于；>= 大于或等于；< 小于；<= 小于或等于；> 大于以及 <> 不等于 6 种。

（2）说明

1）字节比较用于比较两个字节型整数值 IN1 和 IN2 的大小。

2）整数比较用于两个一个字长的整数值 IN1 和 IN2 大小，有符号数，其范围是 16#8000 ~ 16#7FFF。

3）双字整数比较用于两个双字长的整数值 IN1 和 IN2 大小，有符号数，其范围是 16#80000000 ~ 16#7FFFFFFF。

4）实数比较用于两个一个字长的实数值 IN1 和 IN2 大小，有符号数，其负实数范围是 −1.175495E −38 ~ 3.402823E +38，其正实数范围是 +1.175495E −38 ~ +3.402823E +38。

（3）应用举例

如图 6-3 所示，利用比较指令实现 Q0.0 的自复位接通延时电路。

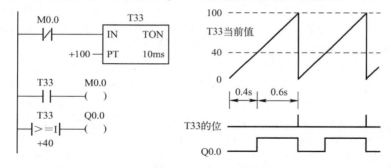

图 6-3　自复位接通延时电路

2. 传送指令

用来完成各存储单元进行一个或多个数据的传送。

1）字节、字、双字和实数的传送

2）字节立即读指令 MOV_BIR 读取 1 个字节的物理输入，字节立即写指令 MOV_BIW 写 1 个字节的物理输出。

3）字节、字、双字的块传送指令

"BMB　VB20，VB100，4" 指令将 VB20 ~ VB23 中的数据传送到 VB100 ~ VB103。

4）字节交换指令

三、实训内容

1. 应用比较指令产生断电 6 s、通电 4 s 的脉冲输出信号。

2. 8 只彩灯控制。

3. 基于时基脉冲结合计数器的彩灯控制。

四、实训步骤

1. 用比较指令产生断电 6 s、通电 4 s 的脉冲输出信号

梯形图程序及时序图如图 6-4 所示。

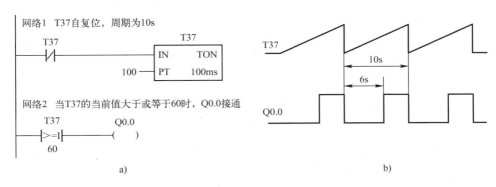

a) b)

图 6-4 梯形图及时序图

a) 程序 b) 时序图

2. 8 只彩灯的控制

（1）控制要求

当 I0.0 接通时，全部灯亮；当 I0.1 接通时，奇数灯亮；当 I0.2 接通时，偶数灯亮；当 I0.3 接通时，全部灯灭。试编写程序。

（2）控制关系

见表 6-5。

表 6-5 控制关系表

输　入	Q0.7	Q0.6	Q0.5	Q0.4	Q0.3	Q0.2	Q0.1	Q0.0	输出 16#
I0.0	1	1	1	1	1	1	1	1	16#FF
I0.1	1	0	1	0	1	0	1	0	16#AA
I0.2	0	1	0	1	0	1	0	1	16#55
I0.3	0	0	0	0	0	0	0	0	0

（3）I/O 地址分配

8 只彩灯控制 I/O 地址分配表见表 6-6。

表 6-6 8 只彩灯控制 I/O 地址分配表

输入（I）			输出（O）		
名　　称	符　号	地　址	名　　称	符　号	地　址
起/停开关	SA1 ~ SA4	I0.0 ~ I0.3	8 只彩灯	HL0 ~ HL7	Q0.0 ~ Q0.7

（4）8 只彩灯控制 I/O 接线器

8 只彩灯控制 I/O 接线图如图 6-5 所示。

（5）8 只彩灯控制梯形图

8 只彩灯 PLC 控制梯形图如图 6-6 所示。

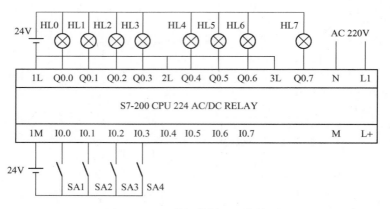

图 6-5　8 只彩灯控制 I/O 接线图

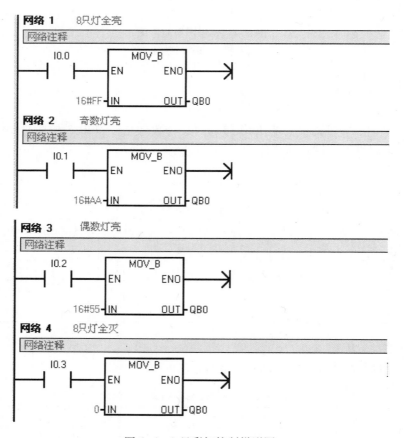

图 6-6　8 只彩灯控制梯形图

3. 基于时基脉冲结合计数器的彩灯控制

（1）控制要求

6 只彩灯 HL0 ~ HL5（Q0.0 ~ Q0.5）开始工作后，Q0.0 先亮，以后每隔 2 s 依次点亮 1 只灯，直到 6 只灯全亮，2 s 后，每隔 2 s 熄灭 1 只，直到 6 只灯全熄灭，2 s 后再循环。

（2）I/O 地址分配

6 只彩灯控制 I/O 地址分配表见表6-7。

表6-7　6 只彩灯控制 I/O 地址分配表

输入（I）			输出（O）		
名　　称	符　号	地　址	名　　称	符　号	地　址
起/停开关	SA	I0.0	6 只彩灯	HL0 ~ HL5	Q0.0 ~ Q0.5

（3）6 只彩灯控制 I/O 接线

6 只彩灯控制 PLC I/O 接线图如图6-7 所示。

（4）设计 6 只彩灯控制梯形图

（5）操作调试

按图 6-8 接线，操作调试，观察运行情况。

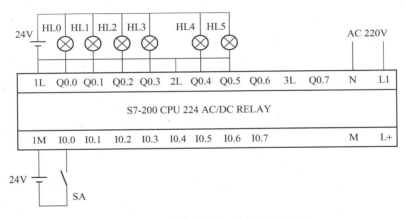

图6-7　6 只彩灯控制 PLC I/O 接线图

五、实训报告要求

1. 编制 I/O 地址分配表。

2. 绘制 I/O 接线图。

3. 编写梯形图和语句表。

六、巩固练习

1. 一自动仓库存放某种货物，最多6000 箱，需对所存的货物进出计数。货物多于 1000 箱，灯 L1 亮；货物多于 5000 箱，灯 L2 亮。I0.0 货物进入感应开关、I0.1 货物出感应开关、I0.2 复位按钮、Q0.0 多于 1000 箱输出、Q0.1 多于 5000 箱输出，计数器采用 C30 增减计数器。

2. 某生产线有 5 台电动机，要求每台电动机间隔 5 s 起动，停止时 5 台电动机同时停止，试用比较指令编写控制程序。

6.2.2 移位与循环指令

1. 左移和右移指令

移位指令将输入值 IN 右移或左移 N 位，并将结果装载到输出 OUT 中。移位指令对移出的位自动补零。如果位数 N 大于或等于最大允许值（对于字节操作为 8，对于字操作为 16，对于双字操作为 32），那么移位操作的次数为最大允许值。如果移位次数大于 0，溢出标志位（SM1.1）上就是最近移出的位值。如果移位操作的结果为 0，零存储器位（SM1.0）置位。字节操作是无符号的。对于字和双字操作，当使用有符号数据类型时，符号位也被移动。表 6-8 为字节、字、双字左移和右移指令的表达形式和操作数。

表 6-8 左移和右移指令

项　　目	字节右移指令	字节左移指令	字右移指令	字左移指令	双字右移指令	双字左移指令
指令表 梯形图	SRB OUT,IN SHR_B EN ENO ????—IN OUT—???? ????—N	SLB OUT,IN SHL_B EN ENO ????—IN OUT—???? ????—N	SRW OUT,IN SHR_W EN ENO ????—IN OUT—???? ????—N	SLW OUT,IN SHL_W EN ENO ????—IN OUT—???? ????—N	SRD OUT,IN SHL_DW EN ENO ????—IN OUT—???? ????—N	SLD OUT,IN SHL_DW EN ENO ????—IN OUT—???? ????—N
操作数的含义和范围	IN：IB、QB、VB、MB、SMB、SB、LB、＊VD、＊LD、＊AC、常数 OUT：IB、QB、VB、MB、SMB、SB、LB、AC、＊VD、＊LD、＊AC		IN：IW、QW、VW、MW、SMW、SW、LW、T、C、AC、＊VD、＊LD、＊AC、常数 OUT：IW、QW、VW、MW、SMW、SW、T、C、LW、AIW、AC、＊VD、＊LD、＊AC		IN：ID、QD、VD、MD、SMD、SD、LD、AC、HC、＊VD、＊LD、＊AC、常数 OUT：ID、QD、VD、MD、SMD、SD、LD、AC、＊VD、＊LD、＊AC	
	N：IB、QB、VB、MB、SMB、SB、LB、AC、＊VD、＊LD、＊AC、常数					

使 ENO＝0 的错误条件：0006（间接寻址），受影响的 SM 标志位：SM1.0（结果为 0）、SM1.1（溢出）。

2. 循环移位指令

循环移位指令将输入值 IN 循环右移或者循环左移 N 位，并将输出结果装载到 OUT 中。循环移位是环形的，即被移除的位将返回到另一端空出来的位置。

如果位数 N 大于或等于最大允许值（对于字节操作为 8，对于字操作为 16，对于双字操作为 32），S7-200 在执行循环移位之前，会执行取模操作，得到一个有效的移位次数。移位位数的取模操作的结果，对于字节操作是 0~7，对于字操作是 0~15，而对于双字操作是 0~31。

如果移位次数为 0，循环移位指令不执行。如果循环移位指令执行，最后一个移位的值会复制到溢出标志位（SM1.1）。如果移位次数不是 8（对于字节操作）、16（对于字操作）和 32（对于双字操作）的整数倍，最后被移出的位会被复制到溢出标志位（SM1.1）。当要被循环移位的值是零时，零标志位（SM1.0）被置位。字节操作是无符号的。对于字和双字操作，当使用有符号数据类型时，符号位也被移位。表 6-9 为字节、字、双字循环移位指令的表达形式及操作数。

表 6-9　循环移位指令

项　目	字节循环右移	字节循环左移	字循环右移	字循环左移	双字循环右移	双字循环左移
指令表 梯形图	RRB OUT,IN ROL_B EN　ENO IN　OUT N	RLB OUT,IN ROL_B EN　ENO IN　OUT N	RPW OUT,IN ROR_W EN　ENO IN　OUT N	RLW OUT,IN ROL_W EN　ENO IN　OUT N	RRD OUT,IN ROR_DW EN　ENO IN　OUT N	RLD OUT,IN ROL_DW EN　ENO IN　OUT N
操作数的含义及范围	IN：IB、QB、VB、MB、SMB、SB、LB、AC、*VD、*LD、*AC、常数 OUT：IB、QB、VB、MB、SMB、SB、LB、AC、*VD、*LD、*AC		IN：IW、QW、VW、MW、SMW、SW、LW、T、C、AC、AIW、*VD、*LD、*AC、常数 OUT：IW、QW、VW、MW、SMW、SW、T、C、LW、AIW、AC、*VD、*LD、*AC		IN：ID、QD、VD、MD、SMD、SD、LD、AC、HC、*VD、*LD、*AC、常数 OUT：ID、QD、VD、MD、SMD、SD、LD、AC、*VD、*LD、*AC	
	N：IB、QB、VB、MB、SMB、SB、LB、AC、*VD、*LD、*AC、常数					

　　使 ENO ＝0 的错误条件：0006（间接寻址）。受影响的 SM 标志位：SM1.0（结果为 0）、SM1.1（溢出）。

　　图 6-8 所示为移位和循环指令举例。

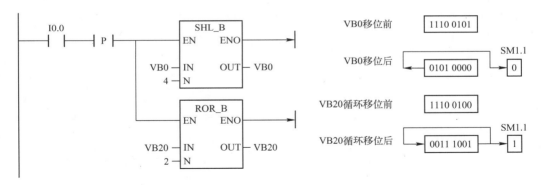

图 6-8　移位和循环指令

3. 移位寄存器指令和字节交换指令

　　移位寄存器指令将一个数值移入移位寄存器中。移位寄存器指令提供了一种排列和控制产品流或者数据的简单方法。使用该指令，每个扫描周期，整个移位寄存器移动一位。

　　移位寄存器指令把输入的 DATA 数值移入移位寄存器。其中，S_BIT 指定移位寄存器的最低位，N 指定移位寄存器的长度和移位方向（正向移位 ＝N，反向移位 ＝－N）。SHRB 指令移出的每一位都被放入溢出标志位（SM1.1）。这条指令的执行取决于最低有效位（S_BIT）和由长度（N）指定的位数。

　　字节交换指令用来交换输入字 IN 的高字节和低字节。表 6-10 为移位寄存器指令和字节交换指令的表达形式及操作数。

表6-10　移位寄存器和字节交换指令

项　目	移位寄存器指令	字节交换指令
指令表	SHRB DADT, S_BIT, N	SWAP IN
梯形图	SHRB EN　ENO ??.? — DATA ??.? — S_BIT ???? — N	SWAP EN　ENO ???? — IN
操作数的含义及范围	DATA、S_BIT: I、Q、V、M、SM、S、T、C、L N: IB、QB、VB、MB、SMB、SB、LB、AC、*VD、*LD、*AC、常数	IN: IW、QW、VW、MW、SMW、SW、T、C、LW、AIW、AC、*VD、*LD、*AC

项目6-2　移位寄存器指令及应用

一、实训目的

掌握移位寄存器指令的使用方法。

二、基本知识点

1. 定义

移位寄存器指令将一个数值移入移位寄存器中。移位寄存器指令提供了一种排列和控制产品流或者数据的简单的方法。使用该指令时，在一个扫描周期中，整个移位寄存器移动一位。在产品控制流中，往往可以用基本位操作指令、顺控指令和移位寄存器指令编写程序，有许多控制程序用移位指令编写会非常直观、简单易懂，学会利用移位指令编写程序非常重要。

2. 功能

该指令在梯形图中有3个数据输入端，DATA为数值输入，将该位的值移入移位寄存器；S-BIT为移位寄存器的最低位端；N指定移位寄存的长度（1~64）。每次使能输入有效时。在每个扫描周期内，整个移位寄存器移动一位，所以要用边沿跳变指令来控制使能端的状态。移位寄存器的最大长度为64位，可正可负。移位寄存器存储单元的移出端与SM1.1（溢出）相连，移位时，移出位进入SM1.1，另一端自动补上DATA移入位的值。当长度N为正值时，移位是从低位到高位，DATA值从S-BIT移入，移出位进入SM1.1；当长度N为负值时，移位是从高位到低位，S-BIT移出到SM1.1，另一端补入DATA移入位的值。

3. 指令格式

说明如图6-9所示。

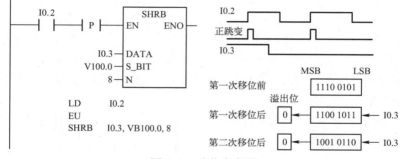

图6-9　移位寄存器

4. 最高位的计算方法

［N 的绝对值—1 +（S – BIT 的位号）]/8。余数即是最高位的位号，商与 S – BIT 的字节之和即是最高位的字节号。

例如：S – BIT 是 V33.4，N 是 14，则[14 – 1 + 4]/8 = 2 余 1。所以，最高字节号是 33 + 2 = 35，位号为 1，即移位最高位是 V35.1。

三、实训内容

1. 彩灯循环控制。

2. 机械手的模拟控制。

四、实训步骤

1. 彩灯控制

（1）控制要求：按下起动按钮，8 只彩灯相隔 0.5s 逐个轮流发光反复进行，按下停止按钮才熄灭。

（2）I/O 分配

8 只彩灯控制 I/O 分配见表 6–11。

表 6–11　8 只彩灯控制 I/O 地址分配表

输入（I）			输出（O）		
名　　称	符　　号	地　　址	名　　称	符　　号	地　　址
起动按钮	SB1	I0.0	8 只彩灯	HL0 ~ HL7	Q0.0 ~ Q0.7
停止按钮	SB2	I0.1			

（3）8 只彩灯控制 I/O 接线图

8 只彩灯控制 PLC I/O 接线图，如图 6–10 所示。

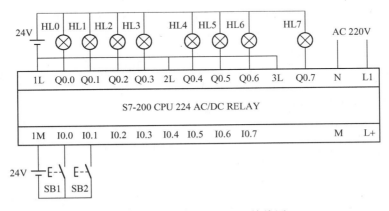

图 6–10　8 只彩灯控制 I/O 接线图

（4）梯形图

8 只彩灯控制梯形图如图 6–11 所示。

（5）调试并运行程序

2. 机械手的模拟控制

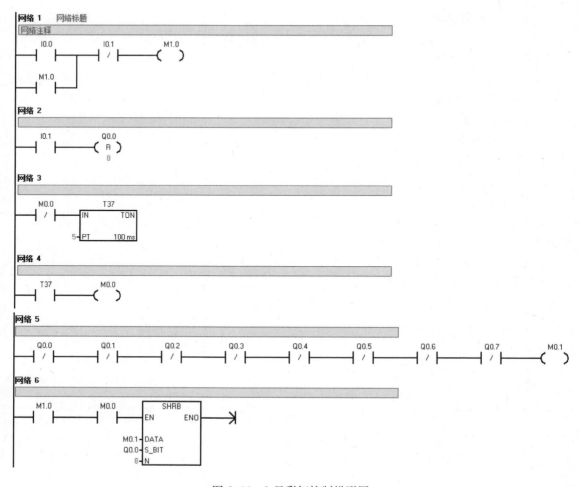

图 6-11 8 只彩灯控制梯形图

（1）控制要求

如图 5-42 所示，控制过程如项目 5-13 所述，要求用移位寄存器指令设计。

（2）I/O 地址分配 见表 6-12。

表 6-12 I/O 地址分配表

输入（I）			输出（O）		
名　称	符　号	地　址	名　称	符　号	地　址
起动按钮	SB1	I0.0	上升	YV1	Q0.1
停止按钮	SB2	I0.5	下降	YV2	Q0.2
上升限位	SQ1	I0.1	左转	YV3	Q0.3
下降限位	SQ2	I0.2	右转	YV4	Q0.4
左转限位	SQ3	I0.3	夹紧	YV5	Q0.5
右转限位	SQ4	I0.4	传送带	A	Q0.6
光电开关	PS	I0.6	传送带	B	Q0.7

（3）设计梯形图。

（4）调试并运行程序。

五、实训报告要求

1. 编制 I/O 地址分配表。

2. 绘制 I/O 接线图。

3. 编写梯形图和语句表。

六、巩固练习

水塔水位的控制，如图 5-38 所示，控制要求如项目 5-9 所述，要求用移位寄存器指令编写梯形图程序并调试运行。

6.2.3 数据转换指令

1. 标准转换指令

（1）字节转为整数指令

字节转整数指令（BT1）将字节值 IN 转换成整数值，并且存入 OUT 指定的变量中。指令格式见表 6-13。字节是无符号的，因而没有符号位扩展。使 ENO = 0 的错误条件：0006（间接寻址）。

表 6-13　标准转换指令 1

项　目		字节转换为整数	整数转换为字节	整数转换为双整数	双整数转换为整数	双整数转换为实数	BCD 码转换为整数	整数转换为 BCD 码
指令表 梯形图		BTI IN,OUT B_I EN ENO IN OUT	ITBIN,OUT I_B EN ENO IN OUT	ITDIN,OUT I_DI EN ENO IN OUT	DTI N,OUT DI_I EN ENO IN OUT	DTRIN,OUT DI_R EN ENO IN OUT	BCDI OUT BCD_I EN ENO IN OUT	IBCD OUT I_BCD EN ENO IN OUT
操作数的含义及范围	IN	BYTE：B、QB、VB、MB、SMB、SB、LB、AC、*VD、*LD、*AC、常数						
		WORD：IW、QW、VW、MW、SMW、SW、T、C、LW、AIW、AC、*VD、*LD、*AC、常数						
		DINT：ID、QD、VD、MD、SMD、SD、LD、HC、AC、*VD、*LD、*AC、常数						
		REAL：ID、QD、VD、MD、SMD、SD、LD、AC、*VD、*LD、*AC、常数						
	OUT	BYTE：IB、QB、VB、MB、SMB、SB、LB、AC、*VD、*LD、*AC						
		WORD、INT：IW、QW、VW、MW、SMW、SW、T、C、LW、AIW、AC、*VD、*LD、*AC						
		DINT、REAL：ID、QD、VD、MD、SMD、SD、LD、AC、*VD、*LD、*AC						

（2）整数转为字节指令

整数转字节指令（ITB）将一个字的值 IN 转换成一个字节值，并且存入 OUT 指定的变量中。指令格式见表 6-13。只有 0 ~ 255 中的值被转换。所有其他值会产生溢出并且输出不会改变。使 ENO = 0 的错误条件：SM1.1（溢出）、0006（间接寻址），受影响的 SM 标志位：SM1.1（溢出）。

如果想将一个整数转换成实数，可先用整数转双整数指令，再用双整数转实数指令。

（3）整数转为双整数指令

整数转双整数指令（ITD）将整数值 IN 转换成双整数值，并且存入 OUT 指定的变量中。指令格式见表6-13。符号位扩展到高字节中。使 ENO＝0 的错误条件：0006（间接寻址）。

（4）双整数转为整数指令

双整数转整数指令（DTI）将一个双整数值 IN 转换成一个整数值，并将结果存入 OUT 指定的变量中。指令格式见表6-13。如果所转换的数值太大以至于无法在输出中表示则溢出标志位置位并且输出不会改变。使 ENO＝0 的错误条件：SM1.1（溢出）、0006（间接寻址），受影响的 SM 标志位：SM1.1（溢出）。

（5）双整数转为实数指令

双整数转实数指令（DTR）将一个 32 位有符号整数值 IN 转换成一个 32 位实数，并将结果存入 OUT 指定的变量中。指令格式见表6-13。使 ENO＝0 的错误条件：0006（间接寻址）。

（6）BCD 码转为整数指令和整数转为 BCD 码指令

BCD 码转整数指令（BCDT）将一个 BCD 码 IN 的值转换成整数值，并且将结果存入 OUT 指定的变量中。指令格式见表6-13。IN 的有效范围是 0～9999 的 BCD 码。

整数转 BCD 码指令（IBCD）将输入的整数值 IN 转换成 BCD 码，并且将结果存入 OUT 指定的变量中。指令格式见表6-13。IN 的有效范围是 0～9999 的整数。

使 ENO＝0 的错误条件：SM1.6（无效的 BCD 码）、0006（间接寻址），受影响的 SM 标志位：SM1.6（无效的 BCD 码）。

（7）四舍五入指令和取整指令

四舍五入指令（ROUND）将一个实数转为一个双整数值，并将四舍五入的结果存入 OUT 指定的变量中，指令格式见表6-14。如果小数部分大于或等于 0.5，则数字向上取整。

取整指令（TRUNC）将一个实数转为一个双整数值，并将实数的整数部分作为结果存入 OUT 指定的变量中，只有实数的整数部分被转换，小数部分舍去。指令格式见表6-14。

表6-14 标准转换指令2

项 目	取 整 指 令	四舍五入指令	段 码 指 令
指令表 梯形图	TRUNC IN, OUT TRUNC EN ENO ???? — IN OUT — ????	ROUND IN, OUT ROUND EN ENO ???? — IN OUT — ????	SEG IN, OUT SEG EN ENO — IN OUT —
操作数的 含义及范围	IN：ID、QD、VD、MD、SMD、SD、LD、AC、＊VD、＊LD、＊AC、常数 OUT：IW、QW、VW、MW、SMW、SW、T、C、LW、AIW、AC、＊VD、＊LD、＊AC、常数		无

使 ENO =0 的错误条件：SM1.1（溢出）、0006（间接寻址），受影响的 SM 标志位：SM1.1（溢出）。

如果所转换的不是一个有效的实数，或者其数值太大以至于无法在输出中表示，则溢出标志位置位并且输出不会改变。

（8）段码指令

段码指令（SEG）允许产生一个点阵，用于点亮七段码显示器的各个段，指令格式见表 6-14。

要点亮七段码显示器中的段，可以使用段码指令。段码指令将 IN 中指定的字符（字节）转换生成一个点阵并存入 OUT 指定的变量中。点亮的段表示的是输入字节中低 4 位所代表的字符。图 6-12 给出了段码指令使用的七段码显示器的编码。

使 ENO =0 的错误条件：0006（间接寻址）。

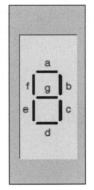

输入 LSD	七段码显示器	输出 -gfe dcba
0		0011 1111
1		0000 0110
2		0101 1011
3		0100 1111
4		0110 0110
5		0110 1101
6		0111 1101
7		0000 0111

输入 LSD	七段码显示器	输出 -gfe dcba
8		0111 1111
9		0110 0111
A		0111 0111
B		0111 1100
C		0011 1001
D		0101 1110
E		0111 1001
F		0111 0001

图 6-12　七段显示器编码

使 ENO =0 的错误条件：0006（间接寻址）。

七段码显示字符"5"如图 6-13 所示。

图 6-13　七段码显示的编码

2. 编码和解码指令

编码和解码指令格式及操作数见表 6-15。

（1）编码

编码指令（ENCO）将输入字 IN 的最低有效位的位号写入输出字节 OUT 的最低有效"半字节"（4 位）中。

（2）解码

译码指令（DECO）根据输入字节（IN）的低四位所表示的位号置输出字（OUT）的相

应位为 1。输出字的所有其他位都清 0。

  SM 标志位和 ENO：对于编码和译码指令，下列条件影响 ENO，使 ENO = 0 的错误条件：0006（间接寻址）

表 6-15 编码和译码指令

项　目	指令表梯形图		操作数的含义及范围
编码指令	ENCO IN,OUT ENCO EN ENO ???—IN OUT—???	IN	BYTE：IB、QB、VB、MB、SMB、SB、LB、AC、＊VD、＊LD、＊AC、常数
			WORD：IW、QW、VW、MW、SMW、SW、LW、T、C、AC、AIW、＊VD、＊LD、＊AC、常数
解码指令	DECO IN,OUT DECO EN ENO ???—IN OUT—???	OUT	BYTE：IB、QB、VB、MB、SMB、SB、LB、AC、＊VD、＊LD、＊AC
			WORD：IW、QW、VW、MW、SMW、SW、T、C、LW、AC、AQW、＊VD、＊LD、＊AC

6.3 数学运算指令

6.3.1 整数运算指令

1. 四则运算指令

  整数运算指令见表 6-16，双整数四则运算指令见表 6-17。

表 6-16 整数四则运算指令

项　目	整　数　加	整　数　减	整　数　乘	整　数　除
指令表 梯形图	+I IN1，OUT ADD_I EN ENO ???—IN1 OUT—?? ???—IN2	-I IN1，OUT SUB_I EN ENO ??—IN1 OUT—?? ??—IN2	＊IN1，OUT MUL EN ENO ???—IN1 OUT—?? ???—IN2	／I IN1，OUT DIV EN ENO ??—IN1 OUT—?? ??—IN2
操作数的含义 和范围	IN1、IN2	INT：IW、QW、VW、MW、SMW、SW、T、C、LW、AC、AIW、＊VD、＊AC、＊LD、常数		
		DINT：ID、QD、VD、MD、SMD、SD、LD、AC、HC、＊VD、＊LD、＊AC、常数		
		REAL：ID、QD、VD、MD、SMD、SD、LD、AC、＊VD、＊LD、＊AC、常数		
	OUT	INT：IW、QW、VW、MW、SMW、SW、LW、T、C、AC、＊VD、＊AC、＊LD		
		DINT、REAL：ID、QD、VD、MD、SMD、SD、LD、AC、＊VD、＊LD、＊AC		

表 6-17　双整数四则运算指令

项　　目	双 整 数 加	双 整 数 减	双 整 数 乘	双 整 数 除
指令表	＋D IN1，OUT	－D IN1，OUT	*D IN1，OUT	/D IN1，OUT
梯形图	ADD_I EN　ENO ???—IN1　OUT—?? ???—IN2	SUB_DI EN　ENO ??—IN1　OUT—?? ??—IN2	MUL_DI EN　ENO ??—IN1　OUT—?? ??—IN2	DIV_DI EN　ENO ??—IN1　OUT—?? ??—IN2
操作数的 含义和范围	IN1、IN2：IW、QW、VW、MW、SMW、SW、LW、T、C、AC、AIW、*VD、*LD、*A 常数 OUT：ID、QD、VD、MD、SMD、SD、LD、AC、*VD、*LD、*AC			

（1）加法和减法

　　　　　　　　　加法　　　　　　　　　　　　　　减法

梯形图中　IN1 + IN2 = OUT　　　　　　IN1 － IN2 = OUT

语句表中　IN1 + OUT = OUT　　　　　　OUT － IN1 = OUT

　　整数加法（＋I）或者整数减法（－I）指令，将两个 16 位整数相加或者相减，产生一个 16 位结果。双整数加法（＋D）或者双整数减法（－D）指令，将两个 32 位整数相加或者相减，产生一个 32 位结果。实数加法（＋R）和实数减法（－R）指令，将两个 32 位实数相加或相减，产生一个 32 位实数结果。

（2）乘法和除法

　　　　　　　　　乘法　　　　　　　　　　　　　　除法

梯形图中　IN1 * IN2 = OUT　　　　　　IN1/IN2 = OUT

语句表中 IN1 * OUT = OUT　　　　　　OUT/IN1 = OUT

　　整数乘法（*I）或者整数除法（/I）指令，将两个 16 位整数相乘或者相除，产生一个 16 位结果。（对于除法，余数不被保留。）双整数乘法（*D）或者双整数除法（/D）指令，将两个 32 位整数相乘或者相除，产生一个 32 位结果。（对于除法，余数不被保留。）实数乘法（*R）或实数除法（/R）指令，将两个 32 位实数相乘或相除，产生一个 32 位实数结果。

（3）SM 标志位和 ENO

　　SM1.1 表示溢出错误和非法值。如果 SM1.1 置位，SM1.0 和 SM1.2 的状态不再有效而且原始输入操作数不会发生变化。如果 SM1.1 和 SM1.3 没有置位，那么数字运算产生一个有效的结果，同时 SM1.0 和 SM1.2 有效。在除法运算中，如果 SM1.3 置位，其他数学运算标志位不会发生变化。

　　使 ENO = 0 的错误条件：SM1.1（溢出）、SM1.3（被 0 除）、0006（间接寻址），受影响的特殊存储器位：SM1.0（结果为 0）、SM1.1（溢出，运算过程中产生非法数值或者输入参数非法）、SM1.2（结果为负）、SM1.3（被 0 除）。

　　这些指令影响 SM1.0（零标志）、SM1.1（有溢出标志）、SM1.2（负数标志）和 SM1.3（除数为 0）。MUL 将两个 16 位整数相乘，产生一个 32 位乘积。DIV 指令将两个 16 位整数相除，运算结果的高 16 位为余数，低 16 位为商。

2. 整数乘法产生双整数和带余数的整数除法

（1）整数乘法产生双整数

梯形图中　IN1 * IN2 = OUT

语句表中　IN1 * OUT = OUT

整数乘法产生双整数指令（MUL），将两个16位整数相乘，得到32位结果。在STL的MUL指令中，OUT的低16位被用作一个乘数。

（2）带余数的整数除法

梯形图中　IN1/IN2 = OUT

语句表中　OUT/IN1 = OUT

带余数的整数除法指令（DIV），将两个16位整数相除，得到32位结果。其中16位为余数（高16位字中），另外16位为商（低16位字中）。

在STL的DIV指令中，OUT的低16位被用作除数。

（3）SM标志位和ENO

对于在本处介绍的两条指令，特殊存储器（SM）标志位表示错误和非法值。如果在除法指令执行时，SM1.3（被0除）置位，其他数字运算标志位不会发生变化。否则，当数字运算完成时，所有支持的数字运算状态位都包含有效状态。

使ENO = 0的错误条件：SM1.1（溢出）、SM1.3（被0除）、0006（间接寻址），受影响的特殊存储器位：SM1.0（结果为0）、SM1.1（溢出）、SM1.2（结果为负）、SM1.3（被0除）。

6.3.2　数学功能指令

1. 正弦、余弦和正切函数指令

三角函数指令见表6-18，其输入值是以弧度为单位的浮点数。求三角函数前应先将角度值乘以 π/180 转换为弧度值。

表6-18　数学功能指令

项　目	正　弦	余　弦	正　切	自然对数	自然指数	平方根
指令表 梯形图	SIN IN, OUT SIN EN　ENO IN　OUT	COS IN, OUT COS EN　ENO IN　OUT	TAN IN, OUT TAN EN　ENO IN　OUT	LN IN, OUT LN EN　ENO IN　OUT	EXP IN, OUT EXP EN　ENO IN　OUT	SQRT IN, OUT SQRT EN　ENO IN　OUT
操作数的含义及范围	IN：ID、QD、VD、MD、SMD、SD、LD、AC、*VD、*LD、*AC、常数 OUT：ID、QD、VD、MD、SMD、SD、LD、AC、*VD、*LD、*AC					

正弦（SIN）、余弦（COS）和正切（TAN）指令计算角度值IN的三角函数值，并将结果存放在OUT中。输入角度值是弧度值。

若要将角度从度转换为弧度：使用 * R 或 MUL_R 指令将以度为单位表示的角度乘以 1.745329E - 2（大约为 π/180）。

2. 自然对数和指数指令

自然对数指令（LN）计算输入值IN的自然对数，并将结果存放到OUT中。指令（EXP）计算输入值IN的指数值，并将结果存放到OUT中。

若要从自然对数获得以10为底的对数：将自然对数除以2.302585（大约为10的自然对数）。若要将一个实数作为另一个实数的幂，包括分数指数：组合指数指令和自然对数指令。例如，要将 X 作为 Y 的幂，输入如下指令：EXP（Y * LN（X））。

3. 平方根指令

平方根指令（SQRT）计算实数（IN）的平方根，并将结果存放到 OUT 中。

若要获得其他根：5 的立方 = 5^3 = EXP(3 * LN(5)) = 125

125 的立方根 = 125^(1/3) = EXP((1/3) * LN(125)) = 5

5 的平方根的三次方 = 5^(3/2) = EXP(3/2 * LN(5)) = 11.18034

4. 数学功能指令的 SM 位和 ENO

对于本章中描述的所有指令，SM1.1 用来表示溢出错误或者非法的数值。如果 SM1.1 置位，SM1.0 和 SM1.2 的状态不再有效而且原始输入操作数不会发生变化。如果 SM1.1 没有置位，那么数字运算产生一个有效的结果，同时 SM1.0 和 SM1.2 状态有效。

使 ENO =0 的错误条件：SM1.1（溢出）、0006（间接寻址），受影响的特殊存储器位：SM1.0（结果为0）、SM1.1（溢出）、SM1.2（结果为负）。

5. 加 1 和减 1 指令

加 1 或者减 1 指令见表6-19，将输入 IN 加 1 或者减 1，并将结果存放在 OUT 中。字节加 1（INCB）和字节减 1（DECB）操作是无符号的。字加 1（INCW）和字减 1（DECW）操作是有符号的。双字加 1（INCD）和双字减 1（DECD）操作是有符号的。

表6-19　加1和减1指令

项　　目	字节加1	字节减1	字加1	字减1	双字加1	双字减1
指令表 梯形图	INCB OUT INC_B EN ENO IN OUT	DECB OUT DEC_B EN ENO IN OUT	INCW OUT INC_W EN ENO IN OUT	DECW OUT DEC_W EN ENO IN OUT	INCD OUT INC_DW EN ENO IN OUT	DECD OUT DEC_DW EN ENO IN OUT
操作数的 含义及范围	IN：IB、QB、VB、MB、SMB、SB、LB、AC、*VD、*LD、*AC、常数 OUT：IB、QB、VB、MB、SMB、SB、LB、AC、*VD、*AC、*LD		IN：IW、QW、VW、MW、SMW、SW、LW、T、C、AC、AIW、*VD、*LD、*AC、常数 OUT：IW、QW、VW、MW、SMW、SW、T、C、LW、AC、*VD、*LD、*AC		IN：ID、QD、VD、MD、SMD、SD、LD、AC、HC、*VD、*LD、*AC、常数 OUT：ID、QD、VD、MD、SMD、SD、LD、AC、*VD、*LD、*AC	

使 ENO =0 的错误条件：SM1.1（溢出）、0006（间接寻址），受影响的特殊存储器位：SM1.0（结果为0）、SM1.1（溢出）、SM1.2（结果为负）对于字和双字操作有效。

6.3.3　逻辑运算指令

1. 字节、字和双字取反指令

字节取反（INVB）、字取反（INVW）和双字取反（INVD）指令见表6-20。将输入 IN 取反的结果存入 OUT 中。

使 ENO = 0 的错误条件：0006（间接寻址），受影响的 SM 标志位：SM1.0（结果为0）。

表 6-20　字节、字和双字取反指令

项　目	字 节 取 反	字 的 取 反	双 字 的 取 反
指令表 梯形图	INVB IN ┌─────────┐ │ INV_B │ │ EN　ENO │ │ │ ?? ─│ IN　OUT │─ ??	INVW IN ┌─────────┐ │ INV_W │ │ EN　ENO │ │ │ ?? ─│ IN　OUT │─ ??	INVD IN ┌─────────┐ │ INV_DW │ │ EN　ENO │ │ │ ?? ─│ IN　OUT │─ ??
操作数的 含义及范围	IN：IB、QB、VB、MB、SMB、SB、LB、AC、*VD、*LD、*AC、常数 OUT：IB、QB、VB、MB、SMB、SB、LB、AC、*VD、*LD、*AC	IN：IW、QW、VW、MW、SMW、SW、LW、T、C、AC、AIW、*VD、*LD、*AC、常数 OUT：IW、QW、VW、MW、SMW、SW、T、C、LW、AIW、AC、*VD、*LD、*AC	IN：ID、QD、VD、MD、SMD、SD、LD、AC、HC、*VD、*LD、*AC、常数 OUT：ID、QD、VD、MD、SMD、SD、LD、AC、*VD、*LD、*AC

2. 与、或和异或指令

字节、字、双字的与、或和异或指令见表 6-21。

表 6-21　字节、字、双字的与、或和异或指令

项　目	与	或	异　或
指令表 梯形图	ANDB IN1,IN2 ┌─────────┐ │ WAND_B │ │ EN　ENO │ │ │ ?? ─│ IN1　OUT │─ ??? ?? ─│ IN2 │	ORB IN1,IN2 ┌─────────┐ │ WOR_B │ │ EN　ENO │ │ │ ?? ─│ IN1　OUT │─ ?? ?? ─│ IN2 │	XORB IN1,IN2 ┌─────────┐ │ WXOR_B │ │ EN　ENO │ │ │ ?? ─│ IN1　OUT │─ ?? ?? ─│ IN2 │
字指令表 字梯形图	ANDW IN1,IN2 WAND_W	ORW IN1,IN2 WAND_W	XORW IN1,IN2 WXOR_W
双字指令表 双字梯形图	ANDD IN1,IN2 WAND_DW	ORD IN1,IN2 WAND_DW	XORD IN1,IN2 WXOR_DW
操作数的 含义及范围　IN1、IN2	BYTE：IB、QB、VB、MB、SMB、SB、LB、AC、*VD、*LD、*AC、常数 WORD：IW、QW、VW、MW、SMW、SW、LW、T、C、AC、AIW、*VD、*LD、*AC、常数 DWORD：ID、QD、VD、MD、SMD、SD、LD、AC、HC、*VD、*LD、*AC、常数		
OUT	BYTE：IB、QB、VB、MB、SMB、SB、LB、AC、*VD、*AC、*LD WORD：IW、QW、VW、MW、SMW、SW、T、C、LW、AC、*VD、*AC、*LD DWORD：ID、QD、VD、MD、SMD、SD、LD、AC、*VD、*AC、*LD		

（1）字节与、字与和双字与

字节与（ANDB）、字与（ANDW）和双字与（ANDD）指令将输入值 IN1 和 IN2 的相应位进行与操作，将结果存入 OUT 中。

（2）字节或、字或和双字或

字节或（ORB）、字或指令（ORW）和双字或（ORD）指令将两个输入值 IN1 和 IN2 的相应位进行或操作，将结果存入 OUT 中。

（3）字节异或、字异或和双字异或

字节异或（XORB）、字异或（XORW）和双字异或（XORD）指令将两个输入值 IN1

和 IN2 的相应位进行异或操作，将结果存入 OUT 中。

使 ENO = 0 的错误条件：0006（间接寻址），受影响的 SM 标志位：SM1.0（结果为 0）。

6.4 程序控制指令

6.4.1 条件结束、停止和监视程序复位指令

条件结束指令（END）根据前面的逻辑关系终止当前扫描周期。可以在主程序中使用条件结束指令，但不能在子程序或中断程序中使用该命令。

停止指令（STOP）导致 S7 - 200 CPU 从 RUN 到 STOP 模式，从而可以立即终止程序的执行。

如果 STOP 指令在中断程序中执行，那么该中断立即终止，并且忽略所有挂起的中断，继续扫描程序的剩余部分。完成当前周期的剩余动作，包括主用户程序的执行，并在当前扫描的最后，完成从 RUN 到 STOP 模式的转变。

监视程序复位指令（WDR）允许 S7 - 200 CPU 的系统监视狗定时器被重新触发，这样可以在不引起监视狗错误的情况下，增加此扫描所允许的时间。

使用 WDR 指令时要小心，因为如果用循环指令去阻止扫描完成或过度地延迟扫描完成的时间，那么在终止本次扫描之前，下列操作过程将被禁止：

- 通信（自由端口方式除外）。
- I/O 更新（立即 I/O 除外）。
- 强制更新。
- SM 位更新（SM0，SM5 ~ SM29 不能被更新）。
- 运行时间诊断。
- 由于扫描时间超过 25 s、10 ms 和 100 ms，定时器将不会正确累计时间。
- 在中断程序中的 STOP 指令。

带数字量输出的扩展模块也包含一个监视狗定时器，如果模块没有被 S7 - 200 写，则此监视狗定时器将关断输出。在扩展的扫描时间内，对每个带数字量输出的扩展模块进行立即写操作，以保持正确的输出。

如果希望程序的扫描周期超过 500 ms，或者在中断事件发生时有可能使程序的扫描周期超过 500 ms 时，应该使用监视程序复位指令重新触发监视狗定时器。每次使用监视程序复位指令，应该对每个扩展模块的某一个输出字节使用一个立即写指令来复位每个扩展模块的监视狗。如果使用了监视程序复位指令允许程序的执行有一个很长的扫描时间，此时将 S7 - 200 的模式开关切换到 STOP 位置，则在 1.4 s 内，CPU 转到 STOP 方式。

停止、监视程序复位和结束指令使用如图 6-14 所示。

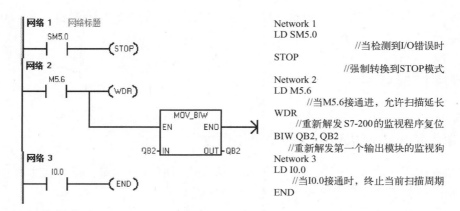

图 6-14 停止、结束和监视程序复位指令

6.4.2 For – Next 循环、跳转和诊断 LED 指令

For – Next、跳转和诊断 LED 指令见表 6-22。

表 6-22 FOR – NEXT、跳转和诊断 LED 指令

项　目	FOR – NEXT 指令	跳转指令	诊断 LED 指令
指令表 梯形图	FOR INDX,INIT,FINAL 　FOR —EN　　ENO— ???—INDX ???—INIT ???—FINAL —(NEXT)	JMP N LBL N ???? —(JMP) ???? 　LBL	DLED　IN 　DIAG_LED —EN　　ENO— ??—IN
操作数的 含义及范围	INDX：IW、QW、VW、MW、SMW、SW、T、C、LW、AIW、AC、*VD、*LD、*AC INIT、FINAL：INT VW、IW、QW、MW、SMW、SW、T、C、LW、AC、AIW、*VD、*AC、常数	N：WORD 常数（0 到 255）	IN：　（BYTE）VB、IB、QB、MB、SB、SMB、LB、AC、常数、*VD、*LD、*AC

1. FOR 和 NEXT 指令

FOR 和 NEXT 指令可以描述需重复进行一定次数的循环体。每条 FOR 指令必须对应一条 NEXT 指令。FOR – NEXT 循环嵌套（一个 FOR – NEXT 循环在另一个 FOR – NEXT 循环之内）深度可达 8 层。FOR – NEXT 指令执行 FOR 指令和 NEXT 指令之间的指令。必须指定计数值或者当前循环次数 INDX、初始值（INIT）和终止值（FINAL）。

NEXT 指令标志着 FOR 循环的结果。

使 ENO =0 的错误条件：0006（间接寻址）。

在循环执行过程中可以修改循环结果值，也可在循环体内部用指令修改结束值。使能输

入有效时，循环一直执行，直到循环结束。

例如，给定 1 的 INIT 值和 10 的 FINAL 值，随着 INDX 数值增加：1、2、3、…10，在 FOR 指令和 NEXT 指令之间的指令被执行。如果初值大于终值，那么循环体不被执行。每执行一次循环体，当前计数值增加 1，并且将其结果同终值作比较，如果大于终值，那么终止循环。

如果程序进入 FOR – NEXT 循环时，栈顶值为 1，则当程序退出 FOR – NEXT 循环时，栈顶值也为 1。

2. 跳转指令

跳转到标号指令（JMP）执行程序内标号 N 指定的程序分支。标号指令标识跳转目的地的位置 N。可以在主程序、子程序或者中断程序中，使用跳转指令。跳转和与之相应的标号指令必须位于同一段程序代码（无论是主程序、子程序还是中断程序）。不能从主程序跳到子程序或中断程序，同样不能从子程序或中断程序跳出。可以在 SCR 程序段中使用跳转指令，但相应的标号指令必须也在同一个 SCR 段中。

3. 诊断 LED 指令

如果输入参数 IN 的值为零，就将诊断 LED 置为 OFF。如果输入参数 IN 的值大于零，就将诊断 LED 置为 ON（黄色）。

当系统块中指定的条件为真或者用非零 IN 参数执行 DIAG_LED 指令时，CPU 发光二极管（LED）标注的 SF/DIAG 可以被配置用于显示黄色。

系统块（配置 LED）复选框选项：当有一项在 CPU 内被强制时，SF/DIAGLED 为 ON（黄色）；当模块有 I/O 错误时，SF/DIAGLED 为 ON（黄色）。

两个配置 LED 选项都不选中，将使 SF/DIAG 黄光只受 DIAG_LED 指令控制。CPU 系统故障（SF）用红光指示。

6.5 中断控制指令与子程序

当中断事件发生时，操作系统立即调用中断程序。中断程序是用户编写的，不能再被中断，而且越短越好。

6.5.1 中断指令

1. 中断允许和中断禁止

中断允许指令（ENI）全局地允许所有被连接的中断事件。中断禁止指令（DISI）全局地禁止处理所有中断事件。当进入 RUN 模式时，初始状态为禁止中断。在 RUN 模式，可以执行全局中断允许指令（ENI）允许所有中断。执行"禁用中断"指令可禁止中断过程；然而，激活的中断事件仍继续排队。

使 ENO = 0 的错误条件：0004（试图在中断程序中执行 ENI、DISI 或者 HDEF 指令）。

2. 中断条件返回

中断条件返回指令（CRETI）用于根据前面的逻辑操作的条件，从中断程序中返回。

3. 中断连接

中断连接指令（ATCH）将中断事件 EVNT 与中断程序号 INT 关联，并使能该中断事件。

使 ENO = 0 的错误条件：0002（与 HSC 的输入分配冲突）。

4. 中断分离

中断分离指令（DTCH）将中断事件 EVNT 与中断程序之间的关联切断，并禁止该中断事件。

5. 清除中断事件

清除中断事件指令从中断队列中清除所有 EVNT 类型的中断事件。使用此指令从中断队列中清除不需要的中断事件。如果此指令用于清除假的中断事件，在从队列中清除事件之前要首先分离事件。否则，在执行清除事件指令之后，新的事件将增加到队列中。

6. 对中断连接和中断分离指令的理解

在激活一个中断程序前，必须在中断事件和该事件发生时希望执行的那段程序间建立一种联系。中断连接指令（ATCH）指定某中断事件（由中断事件号指定）所要调用的程序段（由中断程序号指定）。多个中断事件可调用同一个中断程序，但一个中断事件不能同时指定调用多个中断程序。当把中断事件和中断程序连接时，自动允许中断。如果采用禁止全局中断指令不响应所有中断，每个中断事件进行排队，直到采用允许全局中断指令重新允许中断，如果不允许全局中断指令，可能会使中断队列溢出。可以用中断分离指令（DTCH）截断中断事件和中断程序之间的联系，以单独禁止中断事件。中断分离指令（DTCH）使中断回到不激活或无效状态。

7. 中断程序举例

（1）通信端口中断

在自由端口模式，接收消息完成、发送消息完成和接收一个字符均可以产生中断事件。

（2）I/O 中断包括 I0.0 ~ I0.3 的上升沿、下降沿中断；高速计数器的当前值等于设定值、计数方向改变和计数器外部复位中断。

例 6-1 在 I0.0 的上升沿通过中断使 Q0.0 立即置位。在 I0.1 的下降沿通过中断使 Q0.0 立即复位。

```
//主程序 OB1
LDSM0.1              //第一次扫描时
ATCHINT_0,0          //I0.0 上升沿时执行 0 号中断程序
ATCHINT_1,3          //I0.1 下降沿时执行 1 号中断程序
ENI                  //允许全局中断
LDSM5.0              //如果检测到 I/O 错误
DTCH0                //禁用 I0.0 的上升沿中断
DTCH3                //禁用 I0.1 的下降沿中断
//中断程序 0（INT_0）
LDSM0.0              //该位总是为 ON
SIQ0.0,1             //使 Q0.0 立即置位
TODRVB10             //读实时时钟
//中断程序 1（INT_1）
LDSM0.0              //该位总是为 ON
```

```
RIQ0.0,1                      //使 Q0.0 立即复位
TODRVB20                      //读实时时钟
```

（3）定时中断

定时中断 0、1 的周期为 1~255 ms，分别写入 SMB34 和 SMB35。每当定时时间到，执行相应的定时中断程序。定时器 T32、T96 中断的时间周期最大为 32.767 s。

例 6-2 用定时中断 0 实现周期为 2 s 的高精度定时。

```
//主程序 OB1
LDSM0.1                       //第一次扫描时
MOVB0,VB10                    //将中断次数计数器清 0
MOVB250,SMB34                 //设定时中断 0 的中断时间间隔为 250 ms
ATCHINT_0,10                  //指定产生定时中断 0 时执行 0 号中断程序
ENI                           //允许全局中断
//中断程序 INT_0,每隔 250 ms 中断一次
LDSM0.0                       //该位总是为 ON
INCBVB10                      //中断次数计数器加 1
LDB = 8,VB10                  //如果中断了 8 次(2 s)
MOVB0,VB10                    //将中断次数计数器清 0
INCB     QB0                  //每 2 s 将 QB0 加 1
```

6.5.2 子程序的编写与调用

子程序将程序分成容易管理的小块，使程序结构简单清晰，易于查错和维护。可以多次调用子程序，减少扫描时间。

子程序调用指令（CALL）将程序控制权交给子程序 SBR_N。调用子程序时可以带参数也可以不带参数。子程序执行完成后，控制权返回到调用子程序的指令的下一条指令。

子程序条件返回指令（CRET）根据它前面的逻辑决定是否终止子程序。

要添加一个子程序可以在命令菜单中选择：编辑 > 插入 > 子程序。使 ENO = 0 的错误条件：0008（超过子程序嵌套最大限制）、0006（间接寻址）。

在主程序中，可以嵌套调用子程序（在子程序中调用子程序），最多嵌套 8 层。在中断程序中，不能嵌套调用子程序。在被中断程序调用的子程序中不能再出现子程序调用。不禁止递归调用（子程序调用自己），但是当使用带子程序的递归调用时应慎重。

当有一个子程序被调用时，系统会保存当前的逻辑堆栈，置栈顶值为 1，堆栈的其他值为零，把控制交给被调用的子程序。当子程序完成之后，恢复逻辑堆栈，把控制权交还给调用程序。因为累加器可在主程序和子程序之间自由传递，所以在调用子程序时，累加器的值既不保存也不恢复。

当子程序在同一个周期内被多次调用时，不能使用上升沿、下降沿、定时器和计数器指令。

6.6 习题

1. 移位寄存器指令 SHRB 将（   ）端输入的数值移入移位寄存器中。

2. 如果方框指令的 EN 输入端有能流且执行无误，则使能输出 ENO 将（　　）。

3. 当比较结果为真时，比较指令（　　）。当使用 IEC 比较指令时，可以使用各种数据类型作为输入，但是，两个输入的数据类型（　　）。

4. 在 MW4 小于或等于 1247 时，将 M0.1 置位为 ON，反之将 M0.1 复位为 OFF。用比较指令设计出满足要求的程序。

5. 某生产线有 5 台电动机，要求每台电动机间隔 5 s 起动，停止时 5 台电动机同时停止，试用比较指令编写控制程序。

6. 使用 T32 中断控制 8 位节日彩灯，每 2.5 s 左移 1 位。1 ms 定时器 T32 定时时间到时产生中断事件，中断号为 21，最长定时时间为 32.767 s。分辨率为 1 ms 的定时器必须使用下面主程序中 LDN 开始的 4 条指令来产生脉冲序列。

第 7 章　PLC 在模拟量闭环控制中的应用

PLC 在模拟量闭环控制中的应用，其理论基础也是“计算机控制技术”，涉及 A/D 转换、D/A 转换以及数字量 PID 算法的实现等内容，有关原理，不做太多赘述，请读者参阅相关书籍。

7.1　PLC 的模拟量扩展模块

模拟量输入和输出模块分别实现 A/D 转换与 D/A 转换。S7 - 200 系列产品可以采集标准的电压、电流模拟量信号和热电偶、热电阻温度传感器信号以及电阻信号。电压和电流信号经过 A/D 转换成为 0 ~ 32000 或者 - 32000 ~ 32000 之间的整数。温度传感器信号被直接转换为摄氏度（或华氏度）温度值的 10 倍，省去了复杂的温度值换算。

模拟量输入模块的分辨率为 12 位，如图 7-1 所示，单极性全量程输入范围对应的数字量输出为 0 ~ 32000。双极性全量程输入范围对应的数字量输出为 - 32000 ~ + 32000。电压输入时输入阻抗≥2MΩ，电流输入时输入阻抗为 250Ω。

单极性

	MSB					LSB
AIWXX	0	12位数据值	0	0	0	0

双极性

	MSB				LSB
AIWXX	12位数据值	0	0	0	0

图 7-1　模拟量输入数据字格式

S7 - 200 系列模拟量输出通道可以输出 - 10 V ~ + 10 V 之间的电压和 0 ~ 20 mA 的电流信号，对应的数字量输出为 - 32000 ~ + 32000 和 0 ~ 32000。电压输出时分辨率为 12 位，可驱动负载阻抗最小 5 kΩ；电流输出时分辨率为 11 位，可驱动负载阻抗最大 500 Ω，如图 7-2 所示。

电压输出

	MSB					LSB
AQWXX	0	11位数据值	0	0	0	0

电压输出

	MSB				LSB
AQWXX	12位数据值	0	0	0	0

图 7-2　模拟量输出数据字格式

S7 - 200 的模拟量扩展模块有 9 种，见表 7 - 1，用户根据系统要求选择扩展模块。EM231 模拟量输入模块有多种量程（DC0 ~ 5 V、0 ~ 10 V、0 ~ 20 mA、 ± 2. 5 V 及 ± 5 V 等），用模块上的 DIP 开关设置量程。

表 7-1   模拟量扩展模块

型　　号	规　　格
EM 231 CN	模拟量输入模块，4 输入
	模拟量输入模块，8 输入
	2 路输入热电阻
	4 路输入热电阻
	4 路输入热电偶
	8 路输入热电偶
EM 232 CN	模拟量输出模块，2 输出
	模拟量输出模块，4 输出
EM 235 CN	模拟量输入/输出模块，4 输入/1 输出

1. CPU 224 XP 的 2AI/1AO

CPU 224 XP 在 CPU 上集成了两个模拟量输入端口和一个模拟量输出端口。如图 7-3 所示。两路 AI，电压信号 ±10 V；一路 AO 电压信号 0~10 V 或者电流信号 0~20 mA（4~20 mA），输出信号类型可以通过硬件接线来选择。

CPU 224 XP 本体上的模拟量输入通道的地址为 AIW0 和 AIW2；模拟量输出通道的地址为 AQW0。S7-200 的模拟量 I/O 地址总是以 2 个通道/模块的规律增加。

CPU 224 XP 的两路模拟量输入通道被出厂设置为电压信号（0~10 V）输入。为了能够输入电流信号，必须在 A + 与 M 端（或 B + 与 M 端）之间并入一个 500Ω 的电阻，如图 7-4 所示。

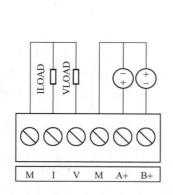

图 7-3   CPU 224 XP 的模拟量 I/O 接线图

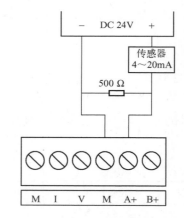

图 7-4   电流传感器两线制连接方式

2. 混合模拟量模块 EM235

混合模拟量模块 EM235 接线如图 7-5 所示，输出通道电压负载接在 V 和 M 之间，电流负载接在 I 和 M 之间，M 为参考点。输入通道有几种情况。

方式 a：电压输入方式。信号正接 A +；信号负接 A -。

方式 b：未用通道接法（不要悬空）。未用通道需短接，如 B + 和 B - 短接。

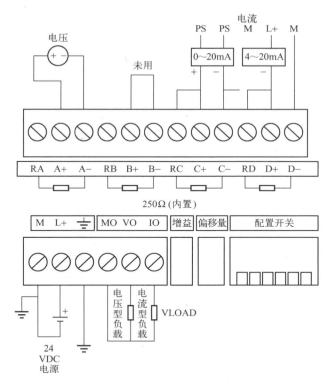

图 7-5　混合模拟量模块 EM235 接线图

方式 c：电流输入方式（四线制）。信号正接 C +，同时 C + 与 RC 短接；信号负接 C -，同时 C - 和模块的 M 端短接。

方式 d：电流输入方式（两线制）。信号线接 D +，同时 D + 与 RD 短接；电源 M 端接 D -，同时和模块的 M 端短接。

3. 温度模拟量输入模块（热电偶 TC、热电阻 RTD）

若传感器为热电阻或热电偶，直接输出信号接模拟量输入，需要选择特殊的测温模块。测温模块分为热电阻模块 EM231 RTD 和热电偶模块 EM231 TC。注意：不同的信号应该连接至对应的模块，如热电阻信号应该使用 EM231 RTD，而不能使用 EM231 TC，且同一模块的输入类型应该一致，如：Pt100 和 Pt10 不能同时应用在一个热电阻模块上。

热电阻的测量电路接线方式包括两线制、三线制和四线制，所以 RTD 模块与热电阻的接线有 3 种方式，如图 7-6 所示。其中四线制接线方式的测量准确度最高，两线制接线方式的测量准确度最低。

EM231 TC 支持 J、K、E、N、S、T 和 R 型热电偶，不支持 B 型热电偶。通过拨码设置，模块可以实现冷端补偿，但仍然需要补偿导线进行热电偶的自由端补偿。另外，该模块具有断线检测功能，未用通道应当短接或者并联到旁边的实际接线通道上。

4. 模拟量比例换算

因为 A/D（模/数）、D/A（数/模）转换之间的对应关系，S7 - 200CPU 内部用数值表示外部的模拟量信号，两者之间有一定的数学关系。这个关系就是模拟量/数值量的换算关系。

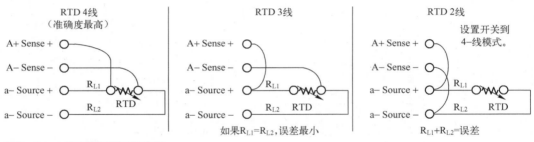

图 7-6　RTD 模块与热电阻的接线方式

模拟量的输入/输出都可以用下列的通用换算公式换算：

$$Ov = \left[(Osh - Osl) * (Iv - Isl) / (Ish - Isl) \right] + Osl$$

式中　　Ov——换算结果。

　　　　Iv——换算对象。

　　　　Osh——换算结果的高限。

　　　　Osl——换算结果的低限。

　　　　Ish——换算对象的高限。

　　　　Isl——换算对象的低限。

例 7-1　量程为 0 ~ 10 MPa 的压力变送器的输出信号为 DC(4 ~ 20)mA，模拟量输入模块将 0 ~ 20 mA 转换为 0 ~ 32000 的数字量，设转换后得到的数字为 N，试求以 0.1 MPa（约为 1 个大气压）为单位的压力值。

解：4 ~ 20 mA 的模拟量对应于数字量 6400 ~ 32000，对应实际量 0 ~ 100（0.1 MPa），压力的计算公式为

$$p = \frac{100 - 0}{32000 - 6400}(N - 6400)$$

图 7-7 为模拟量读取运算程序，由主程序和子程序构成，可移植。系统包括压力、流量和组份传感器，输入通道地址分别为 AIW8、AIW10 和 AIW12，上下限由工艺确定，如压力为 0 ~ 4 大气压。计算结果分别存储于 VD4、VD8 和 VD12 中。

5. S7 - 200 模拟量数据格式与寻址

模拟量输入/输出数据是有符号整数，占用一个字长（两个字节），所以地址必须从偶数字节开始。

格式：

输入：AIW［起始字节地址］——如 AIW6。

输出：AQW［起始字节地址］——如 AQW0。

每个模拟量输入模块，按模块的先后顺序和输入通道数目，以固定的递增顺序向后排地址。例如：AIW0、AIW2、AIW4、AIW6、AIW8 等。

每个有模拟量输出的模块占两个输出通道。即使第一个模块只有一个输出 AQW0，第二个模块的输出地址也应从 AQW4 开始寻址（AQW2 被第一个模块占用），依此类推。

温度模拟量输入模块（EM231 TC、EM231 RTD）也按照上述规律寻址，但是所读取的

主程序：

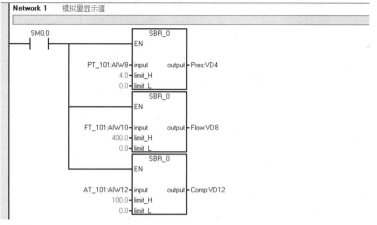

子程序：

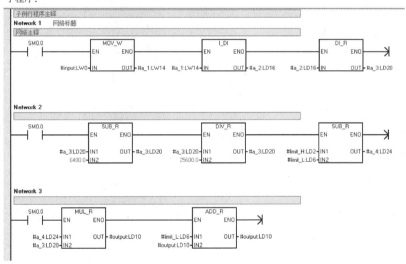

图 7-7　模拟量读取运算程序

数据是温度测量值的 10 倍（摄氏或华氏温度），如 520 相当于 52.0℃，如图 7-8 所示。

注意： 每一模块的起始地址都可在 STEP7－Micro/WIN 中的菜单 "PLC ＞ Information" 里在线读到。

图 7-8 为热电阻模块 EM231 RTD 读取热电阻温度传感器并运算温度程序，可移植。

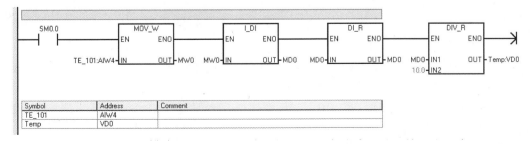

图 7-8　热电阻模块 EM231 RTD 读取热电阻温度传感器并运算温度程序

7.2　PLC 的 PID 算法实现

一般计算机控制系统的方框图如图 7-9 所示，其中 A/D 转换与 D/A 转换由模拟量输入输出通道实现。控制器由计算机的控制算法实现，工业上常用 PID 算法，有 90% 以上的闭环控制采用 PID 控制器，因为 PID 控制器具有不需要被控对象的数学模型、结构简单容易实现、有较强的灵活性和实用性以及使用方便等特点。

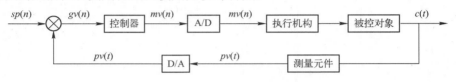

图 7-9　计算机控制系统方框图

例如在加热炉温度闭环控制系统中，用热电偶检测炉温，温度变送器将热电偶输出的微弱电压信号转换为标准量程的电流或电压，然后送给模拟量输入模块，经 A/D 转换后得到与温度成比例的数字量，CPU 将它与温度设定值比较，并按某种控制规律（例如 PID 控制算法）对误差进行运算，将运算结果（数字量）送给模拟量输出模块，经 D/A 转换后变为电流信号或电压信号，用来控制电动调节阀的开度，通过它控制加热用的天然气的流量，实现对温度的闭环控制。天然气压力的波动、冷工件或介质进入加热炉，这些因素为扰动量，它们会破坏炉温的稳定。闭环控制可以有效地抑制闭环中各种扰动的影响，使被控变量趋近于给定值。

1. PID 指令向导

S7-200 CPU 提供了 8 个回路的 PID 功能，见表 7-2，用以实现需要按照 PID 控制规律进行自动调节的控制任务。

表 7-2　PID 指令

梯　形　图	语　句　表	功　　能
PID — EN　ENO — — TBL — LOOP	PID TBL,LOOP	PID 指令：当使能端 EN 为 1 时，PID 调节指令对 TBL 为起始地址的 PID 参数表中的数据进行 PID 运算

单击编程软件指令树中的"\向导\PID"图标，或执行菜单命令"工具"→"指令向导"，在出现的对话框中，设置 PID 回路的编号、设定值的范围、增益、采样周期、积分时间、微分时间、输入/输出量是单极性还是双极性以及它们的变化范围。还可以设置是否使用报警功能以及占用的 V 存储区地址。

完成了向导的设置工作后，将会自动生成子程序 PIDx_INIT（$x = 0 \sim 7$）和中断程序 PID_EXE。

PID 调节指令格式及功能：

LOOP 为 PID 调节回路号，可在 $0 \sim 7$ 范围选取。为保证控制系统的每一条控制回路都能正常得到调节，必须为调节回路号 LOOP 赋不同的值，否则系统将不能正常工作。

TBL 为与 LOOP 对应的 PID 参数表的起始地址，它由 36 个字节组成，存储着 9 个参数。

其格式及含义见表7-3。

表7-3 PID 回路表

偏移地址（VB）	变 量 名	数据格式	输入/输出类型	取 值 范 围
T+0	反馈量（PV_n）	双字实数	输入	应在 0.0～1.0 之间
T+4	给定值（SP_n）	双字实数	输入	应在 0.0～1.0 之间
T+8	输出值（M_n）	双字实数	输入/输出	应在 0.0～1.0 之间
T+12	增益（K_c）	双字实数	输入	比例常数，可正可负
T+16	采样时间（T_S）	双字实数	输入	单位为 s，必须为正数
T+20	积分时间（T_I）	双字实数	输入	单位为 min，必须为正数
T+24	微分时间（T_D）	双字实数	输入	单位为 min，必须为正数
T+28	积分和或节分项前值（MX）	双字实数	输入/输出	应在 0.0～1.0 之间
T+32	反馈量前值（PV_n-1）	双字实数	输入/输出	最后一次执行 PID 指令的过程变量值

完成了向导配置后，会自动生成一个 PID 向导符号表。S7-200 中 PID 功能的核心是 PID 指令。PID 指令需要为其指定一个 V 变量存储区地址，以及 PID 回路号。PID 回路表提供了给定和反馈，以及 PID 参数等数据入口，PID 运算的结果也在回路表输出。利用这些参数地址用户可以方便地在 Micro/WIN 中使用程序、状态表或从 HMI 上修改 PID 参数值进行编程调试。

关于回路表的几点说明：

（1）PLC 可同时对多个生产过程（回路）实行闭环控制。由于每个生产过程的具体情况不同，其 PID 算法的参数亦不同。因此，需建立每个控制过程的参数表，用于存放控制算法的参数和过程中的其他数据。当需要作 PID 运算时，从参数表中把过程数据送至 PID 工作台，运算完毕，将有关数据结果再送至参数表。

（2）表中反馈量 PV_n 和给定值 SP_n 为 PID 算法的输入，只可由 PID 指令来读取而不可更改；通常反馈量来自模拟量输入模块，给定量来自人机对话设备，如 TD200、触摸屏或组态软件监控系统等。

（3）表中回路输出值 M_n 由 PID 指令计算得出，仅当 PID 指令完全执行完毕才予以更新。该值还需用户按工程量标定通过编程转换为 16 位数字值，送往 PLC 的模拟量输出寄存器 AQWx。

（4）表中增益（K_c）、采样时间（T_S）、积分时间（T_I）和微分时间（T_D）是由用户事先写入的值，通常也可通过人机对话设备，如 TD200、触摸屏及组态软件监控系统输入。

（5）表中积分和 MX 由 PID 算法来更新，且此更新值用作下一次 PID 运算的输入值。

2. PLC 实现 PID 控制的说明

（1）反馈量 PV_n、给定值 SP_n 以及输出值 M_n 都是标准化后的数值（0.0～1.0）。

（2）通过设置增益（K_c）的正负来保证控制系统是负反馈的。

（3）自动和手动切换用一位数字量实现，如 I0.0 或 M20.0 为 ON 是自动模式，I0.0 或 M20.0 为 OFF 是手动模式。

（4）控制算法（P、PI、PD 和 PID）的选择以及 PID 参数初值的确定，可参照相关书籍总结的经验。

（5）S7 – 200 CPU 和 Micro/WIN 已经有了 PID 自整定功能。用户可以使用用户程序或 PID 调节控制面板来起动自整定功能，使用这些整定值可以使控制系统得到最优化的 PID 参数，达到最佳的控制效果。若要使用 PID 自整定功能，必须用 PID 向导完成编程任务。参见相关手册。

图 7–10 为用 PID 向导生成的 PID 控制程序。

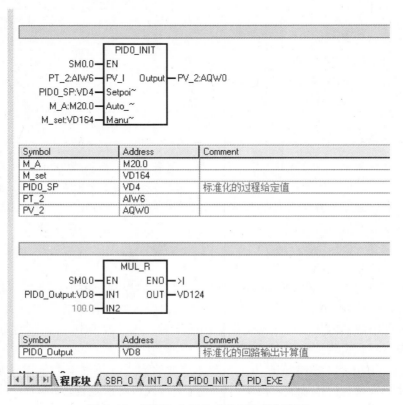

图 7–10　用 PID 向导生成的 PID 控制程序

第8章　变频器原理及应用

8.1　通用变频器的基本工作原理

8.1.1　变频调速概述

由于直流调速系统具有较优良的静、动态性能指标，因此在过去很长时期内，调速传动领域大多为直流电动机调速系统。

20世纪60年代中期，随着全控型电力电子器件（如BJT、IGBT）的发展、SPWM专用集成芯片的开发、交流电动机矢量变换控制技术以及单片微型计算机的应用，使得交流调速的性能获得极大的提高，在许多方面已经可以取代直流调速系统。

交流调速方式是按交流电动机转速公式建立的。

对于三相异步电动机，其转速为

$$n = \frac{60f}{p}(1 - s) \tag{8-1}$$

对于同步电动机，其转速为

$$n = \frac{60f}{p} \tag{8-2}$$

式中　s——转差率。

p——电动机极对数。

f——定子电源频率（Hz）。

因此，对于异步电动机，改变极对数p、改变转差率s和调节频率f都可以调速。但是变极调速是有级调速，而以改变转差率s为目的的各种调速方法，如定子调压调速、电磁调速（滑差电机）和转子变电阻（或斩阻）调速都是耗能型调速方法，只有变频调速的性能最好，调速范围大，静态稳定性好，运行效率高。对于同步电动机，在运行中改变极对数会引起失步，因此只能调频调速。

在电力电网中应用最普遍的是标准系列的普通笼型异步电动机和同步电动机。这些电动机利用变频器进行变频调速，使用方便、可靠性高且经济效益显著，因此，变频调速是交流调速中最理想、最有发展前途且发展最快的一种方法。

交流变频调速系统的工作原理将在运动控制系统相关课程中进行详细讲解。

8.1.2　变频器的基本原理

交流异步电动机的变频调速系统必须具备能够同时控制电压幅值和频率的交流电源，而电网提供的是恒压恒频的电源，因而应该配置变压变频装置，又称VVVF装置。最早的

VVVF 装置是旋转变频机组，即由直流电动机拖动交流同步发电机构成的机组，调节直流电动机的转速就能控制交流发电机输出的电压和频率。自从电力电子器件获得广泛应用以后，旋转变频机组已经无一例外地让位给静止式的变频器了，并形成了一系列通用型的静止式变频装置。变频器是将固定频率的交流电变换成频率、电压连续可调的交流电，供给电动机运转的电源装置。

从结构上看，变频器可分为间接变频和直接变频两类。间接变频装置先将工频交流电源通过整流器变成直流电，然后再经过逆变器将直流电变换为可控频率的交流电，因此又称有中间直流环节的变频装置。直接变频装置则将工频交流电一次变换成可控频率的交流电，没有中间直流环节。

1. 交 – 直 – 交变频器

交 – 直 – 交变频器先将工频交流电源通过整流器变换成直流电，再通过逆变器变换成可控频率和电压的交流电，如图 8-1 所示。

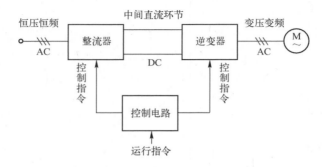

图 8-1　交 – 直 – 交变频器的基本构成

由于这类变压变频器在恒频交流电源和变频交流输出之间有一个"中间直流环节"，所以又称间接式变压变频器。

具体的整流和逆变电路种类很多，当前应用最广的是由二极管组成不控整流器和由全控型功率开关器件（P – MOSFET、IGBT 等）组成的脉宽调制（PWM）逆变器，简称 PWM 变频器。用不控整流，则功率因数高；用 PWM 逆变，则谐波可以减小。PWM 逆变器需要全控式电力电子器件，其输出谐波减小的程度取决于 PWM 的开关频率，而开关频率则受器件开关时间的限制。

（1）主电路

1）整流电路

图 8-2 所示为交 – 直 – 交变频器主电路。交 – 直部分整流电路通常由二极管或晶闸管构成的桥式电路组成。根据输入电源的不同，分为单相桥式整流电路和三相桥式整流电路。我国常用的小功率的变频器多数为单相 220 V 输入，较大功率的变频器多数为三相 380V（线电压）输入。

2）中间直流电路

根据储能元件不同，可分为电容滤波和电感滤波两种。由于电容两端的电压不能突变，流过电感的电流不能突变，所以用电容滤波就构成电压源型变频器，用电感滤波就构成电流源型变频器。图 8-2 中，电容 C_{F1}、C_{F2} 的作用除了滤波以外，还有当电动机制动时吸收运行

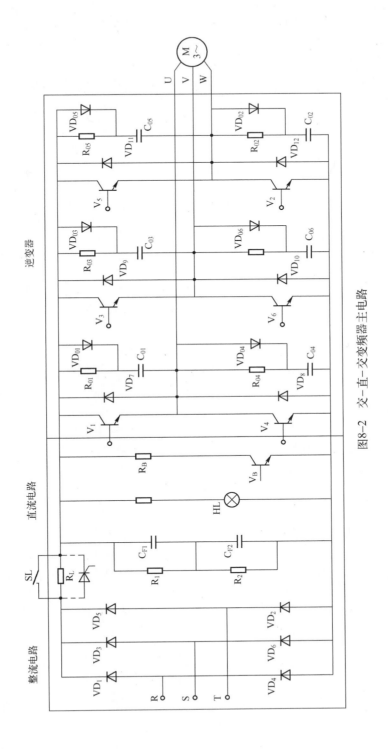

图8-2 交-直-交变频器主电路

239

系统动能的作用。由于二极管整流器的单向导电性，不可能回馈电能，电动机制动时对滤波电容充电，这将使电容两端电压升高，称作"泵升电压"。在大容量或负载有较大惯量的系统中，不可能只靠电容器来限制泵升电压，这时，可以采用图 8-2 中的镇流电阻 R_B 来消耗掉部分动能。R_B 的分流电路靠开关器件 V_B 在泵升电压达到允许数值时接通，消耗多余的回馈能量，保持直流母线电压不超过最大值。对于更大容量的系统，为了提高效率，可以在二极管整流器输出端并接逆变器，把多余的能量逆变后回馈电网。当然，这样一来系统就更复杂了。

为了限制冲击电流，在整流器和滤波电容间串入限流电阻 R_L，合上电源后，经过延时或当直流电压达到一定值时，闭合开关 SL 将电阻 R_L 短路，以免在运行中造成附加损耗。

电源指示 HL 显示电源是否接通；变频器切断电源后，显示电容存储的电能是否释放完毕。

3）逆变电路

直 - 交逆变电路是交 - 直 - 交变频器的核心部分，其中 6 个双向可控电力电子器件（GTR、IGBT 等）按其导通顺序分别用 $V_1 \sim V_6$ 表示，组成三相逆变桥，按 $V_1 \sim V_6$ 的导通角又分为 120°导通型和 180°导通型两种类型。

120°导通型逆变器的换流是在同一排不同桥臂的左、右两管之间进行的，例如，V_1 关断后使 V_3 导通，V_3 关断后使 V_5 导通，V_4 关断后使 V_6 导通等。这时，每个开关器件一次连续导通 120°，在同一时刻只有两个器件导通，如果负载电机绕组是 Y 联结，则只有两相导电，另一相悬空。

180°导通型逆变器的换流是在同一桥臂上、下两管之间进行的，例如，当 V_1 关断后，使 V_4 导通，而当 V_4 关断后，又使 V_1 导通。这时，每个开关器件在一个周期内导通的区间是 180°，其他各相亦均如此。不难看出，在 180°导通型逆变器中，除换流期间外，每一时刻总有 3 个开关器件同时导通。但须注意，必须防止同一桥臂的上、下两管同时导通，否则将造成直流电源短路，称为"直通"。为此，在换流时，必须采取"先断后通"的方法，即先给应关断的器件发出关断信号，待其关断后留有一定的时间裕量，叫作"死区时间"，再给应该导通的器件发出开通信号。死区时间的长短视器件的开关速度而定，对于开关速度较快的器件，所留的死区时间可以短一些。为了安全起见，设置死区时间是非常必要的，但它会造成输出电压波形的畸变。

与 $V_1 \sim V_6$ 反向并联的续流二极管 $VD_7 \sim VD_{12}$ 为电动机的感性无功电流返回直流电源提供通道；当电动机降速为再生制动状态时，为再生电流返回直流电源提供通道；逆变管交替通断，同一桥臂的两个逆变管切换时，其为线路的分布电感提供释放能量的通道。

电阻 R_0、VD、C 构成缓冲电路，其中电容用于限制开关管关断瞬间电压增长率；电阻用于限制开关管导通瞬间放电电流的大小；二极管使开关管关断时电阻不起作用，开通时迫使电容对电阻放电。

（2）控制电路

图 8-3 所示为交 - 直 - 交变频器的控制电路组成示意图，包括主控电路、检测电路、驱动电路和保护电路等。控制电路的作用是为主电路提供控制信号，对逆变器的开关控制、对整流器的电压控制、通过外部接口电路传送控制信息等。

1）主控电路

主控电路以 DSP（或 MCU）为核心。其主要功能有：

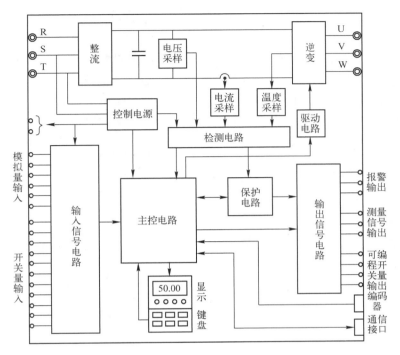

图 8-3 交 – 直 – 交变频器的控制电路组成示意图

① 接受外部信号

在功能预置阶段，接受对各功能的预置信号；接受从键盘或外部输入端子输入的给定信号；接受从外部输入端子或通信接口输入的控制信号；接受从检测电路输入的检测信号；接受从保护电路输入的保护执行信号等。

② 进行运算，生成交流电机控制算法

进行矢量控制运算或其他必要的运算；实时地计算出 SPWM 波形的各换向时刻。

③ 输出计算结果

输出至逆变器的驱动电路，使逆变器按预置信号和给定信号输出 SPWM 电压波；通过显示器显示当前的各种状态；输出给外部输出控制端子；向保护电路发出保护指令，以实现保护功能。

2）检测电路

对主电路的电压、电流以及温度等进行检测，并转换为主控电路能接受的信号。

3）驱动电路

为逆变电路的换流器件提供驱动信号。

4）保护电路

接受主控电路输入的保护指令，对主电路和控制电路提供保护功能；同时也直接从检测电路输入检测信号，以便对紧急情况实施保护。

5）键盘和显示

对变频器参数进行调试和修改，并实时监控变频器状态。

2. 交 – 交变频器

交 – 交变频器是指无直流中间环节，只有一个变换环节，直接将电网固定频率的恒压恒频（CVCF）交流电源变换成变压变频（VVVF）交流电源的变频器，因此可称之为直接式变压变频器或周波变换器。

　　常用的交 – 交变压变频器输出的每一相都是一个由正、反两组晶闸管可控整流装置反并联的可逆线路，也就是说，每一相都相当于一套直流可逆调速系统的反并联可逆整流器。正、反两组按一定周期相互切换，在负载上就获得交变的输出电压 u_0，u_0 的幅值取决于各组可控整流装置的控制角 α，u_0 的频率取决于正、反两组整流装置的切换频率。如果控制角 α 一直不变，则输出平均电压是方波。图 8-4 所示为交 – 交变频器的一相线路及输出电压波形。

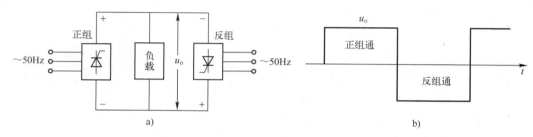

图 8-4　交 – 交变频器的一相线路及输出电压波形

a）每相可逆线路　b）方波型平均输出电压波形

　　要获得正弦波输出，就必须在每一组整流装置导通期间不断改变其控制角。例如，在正向组导通的半个周期中，使控制角 α 由 $\pi/2$（对应于平均电压 $u_0 = 0$）逐渐减小到 0（对应于 u_0 最大），再逐渐增加到 $\pi/2$（u_0 再变为 0）。当 α 角按正弦规律变化时，半周中的平均输出电压即为正弦波。对反向组负半周的控制也是这样。

　　如果每组可控整流装置都用桥式电路，含 6 个晶闸管（当每一桥臂都是单管时），则三相可逆线路共需 36 个晶闸管，即使采用零式电路也需 18 个晶闸管。因此，这样的交 – 交变压变频器虽然在结构上只有一个变换环节，省去了中间直流环节，看似简单，但所用的器件数量却很多，总体设备相当庞大，连续可调的频率范围比较窄，只能在电网的固定频率以下变化。

8.1.3　变频器的选型

　　通用变频器的选择原则首先是其功能特性能保证可靠地实现工艺要求，其次是获得较好的性能价格比。

1. 变频器类型的选择要根据负载特性进行

　　对于风机、泵类等平方转矩，低速下负载转矩较小，通常可选择专用或普通功能型通用变频器。对于恒转矩类负载或有较高静态转速精度要求的机械应选用具有转矩控制功能的高功能型通用变频器，这种通用变频器、静态机械特性硬度大，不怕负载冲击，具有挖土机特性。为了实现大调速比的恒转矩调速，常采用加大通用变频器容量的办法。对于要求准确度高、动态性能好且速度响应快的生产机械（如造纸机械、注塑机、轧钢机等），应采用矢量控制或直接转矩控制型通用变频器。

2. 变频器的选型可以从电动机的角度按负载电流来选择

　　变频器容量的选择要考虑变频器容量与电动机容量的匹配，容量偏小会影响电动机有效力矩的输出，影响系统的正常运行，甚至损坏装置，而容量偏大则电流的谐波分量会增大，也增加了设备投资。变频器容量的选择应以负载在运行中出现的最大电流作为依据。

（1）一般情况下，拖动恒转矩负载的电动机，以额定电流为依据选择变频器。比如10 kW 电动机，20 A 额定电流。可以选 10 kW，21 A 输出电流的变频器。

（2）一般情况下，拖动风机泵类负载的电动机，也以额定电流为依据选择变频器。

（3）经常短时过载运行的电动机，需要计算过载周期。要求变频器最大输出电流 I_{max} 大于电动机峰值电流，且变频器的 I^2t 在自身允许范围内。

（4）电动机大，而工作负载轻时，可以根据实际情况选小变频器。

3. 变频器选型的其他因素

（1）温度和湿度

变频器的使用环境温度一般为 $-10℃ \sim +40℃$，湿度为低于 95%。环境温度若高于 40℃，每升高 1℃，变频器应降额 5% 使用。环境温度每升高 10℃，则变频器寿命减半，所以环境温度及变频器散热的问题要解决好。应尽量将变频器安装在远离发热源的地方。湿度太高且湿度变化较大时，变频器内部易出现结露现象，其绝缘性能就会大大降低，甚至可能引发短路事故。必要时，可在箱中增加干燥剂和加热器。

（2）海拔

海拔超过 1000 m 以后，会造成电子器件性能下降，如电容耐压能力下降，电流承受能力也会下降。所以在海拔超过 1000 m 的地方使用变频器，应注意它的降容系数。西门子变频器样本上会给出一个降容曲线，随海拔升高，过压和过流能力都有所下降。

（3）防护等级

变频器的防护等级一般都是 IP20（CHV110 的防护等级为 IP54），若使用现场的环境超出这个防护等级，要将变频器安装在电气控制柜内或安装在其他环境比较好的地方，以保证变频器的安全正常运行。

（4）冷却方式

常见的低压（1000VAC 以下）变频器，多为内部风冷。在大功率变频器成组传动时，风机的工作噪声很大。在必要时，可以选用水冷系列产品。

4. 应用于特殊电机

（1）变极电机

因额定电流和标准电动机不同，要确认电机的最大电流后再选用变频器。极数的切换务必在电机停车之后进行。运转中进行的极数切换，会产生回流电压，过电流保护会动作，电机会异常停止。

（2）水中电机

额定电流比标准电机大，在选择变频器容量时应注意。另外电机和变频器之间配线距离较长时，会造成电机力矩下降，要配足够粗的电缆，并需要加装交流输出电抗器。

（3）耐压防爆电机

驱动耐压防爆电机时，电机和变频器配套后的防爆检查是必要的。变频器本身是非防爆结构，所以要放在安全的地方。

（4）减速机电机

润滑方式和厂家不同，连续使用的速度范围也不同。特别是油润滑时，低速范围连续运转时有烧毁危险。另外当交流电源频率超过 60 Hz，电动机高速运行时，请和电机厂家商量。

（5）同步电机

起动电流和额定电流比标准机大，用变频器时请咨询。多台控制时，数台同步电机逐步投入时有非同步现象发生。

（6）单相电机

单相电机不适用变速器调速，电容起动方式时，电容受到了高频电流冲击，有破损可能，请尽量改用三相电机。

（7）振动机

振动机是在通用电机轴端加装不平衡块的电机。选择变频器容量时，全负载电流要确认，保证在变频器额定电流以内。

（8）动力传递机构（减速机、皮带、链条）

使用油润滑方式等传动系统时，低速运转会使润滑条件变坏。另外若交流电源频率超过 60 Hz 的高速运转，会产生传动机构的噪声、寿命、离心力造成的强度问题。

5. 变频器周边器件的选择

变频器周边器件主要包括线缆、接触器、空气开关、电抗器、滤波器及制动电阻等。变频器周边器件的选择是否正确、合适，也直接影响着变频器的正常使用和变频器的使用寿命，所以在选择了变频器后，还要正确选择其周边器件，图 8-5 所示为变频器系统配置。

（1）进线断路器的设置和选择

在变频器电源侧，为保护原边配线，应设置配线用断路器。断路器的选择取决于电源侧的功率因素（随电源电压、输出频率、负载而变化）。其动作特性受高频电流影响而变化，有必要选择大容量的断路器。

（2）进线接触器

通过进线接触器可使变频器停止操作，但此时变频器的制动功能将不能使用。变频器进线侧也可不配置进线接触器。

（3）进线（交流输入）电抗器

交流输入电抗器又称电源协调电抗器，它能够限制电网电压突变和操作过电压引起的电流冲击，有效地保护变频器和改善其功率因数，减少变频器的谐波对电网的干扰。

（4）进线侧滤波器

进线侧滤波器的作用是降低变频器、逆变器、整流单元以及整流/回馈单元等装置对电网的干扰。

（5）直流电抗器

直流电抗器接在变频系统的直流整流环节与逆变环节之间，直流电抗器能使逆变环节运行更稳定，并改善变频器的功率因数。

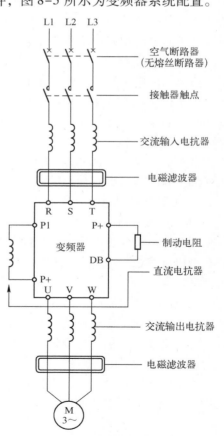

图 8-5　变频器系统配置

（6）电动机侧接触器

变频器和电动机间若设置接触器，原则上禁止在变频器运行中切换接触器。变频器运行中接入接触器时，会有大冲击电流，因而导致变频器过电流保护动作。

为了和电网切换而设置接触器时，务必在变频器停止输出后进行切换，并适当地使用速度搜寻功能。

（7）热继电器

为防止电动机过热，变频器有电子热保护功能。当一台变频器驱动多台电动机及多级电动机时，应在变频器和电动机间设置热继电器。50 Hz 时热继电器整定值设定为电动机铭牌的 1 倍，60 Hz 时热继电器整定值设定为电动机铭牌的 1.1 倍。

（8）交流输出电抗器

交流输出电抗器接在变频器输出端与负载（电动机）之间，降低容性电流和电压变化率 dv/dt，用来补偿长导线情况下（屏蔽缆 > 50 m 或非屏蔽缆 > 100 m）的电容充电电流，减小对电动机的冲击，起到抑制变频器噪声的作用。

（9）输出滤波器

变频器的输出（主回路）中有高频成分，对变频器附近使用的通信器械（如 AM 收音机）会产生干扰，此时可以安装滤波器以减少干扰。另外，还可将变频器和电动机及电源配线套上金属管接地，也是有效的。

8.2　MicroMaster 440 变频器

1. MicroMaster 440 变频器的特点

西门子 MicroMaster 440 是全新一代模块化设计的多功能标准变频器。其友好的用户界面让使用者的安装、操作和控制像玩游戏一样灵活方便。全新的 IGBT 技术、强大的通信能力、精确的控制性能和高可靠性都让其控制变成一种乐趣。

MicroMaster 440 变频器主要适用于三相交流电动机的调速控制。这一系列变频器有多种型号，额定功率范围从 120 W ~ 200 kW（恒定转矩控制方式），或者可达 250 kW（可变转矩控制方式）供用户选用。

变频器由微处理器控制，内部采用 IGBT 作为功率输出器件，因此，这一系列的变频器具有很高的运行可靠性和功能多样性。采用脉冲频率可选的专用脉宽调制技术，可使电动机低噪声运行。

MicroMaster 440 具有默认的工厂设置参数，它是给数量众多的可变速控制系统供电的理想变频传动装置。由于 MicroMaster 440 具有全面而完善的控制功能，在设置相关参数以后，它也可用于更高级的电动机控制系统。MicroMaster 440 既可用于单机驱动系统，也可以集成到自动化系统中。

（1）变频器的主要特性

● 易于安装、调试和参数设置。

● 牢固的 EMC 设计。

● 可由 IT 电源供电。

● 对控制信号的响应速度快，可重复操作。

- 参数设置的范围很广，适用于对多种被控对象进行配置。
- 电缆连接简便，采用模块化设计，配置非常灵活。
- 脉宽调制的频率高，电动机运行的噪声低。
- 详细的变频器状态信息和全面的信息功能。
- 具有多个继电器输出。
- 具有多个模拟量输出（0～20 mA）。
- 6 个带隔离的数字输入并可切换为 NPN/PNP 接线。
- 两个模拟输入：ADC1：0～10 V，0～20 mA 和 –10～+10 V；ADC2：0～10 V，0～20 mA。
- 两个模拟输入可以作为第 7 和第 8 个数字输入。
- BiCo（二进制互联连接）技术。
- 内部 RS485 接口（端口）。
- 有多种可选件供用户选用：用于与 PC 通信的通信模块，基本操作面板（BOP），高级操作面板（AOP），用于进行现场总线通信的 PROFIBUS 通信模块。

（2）变频器的性能特征
- 矢量控制：无传感器矢量控制（SLVC）；带编码器的矢量控制（VC）。
- *V/f* 控制：磁通电流控制（FCC），用于改善动态响应和电动机的控制特性；多点 *V/f* 特性。
- 自动再起动。
- 捕捉再起动。
- 滑差补偿。
- 快速电流限制（FCL）动能，适用于自由脱扣运行。
- 电动机停机抱闸。
- 内置直流制动。
- 复合制动功能改善了制动特性。
- 内置制动单元（框架尺寸 A～F）用于电阻制动（动力制动）。
- 给定值输入，通过：模拟输入；通信接口；点动（JOG）功能；电动电位计；固定频率；斜坡函数发生器；有平滑功能；无平滑功能。
- 工艺调节器（PID）。
- 参数组转换：传动数据组（DDS）；命令数据组和给定值源（CDS）。
- 自由功能块。
- 直流母线电压调节器。
- 动能缓冲。
- 定位控制的斜坡下降。

（3）具备的保护功能
- 具备过电压、欠电压保护。
- 变频器具备过热保护功能。
- 具备接地故障保护、短路保护。
- 具备 I^2t 电动机过热保护。

● PTC/KTY 温度传感器的电动机保护。

（4）变频器的技术规格

在选择使用 MicroMaster 440 变频器时，必须首先了解其技术规格。变频器技术规格见表 8-1。

表 8-1　MicroMaster 440 变频器技术规格

特　　征		技　术　规　格
输入电压和功率范围		AC200 ~ 240 V ± 10%　CT：0.12 kW ~ 3.0 kW（0.16 hp ~ 4.0 hp） AC200 ~ 240 V ± 10%　CT：0.12 kW ~ 45.0 kW（0.16 hp ~ 60.0 hp） 　　　　　　　　　　　 VT：5.50 kW ~ 45.0 kW（7.50 hp ~ 60.0 hp） AC380 ~ 480 V ± 10%　CT：0.37 kW ~ 200 kW（0.50 hp ~ 268 hp） 　　　　　　　　　　　 VT：7.50 kW ~ 250 kW（10.0 hp ~ 335 hp） AC500 ~ 600 V ± 10%　CT：0.75 kW ~ 75.0 kW（1.00 hp ~ 100 hp） 　　　　　　　　　　　 VT：1.50 kW ~ 90.0 kW（2.00 hp ~ 120 hp）
输入频率		47 ~ 63 Hz
输出频率		0 ~ 650 Hz
功率因数		0.95
变频器效率		框架尺寸 A ~ F：96% ~ 97% 框架尺寸 FX 和 GX：97% ~ 98%
过载能力	恒转矩（CT）	框架尺寸 A ~ F：1.5 × 额定输出电流（即 150% 过载），持续时间 60 s，间隔周期时间 300 s 以及 2 × 额定输出电流（即 200% 过载），持续时间 3 s，间隔周期时间 300 s 框架尺寸 FX 和 GX：1.36 × 额定输出电流（即 136% 过载），持续时间 57 s，间隔周期时间 300 s 以及 1.6 × 额定输出电流（即 160% 过载），持续时间 3 s，间隔周期时间 300 s
	变转矩（VT）	框架尺寸 A ~ F：1.1 × 额定输出电流（即 110% 过载），持续时间 60 s，间隔周期时间 300 s 以及 1.4 × 额定输出电流（即 140% 过载），持续时间 3 s，间隔周期时间 300 s 框架尺寸 FX 和 GX：1.1 × 额定输出电流（即 110% 过载），持续时间 59 s，间隔周期时间 300 s 以及 1.5 × 额定输出电流（即 150% 过载），持续时间 1 s，间隔周期时间 300 s
起动冲击电流		小于额定输入电流
最大操作次数		框架尺寸 A ~ E：每 30 s 框架尺寸 F：每 150 s 框架尺寸 FX 和 GX：每 300 s
控制方法		V/f 控制，输出频率 0 ~ 650 Hz：线性 V/f 控制，带 FCC 的线性 V/f 控制，抛物线 V/f 控制，多点 V/f 控制，适用于纺织工业的 V/f 控制，适用于纺织工业的带 FCC 的 V/f 控制，带独立电压给定值的 V/f 控制。 矢量控制，输出频率 0 ~ 200 Hz：无传感器矢量控制，无传感器矢量转矩控制，带编码器反馈的速度控制，带编码器反馈的转矩控制
脉冲频率		框架尺寸 A ~ C：1/3AC 200 V ~ 5.5 kW（标准配置 16 kHz） 框架尺寸 A ~ F：其他功率和电压规格：2 kHz ~ 16 kHz（每级调整 2 kHz）（标准配置 4 kHz）。 框架尺寸 FX 和 GX：2 kHz ~ 4 kHz（每级调整 2 kHz）（标准配置 2 kHz（VT），4 kHz（CT））
固定频率		15 个，可编程
跳转频率		4 个，可编程
设定值的分辨率		0.01 Hz 数字输出；0.01 Hz 串行通信输入；10 位模拟输入｜电动电位计 0.1 Hz［0.1%（PID 方式）］

特　　征	技　术　规　格
数字输入	6 个，可编程（带电气隔离），可切换为高电平/低电平有效（PNP/NPN）
模拟输入	2 个，可编程，两个输入可以作为第 7 和第 8 个数字输入进行参数化 0～10 V，0～20 mA 和 −10～+10 V（ADC1） 0～10 V 和 0～20 mA（ADC2）
继电器输出	3 个，可编程，30 V（DC）/5 A（电阻性负载），250 V（AC）/2 A（电感性负载）
模拟输出	2 个，可编程（0～20 mA）
串行接口	RS－485、可选 RS－232
电磁兼容性	框架尺寸 A～C：可选择 A 级或 B 级滤波器符合 EN55011 标准的要求 框架尺寸 A～F：变频器带有内置的 A 级滤波器 框架尺寸 FX 和 GX：带有 EMI 滤波器（作为选件供货）时，其传导性发射满足 EN55011，A 级标准限定值的要求（必须安装进线电抗器）
制动	直流制动，复合制动 动力制动，框架尺寸 A～F 带内置制动单元 框架尺寸 FX 和 GX 带外部制动单元
防护等级	IP20
温度范围	框架尺寸 A～F：−10℃～+50℃（14°F～122°F）（CT） 　　　　　　　−10℃～+40℃（14°F～104°F）（VT） 框架尺寸 FX 和 GX：0℃～+40℃（32°F～104°F），0°～55℃（131°F）
存放温度	−40～+70℃
相对湿度	<95% 相对湿度——无结霜
工作地区的高度	框架尺寸 A～F：1000 m 以下不需要降低额定值 框架尺寸 FX 和 GX：2000 m 以下不需要降低额定值
保护特征	欠电压，过电压，过负载，接地故障，短路，电机失步保护，电动机堵转保护，电动机过热，变频器过热，参数联锁
标准	框架尺寸 A～F：UL，cUL，CE，C－tick 框架尺寸 FX 和 GX：UL（认证正在准备中），cUL（认证正在准备中），CE
CE 标记	符合 EC 低电压规范 73/23/EEC 和电磁兼容性规范 89/336/EEC 的要求

2. MicroMaster 440 变频器的电路结构

MicroMaster 440 变频器的电路分两大部分：一部分是完成电能转换（整流/逆变）的主电路；另一部分是处理信息的收集、变换和传输的控制电路。其接线原理如图 8-6 所示。

（1）主电路

主电路是由电源输入单相或三相恒压/恒频的正弦交流电压，经整流电路转换成恒定的直流电压，供给逆变电路。逆变电路在 CPU 的控制下将恒定的直流电压逆变成电压和频率均可调的三相交流电供给电动机负载。MicroMaster 440 变频器直流环节是通过电容进行滤波的，因此属于电压型交－直－交变频器。

交流电源输入端子 L1、L2 及 L3 连接工频电源。

变频器输出端子 U、V 及 W 接三相笼型异步电动机。

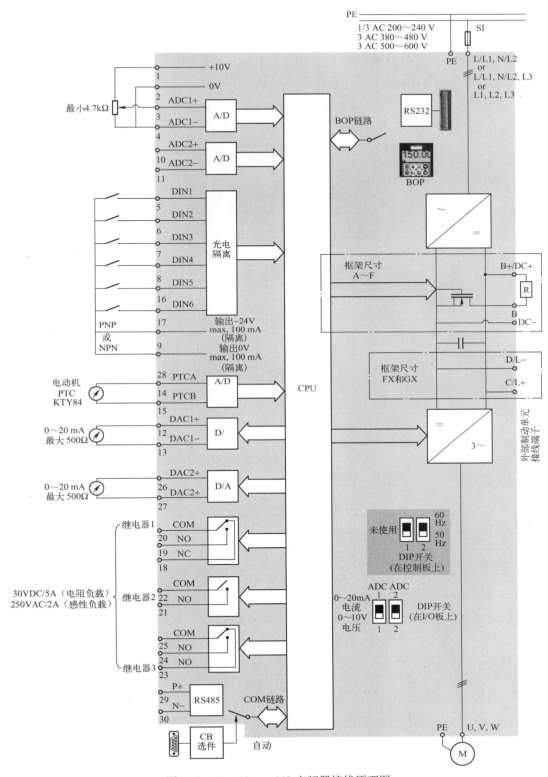

图 8-6　MicroMaster 440 变频器接线原理图

（2）控制电路

控制电路是由 CPU、模拟输入（ADC1、ADC2）、模拟输出（DAC1、DAC2）、数字输入（DIN1～DIN6）、输出继电器输出（DOUT1、DOUT2、DOUT3）以及操作面板等组成，图 8-7 为变频器接线端子实物图，表 8-2 为控制端子说明。

图 8-7　变频器接线端子

表 8-2　控制端子

端　子	名　　称	功　　能
1	–	输出 +10
2	–	输出 0
3	ADC1 +	模拟输入 1（+）
4	ADC1 –	模拟输入 1（–）
5	DIN1	数字输入 1
6	DIN2	数字输入 2
7	DIN3	数字输入 3
8	DIN4	数字输入 4
9	–	隔离输出 +24/最大 100 mA
10	ADC2 +	模拟输入 2（+）
11	ADC2 –	模拟输入 2（–）
12	DAC1 +	模拟输出 1（+）
13	DAC1 –	模拟输出 1（–）
14	PTCA	连接 PTC/KTY84
15	PTCB	连接 PTC/KTY84
16	DIN5	数字输入 5
17	DIN6	数字输入 6
18	DOUT1/NC	数字输出 1/常闭触点
19	DOUT1/NO	数字输出 1/常开触点
20	DOUT1/COM	数字输出 1/转换触点
21	DOUT2/NO	数字输出 2/常开触点
22	DOUT2/COM	数字输出 2/转换触点
23	DOUT3/NC	数字输出 3/常闭触点
24	DOUT3/NO	数字输入 3/常开触点
25	DOUT3/COM	数字输入 3/转换触点
26	DAC2 +	模拟输出 2（+）

端　子	名　　称	功　　能
27	DAC2 −	模拟输出 2（−）
28	−	隔离输出 0V/最大 . 100mA
29	P +	RS485
30	P −	RS485

端子 1、2 是变频器为用户提供的一个高准确度的 10 V 直流稳压电源。当采用模拟电压信号输入方式输入给定频率时，为了提高交流变频调速系统的控制准确度，必须配备一个高准确度的直流稳压电源作为模拟电压输入的直流电源。

模拟量输入端子 3、4（ADC1 +、ADC1 −）和 10、11（ADC2 +、ADC2 −）为用户提供了两对模拟电压给定输入端作为频率给定信号，经变频器内的模－数转换器将模拟量转换成数字量，传输给 CPU 来控制系统。

数字输入端子 5、6、7、8、16 和 17（DIN1 ~ DIN6）为用户提供了 6 个完全可编程的数字输入端，数字输入信号经光耦隔离输入 CPU，对电动机进行正反转、正反向点动以及固定频率设定值控制等。

输入端子 9、28 端是 24 V 直流电源端。端子 9 为变频器控制电路提供的 DC24 V 电源，可作数字输入电源，也可作模拟量输入电源。

输出端子 12、13（DAC1 +、DAC1 −）和 26、27（DAC2 +、DAC2 −）为两对模拟输出端，输出 0 ~ 20 mA 电流信号。

控制端子 14、15（PTCA、PTCB）为电动机温度保护输入端，接电阻负载。

输入端子 29、30 端为 RS－485（USS 协议）串行通信端。

控制端子 18 ~ 25 为三组数字量输出端，继电器触点，其中 18 为 RL1A 常闭触点、19 为 RL1B 常开触点、20 为公共端 RL1C。

DIP 开关（拨码开关）：用于设置模拟量输入量程。

S1：设置 ADC1 输入信号量程 0 ~ 20 mA 或 0 ~ 10 V。电流 ON、电压 OFF。

S2：设置 ADC2 输入信号量程 0 ~ 20 mA 或 0 ~ 10 V。电流 ON、电压 OFF。

8.2.1　变频器的安装及调试

1. 变频器的安装

在安装变频器时，必须避免油雾、棉纱以及尘埃等有浮游物的恶劣环境，应安装在清洁场所，或者安装在浮游物无法入侵的全封闭型控制柜内。安装在控制柜内时，要考虑变频器允许的环境温度，采用冷却措施并确定合适的柜尺寸。

不要把变频器安装在如木材等可燃性材料上。

和大容量电源变压器（600 kVA 以上）连接以及有切换调功电容器时，电源输入侧产生较大的峰值电流，将损坏变频器的逆变部分，因此变频器输入侧务必设置交流电抗器。同时，也可改善电源侧功率因数。另外，同一电源上有晶闸管整流器连接时，无论电源侧条件如何，都应安装交流电抗器。

变频器发生异常时，保护功能失效，会停止输出，但不会急停电动机。必要时，应设置紧急停止机构，如机械停止机构（抱闸等）。

若变频器的使用现场附近有金属屑、腐蚀性气体、水或高温物体等影响变频器正常工作的物品时，应将变频器远离这些地方安装。变频器和电动机之间配线距离较长时（特别是低频输出时），由于电缆压降会引起电动机转矩下降；应使用粗电缆配线；操作器远离变频器安装时，需使用专用的连接电缆；远程操作时，模拟量、控制线和变频器之间的距离应控制在 50 m 以内，为抑制长线缆对地耦合电容的影响，应加装输入、输出电抗器；控制信号妥善屏蔽接地。

变频器的控制电缆、电源电缆和与电动机的连接电缆的走线必须相互隔离。不要把它们放在同一个电缆线槽中或电缆架上。图 8-8 所示为电动机和变频器接线方法。

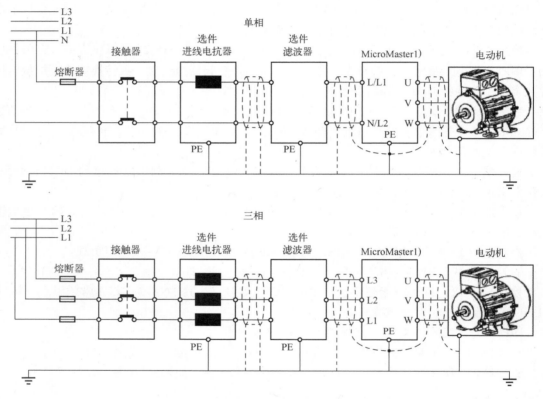

图 8-8　电动机和变频器接线方法

MicroMaster 440 变频器在供电电源的中性点不接地的情况下是不允许使用的。电源不接地时需要从变频器中拆掉"Y"形接线的电容器，并安装一台输出阻抗器，当输入线中有一相接地短路时仍可继续运行。如果输出有一相接地，变频器的保护功能将跳闸，显示屏显示故障码 F0001。

MicroMaster 440 变频器具有很强的抗电磁干扰能力，适用于各种复杂的工业环境，在安装操作规范的情况下，可以确保安全和无故障运行；如果在运行中遇到问题，可以按照以下操作进行处理：

1）确定机柜内的所有设备都已用接地电缆连接到接地点或公共的接地母线上。

2）确定与变频器连接的任何控制设备也像变频器一样，用接地电缆连接到同一个接地点。

3）由电动机返回的接地线直接连接到控制该电动机的变频器的接地端子（PE）上。

4）优先使用扁平导体，因为它们在高频时阻抗较低。

5）电缆末端的端接处应尽可能整齐，保证未经屏蔽的线段尽可能短。

6）控制电缆的布线应尽可能远离供电电源线，使用单独的走线槽；在必须与电源线交叉时，相互应采取90°直角交叉。

7）与控制回路的连接线应采用带屏蔽电缆。

8）确信机柜内安装的接触器应是带阻尼的，即在交流接触器的线圈上连接有 R－C 阻尼回路；在直流接触器的线圈上连接有"续流"二极管。安装压敏电阻对抑制过电压也是有效的。当接触器由变频器的继电器进行控制时，这一点尤其重要。

9）接到电动机的连接线应采用屏蔽电缆或铠装电缆，并用电缆接线卡子将屏蔽层的两端接地。

2. 变频器的调试

MicroMaster 440 变频器在标准运行状态下通常使用 SDP 显示板，利用 SDP 显示板可以使用默认设置值实现自动控制运行操作。如果工厂的默认设置值不适合设备控制，还可以利用基本操作面板（BOP）或高级操作面板（AOP）修改参数。图 8-9 所示为适用于 MicroMaster 440 变频器的操作面板。

a)   b)   c)

图 8-9   适用于 MicroMaster 440 变频器的操作面板

a）SDP 状态显示板   b）BOP 基本操作板   c）AOP 高级操作板

利用基本操作面板（BOP）可以更改变频器额各个参数，为了用 BOP 设置参数，需将 SDP 从变频器上拆卸下来，然后装上 BOP。BOP 具有 5 位 LCD 显示，它可显示参数号 rxxxx 和 Pxxxx、参数值、参数单位（如［A］、［V］、［Hz］、［s］）、报警 Axxxx 或故障信息 Fxxxx 和给定值、实际值。BOP 不能存储参数的信息。表 8-3 为用 BOP 操作时的默认设置值。在默认设置时，用 BOP 面板控制电动机的功能是被禁止使用的。如果要用 BOP 面板进行控制，参数 P0700 应设置为 1，参数 P1000 也应设置为 1。基本操作面板（BOP）上的按键及其功能说明见表 8-4。

表 8-3   用 BOP 操作时的默认设置值

参 数	说 明	默认值，欧洲（或北美）地区
P0100	运行方式，欧洲/北美	50 Hz，kW（60 Hz，Hp）
P0307	功率（电动机额定值）	单位 kW（Hp）
P0310	电动机的额定频率	50 Hz（60 Hz）
P0311	电动机的额定速度	1395（1680）rpm［决定于变量］
P1082	最大电动机频率	50 Hz（60 Hz）

表 8-4　基本操作面板（BOP）上按键说明

显示/按钮	功　能	功能的说明
r0000	状态显示	LCD 显示变频器当前的设定值
ⓘ	起动变频器	按此键起动变频器。默认值运行时此键是被封锁的。为了使此键的操作有效，应设定 P0700 = 1
ⓞ	停止变频器	OFF1：按此键，变频器将按选定的斜坡下降速率减速停车。默认值运行时此键被封锁；为了允许此键操作，应设定 P0700 = 1。 OFF2：按此键两次（或长时间按 1 次）电动机自由停车。此功能总是使能的
⊙	改变电动机的旋转方向	按此键可以改变电动机的旋转方向。电动机的反向用负号（ - ）表示或用闪烁的小数点表示。在默认设定时此键被封锁。为使此键有效，应设定 P0700 = 1
jog	电动机点动	在变频器无输出的情况下按此键，将使电动机起动，并按预设定的点动频率运行。释放此键时，变频器停车。如果变频器/电动机正在运行，按此键将不起作用。
Fn	功能键	此键用于显示附加信息。 变频器运行过程中，在显示任何一个参数时按下此键并保持不动 2 s，将显示以下参数值（从任何一个参数开始）： 1. 直流回路电压（用 d 表示，单位：V） 2. 输出电流（A） 3. 输出频率（Hz） 4. 输出电压（用 O 表示，单位：V）。 5. 在参数 P0005 中所选的值（如果已配置了 P0005，那么，显示上面数据的 1 ~ 4 项，然后相应的值不再显示）。 连续多次按下此键，将轮流显示以上参数。 跳转功能： 在显示任何一个参数（rXXXX 或 PXXXX）时短时按下此键，将立即跳转到 r0000，如果需要的话，可以接着修改其他的参数。跳转到 r0000 后，按此键将返回原来的显示点。 确认： 如存在报警和故障信息，则按此键进行确认
Ⓟ	访问参数	按此键即可访问参数
⏶	增加数值	按此键即可增加面板上显示的参数数值
⏷	减少数值	按此键即可减少面板上显示的参数数值

用 BOP 面板进行调试前，需要的准备工作包括：

1）设置电动机的频率，DIP 开关 2：Off = 50 Hz/ON = 60 Hz。

2）接通电源。

3）快速调试 P0010 = 1。

4）通过 P0004 和 P0003 进行调试。

8.2.2　变频器的参数设置及功能选择

变频器的参数只能用基本操作面板（BOP）、高级操作面板（AOP）或者串口通信线接口（RS485/RS232）进行修改。

用 BOP 可以修改和设定系统参数，使变频器具有期望的特性，例如，斜坡时间、最小和最大频率等。选择的参数号和设定的参数值在五位数字的 LCD（可选件）上显示。

- rxxxx 表示只读参数。
- Pxxxx 表示设置的参数。

1. 用户访问级参数 P0003 和参数过滤器 P0004

（1）参数过滤器 P0004

作用是按功能要求过滤出与该功能相关的参数。

P0004 = 0 显示所有参数。

P0004 = 2 变频器。

P0004 = 3 电动机数据。

P0004 = 4 速度传感器。

P0004 = 7 显示命令和数字量 I/O 参数。

P0004 = 8 模拟量 I/O。

P0004 = 10 设定值通道。

P0004 = 12 驱动装置特点。

P0004 = 13 电动机的控制。

P0004 = 20 通信。

P0004 = 21 报警和监控。

P0004 = 22 显示 PI 调节器参数。

（2）用户访问级参数 P0003

变频器的参数有 4 个用户访问级，即标准访问级（P0003 = 1）、扩展访问级（P0003 = 2）、专家访问级（P0003 = 3）和维修级（P0003 = 4）。对于大多数应用对象，只要访问标准级（P0003 = 1）和扩展级（P0003 = 2）参数就足够了。

（3）P0003 和 P0004 的使用

P0004 的设定值决定了访问参数的功能和类型，而 P0003 的设定值决定了由 P0004 限定的参数类型的访问等级。在访问和设置参数时，P0003 和 P0004 共同限定了所访问和设置的参数范围。

2. 调试参数过滤器 P0010

如果 P0010 被访问以后没有设定为 0，变频器将不运行。如果 P3900（快速调试结束）> 0，这一功能是自动完成的。

P0010 = 0 准备运行、P0010 = 1 快速调试、P0010 = 30 恢复出厂参数设置。变频器运行时 P0010 = 0。电动机数据只有在"快速调试"状态下才能更改。

3. 变频器的频率参数

（1）频率给定方式

频率给定方式——调节变频器输出频率的方法。

1）面板给定——通过变频器键盘升降键给定频率。

2）外部给定——通过外部的模拟量、数字量及通信输入端口进行频率给定。

3）辅助给定——当变频器有两个或多个模拟量给定信号时，其中必有一个为主信号，其他为辅助给定信号。

（2）MM440 变频器频率给定方式设定

MM440 变频器频率给定是通过 P1000（频率设定值的选择）、P0700 和（选择命令源）

P0701 ~ P0706 （设置数字输入功能）来设置的。

1）频率设定值源的选择 P1000

P1000 = 0 无主设定值。

P1000 = 1 MOP （电动电位计）设定值。

P1000 = 2 模拟设定值。

P1000 = 3 固定频率。

P1000 = 12 模拟设定值 + MOP 设定值。

P1000 = 23 固定频率 + 模拟设定值。

2）选择命令源 P0700

P0700 = 0 工厂的默认设置。

P1000 = 1 BOP （键盘）设置。

P1000 = 2 由端子排输入。

P1000 = 5 通过 COM 链路的 USS 设置。

（3）输出频率

输出频率即变频器实际输出频率，即电动机的运行频率，可通过 r0066 查看。

（4）基准频率

变频器在模拟量输入时设定频率给定线所用的参考频率，即基准频率。用参数 P2000 设定，默认值为 50 Hz。

（5）上、下限频率

上、下限频率即变频器输出的最高、最低频率。上、下限频率分别用参数 P1080 和 P1082 设定。

（6）点动频率

点动频率是指变频器在点动时的给定频率。分别用参数 P1058 和 P1059 设定正反转点动频率。

某些情况下，在修改参数的数值时，BOP 面板上显示 "▱▱▱▱"，最多可达 5 s。这种情况表示变频器正忙于处理优先级更高的任务。

4. 使用 BOP 面板更改参数

下面以改变参数 P0004 的数值为例，说明修改参数的步骤，见表 8-5，并以设定选择命令/设定值源 P0719 为例，说明修改下标参数值的步骤，见表 8-6。按照表中说明的类似方法，可以用 "BOP" 设定任何一个参数。修改参数的数值时，BOP 面板有时会显示 "▱▱▱▱"，表明变频器正忙于处理优先级更高的任务。

表 8-5 修改参数过滤器 P0004 的步骤

操 作 步 骤	显示的结果
1. 按▣访问参数	r0000
2. 按▣直到显示出 P0004	P0004
3. 按▣进入参数数值访问级	0
4. 按▣或▣达到所需要的数值	7
5. 按▣确认并存储参数的数值	P0004

表 8-6　设定选择命令/设定值源 P0719 的步骤

操 作 步 骤	显示的结果
1. 按 ⊙访问参数	r0000
2. 按 ⊙直到显示出 P0719	P0719
3. 按 ⊙进入参数数值访问级	in000
4. 按 ⊙ 显示当前的设定值	0
5. 按 ⊙或 ⊙达到所需要的数值	12
6. 按 ⊙确认和存储 P0719 的设定值	P0719
7. 按 ⊙直到显示出 r0000	r0000
8. 按 ⊙返回标准的变频器显示（由用户定义）	

以下介绍如何改变参数 P1082，按照同样的步骤可以利用"BOP"设置任意参数。按步骤操作显示结果：

1）按下访问参数　　　　　　　r0000
2）按下直到显示 P0010　　　　P0010
3）按下访问 P0010 的数值　　　0
4）按下设置 P0010 = 1　　　　1
5）按下存储并退出数值　　　　P0010
6）按下直到显示 P1082　　　　P1082
7）按下访问 P1082 的数值　　　50.00
8）按下选择需要的最大频率　　35.00
9）按下存储并退出数值　　　　P1082
10）按下返回 P0010　　　　　　P0010
11）按下访问 P0010 的数值　　 1
12）按下数值返回到 P0010 = 0　0
13）按下存储并退出数值　　　　P0010
14）按下返回到 r0000　　　　　r0000
15）按下退出参数设置　　　　　35.00

LCD 将交替显示频率实际值和频率设置值。按下"RUN"按钮起动变频器，它将按斜坡曲线上升到参数 P1082 中设置的频率。如果要停止变频器，按下"STOP"按钮。

5. 改变参数数值的一个数字

为了快速修改参数的数值，可以单独修改显示出的每个数字，操作步骤如下：

1）按⊙（功能键），最右边的一个数字闪烁。
2）按⊙/⊙，修改这位数字的数值。
3）再按⊙（功能键），相邻的下一位数字闪烁。
4）执行 2~4 步，直到显示出所要求的数值。
5）按⊙，退出参数数值的访问级。

8.2.3　变频器的通信

MicroMaster 440 变频器有两个串行通信接口可同时使用，接口以双线连接实现通信，其设计标准适用于工业环境。采用单一 RS-485 数据总线时，数据总线链路最多可以连接 30

台变频器，而且根据各变频器的地址寄存器或者采用网络广播信息都可以找到需要通信的变频器。使用时应该注意的是链路中需要有一个主控制器，而各个变频器则是从属的控制对象。

采用串行接口有以下优点：

1）大大减少布线的数量。

2）无须重新布线即可更改控制功能。

3）可以通过串行接口设置和修改变频器的参数。

4）可以连续对变频器的特性进行监测和控制。

通用的串行接口协议（USS）按照串行总线的主－从通信原理来确定访问的形式，总线上可以连接一个主站和最多31个从站，主站根据通信报文中的地址字符来选择要传输数据的从站。在主站没有要求它进行通信时，从站本身不能首先发送数据，各个从站之间也不能直接进行信息的传输。

有关USS通信的参数设置：

为了进行USS通信必须确定变频器采用的是RS－485接口还是RS－232接口，据此可以确定USS参数应设定为哪个下标。

P0003＝2，设置为访问第二级参数。

P2010＝USS波特率，这一参数必须与主站采用的波特率一致，USS支持的最大波特率是57600 bit/s。

P2011＝USS结点地址，这是为变频器指定的唯一从站地址，一旦设置了这些参数，就可以进行通信了。主站可以对变频器的参数PKW区进行读和写，也可以监测变频器的状态和实际的输出频率PZD区。

P0700＝4或5，这一设置允许通过USS对变频器进行控制。常规的正向运行RUN和停车OFF1命令分别是047F和047E。

P1000＝4或5，这一设置允许通过USS发送主设定值。

项目8-1 变频器的功能参数设置与面板（BOP）操作

一、实训目的

1. 掌握MM440变频器的面板操作使用。

2. 掌握MM440变频器在运行前的基本参数设置。

3. 熟悉MM440变频器的外部端子接线方法。

二、实训内容

1. 基本操作面板（BOP）控制接线图

MM440变频器控制面板给定方式不需要外部接线，只需操作面板上的◎/◎按钮就可以实现频率的设定，方法简单，频率设置准确度高。利用MM440操作面板（BOP）上的按钮可直接设置参数，实现电动机的正转、反转和正转、反转的点动控制。图8-10为MM440变频器面板基本操作控制接线图。

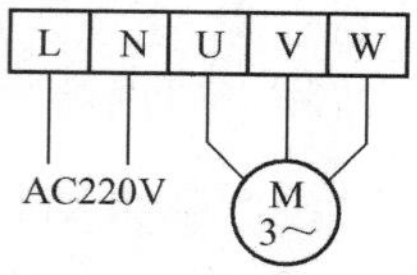

图8-10 MM440变频器面板基本操作控制接线图

2. 用基本操作面板（BOP）设置参数

（1）参数复位

在变频器停车状态下，可对变频器参数复位为工厂的默认值，见表8-7。按下变频器操作面板（BOP）上的 按钮，开始复位，复位过程大约3 min。

表8-7　恢复变频器工厂默认值

参数号	出　厂　值	设　定　值	说　　明
P0010	0	30	参数为工厂的设定值
P0970	0	1	全部参数复位

（2）电动机参数设置

为了使电动机与变频器匹配，需要设置电动机的参数。电动机参数设置见表8-8。

表8-8　设置电动机参数

参数号	出　厂　值	设　定　值	说　　明
P0003	1	1	用户访问级为标准级
P0010	1	1	快速调试
P0100	0	0	使用地区：欧洲 ［kW］，f = 50 Hz
P0304			电动机额定电压（V）
P0305			电动机额定电流（A）
P0307			电动机额定功率（kW）
P0310			电动机额定频率（Hz）
P0311			电动机额定转速（r/min）

电动机参数设置完成后，设置 P0010 = 0，变频器当前处于准备状态，可正常运行。

（3）设置面板基本操作控制参数

电动机正转、反转和正向、反向的点动面板基本操作控制参数设置见表8-9。

表8-9　面板基本操作控制参数表

参数号	出　厂　值	设　定　值	说　　明
P0003	1	1	用户访问级为标准级
P0004	0	7	参数过滤，显示命令和数字I/O参数
P0700	2	1	选择命令源，由BOP输入设定值
P0003	1	1	用户访问级为标准级
P0004	0	10	显示设定值通道和斜坡函数发生器参数
P1000	2	1	频率设定由BOP（）设置
＊P1080	0	0	电动机运行的最低频率（Hz）（下限频率）
＊P1082	50	50	电动机运行的最高频率（Hz）（上限频率）
＊P1120	10	5	斜坡上升时间（s）
＊P1121	10	5	斜坡下降时间（s）
P0003	1	2	用户访问级为扩展级
P0004	0	10	显示设定值通道和斜坡函数发生器参数

参数号	出 厂 值	设 定 值	说　明
P1032	1	0	禁止反转的 MOP（电动电位计）设定值
＊P1040	5	25	MOP（电动电位计）的设定值（Hz）
＊P1058	5	10	正向点动频率（Hz）
＊P1059	5	10	反向点动频率（Hz）
＊P1060	10	5	点动斜坡上升时间（s）
＊P1061	10	5	点动斜坡下降时间（s）

注：标"＊"号的参数可根据用户的实际需要进行设置。下同。

P1032 = 0 允许反转，可以用键入的设定值改变电动机的旋转方向，既可以用数字输入，也可以用按钮提高/降低电动机的运行频率。

3. 用基本操作面板（BOP）对电动机操作控制

（1）按变频器操作面板上的起动按钮，变频器将驱动电动机，并运行在 P1040 所设定的 25 Hz 频率所对应的转速上。

（2）如果需要，则电动机的转速（运行频率）及旋转方向可直接通过操作面板上的和按钮来改变。

（3）按变频器操作面板上的换向按钮，变频器将驱动电动机降速至零，然后改变转向再升速至设定值。

（4）按变频器操作面板上的停止按钮，变频器将驱动电动机降速至零。

（5）点动运行：按变频器操作面板上的点动按钮，变频器将驱动电动机升速，并运行在 P058 所设定的正向点动 10 Hz 频率值上。当松开变频器操作面板上的点动按钮，变频器将驱动电动机降速至零。这时按下变频器操作面板上的换向按钮，再重复上述点动运行操作，电动机可在变频器驱动下反向点动运行。

4. 用基本操作面板（BOP）查看信息

变频器运行过程中，在显示任何一个参数时按下按钮保持不动 2 s，将轮流显示以下参数值（从任何一个参数开始）：

（1）直流回路电压（用 d 表示，单位：V）。

（2）输出电流（A）。

（3）输出频率（Hz）。

（4）输出电压（用 O 表示，单位：V）。

再按将立即跳转到 r0000。

三、实训报告要求

1. 绘制变频器接线图。

2. 编制电动机、变频器参数表和控制参数表。

四、巩固练习

修改表 8-9 中 P1080、P1082、P1120、P1121、P1040、P1058、P1059、P1060 及 P1061 的参数值，用基本操作面板（BOP）对电动机操作控制，并观察运行情况。

项目 8-2 变频器的外部输入端子操作控制

一、实训目的

1. 进一步熟悉 MM440 变频器的参数设置方法。
2. 掌握 MM440 变频器外部端子运行控制的基本方法及接线。
3. 熟练掌握 MM440 变频器的运行操作过程。

二、基本知识点

变频器在实际使用中，电动机经常要根据各类机械的某种状态进行正转、反转以及点动等运行，变频器的给定频率、电动机的起动等都是通过变频器控制端子控制，即通过变频器的外部端子对电动机进行操作控制。

1. 数字开关量输入功能

MM440 包含了六个数字开关量的输入端口（DIN1～DIN6），即端口"5""6""7""8""16"和"17"，每一个数字输入端子功能很多，都有一个对应的参数用来设定该端口的功能。用户可根据需要进行操作设置。

端口数字输入 1～数字输入 6 的功能，需要通过参数号 P0701～P0706 设置，每一个数字输入功能设置参数值范围均为 0～99，出厂默认值均为 1，各参数数值的具体含义见表 8-10。

表 8-10 M440 数字输入端口功能设置表

参 数 值	功 能 说 明
0	禁止数字输入
1	ON/OFF1（接通正转、停车命令 1）
2	ON/OFF1（接通反转、停车命令 1）
3	OFF2（停车命令 2），按惯性自由停车
4	OFF3（停车命令 3），按斜坡函数曲线快速降速
9	故障确认
10	正向点动
11	反向点动
12	反转
13	MOP（电动电位计）升速（增加频率）
14	MOP 降速（减少频率）
15	固定频率设定值（直接选择）
16	固定频率设定值（直接选择 + ON 命令）
17	固定频率设定值（二进制编码选择 + ON 命令）
25	直流注入制动
29	外部故障信号触发跳闸
33	禁止附加频率设定值
99	使能 BICO 参数化

2. 变频器的三种基本停车方式

（1）OFF1 停车命令：能使变频器按照选定的斜坡下降速率减速并停止转动，而斜坡下降时间参数可通过改变参数 P1121 来修改。

（2）OFF2 停车命令：能使电动机依惯性滑行，最后停车脉冲被封锁。

（3）OFF3 停车命令：能使电动机快速地减速停车，OFF3 停车斜坡下降时间用参数 P1135 来设定。

3. 变频器的加减速时间

变频器驱动的电动机采用低频起动，为了保证电动机正常起动而又不过流，变频器应设定加速时间。电动机减速时间与其拖动的负载有关，有些负载对减速时间有严格要求，变频器应设定减速时间。

加速、减速时间也称作斜坡时间，分别指电动机从静止状态加速到最高频率所需要的时间，和从最高频率减速到静止状态所需要的时间。P1120 为斜坡上升时间参数，P1121 为斜坡下降时间参数。

注意：P1120 设置过小可能导致变频器过电流；P1121 设置过小可能导致变频器过电压。

三、实训内容

1. 外部端子控制正反转及点动运行

（1）控制要求

用两个开关 SA1 和 SA2 控制 MM440 变频器，实现电动机的正转和反转控制。电动机加减速时间为 15 s，其中端口"5"（DIN1）设为正转控制，端口"6"（DIN2）设为反转控制。用按钮 SB1 和 SB2，实现电动机正转和反转点动控制。电动机点动加减速时间为 5 s。用端口"7"（DIN3）设为正转点动控制，端口"8"（DIN4）设为反转点动控制。

（2）控制端子接线图

外部端子控制正反转及点动运行可不受接线长度限制。MM440 变频器有 3 个数字输入端 DIN1～DIN3 且模拟输入端 AIN 可以另行组态，用于提供一个附加数字输入端 DIN4。MM440 变频器外部端子控制正反转及点动运行接线图，如图 8-11 所示。

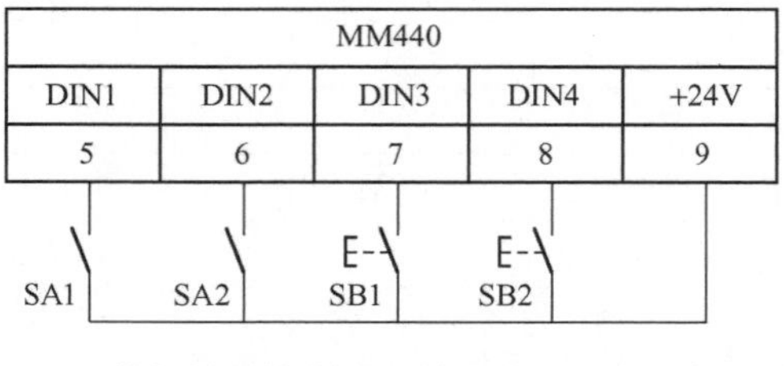

MM440				
DIN1	DIN2	DIN3	DIN4	+24V
5	6	7	8	9
SA1	SA2	E-\ SB1	E-\ SB2	

图 8-11 外部端子控制正反转及点动运行电气接线图

（3）设置参数

1）参数复位：在变频器停车状态下，按表 8-7 设置参数。再按下变频器操作面板（BOP）上●按钮，变频器开始复位到工厂默认值。

2）电动机参数设置：为了使电动机与变频器匹配，需要设置电动机的参数。电动机参数设置见表 8-11。电动机参数设置完成后，设置 P0010＝0，变频器当前处于准备状态，可正常运行。

表 8-11　电动机参数设置

参 数 号	出 厂 值	设 置 值	说 明
P0003	1	1	设定用户访问级为标准级
P0004	0	0	显示所有参数
P0010	0	1	快速调试
P0100	0	0	功率以 kW 表示，频率为 50 Hz
P0304	230	380	电动机额定电压（V）
P0305	3.25	0.68	电动机额定电流（A）
P0307	0.75	0.18	电动机额定功率（kW）
P0310	50	50	电动机额定频率（Hz）
P0311	0	1400	电动机额定转速（r/min）

3）外部端子控制正反转及点动运行参数设置，参数设置如表 8-12 所示。

表 8-12　变频器参数设置

参 数 号	出 厂 值	设 置 值	说 明
P0003	1	2	设用户访问级为扩展级
P0004	0	7	命令和数字 I/O
P0700	2	2	命令源选择"由端子排输入"
＊P0701	1	1	ON 接通正转，OFF 停止
＊P0702	1	2	ON 接通反转，OFF 停止
＊P0703	9	10	正向点动
＊P0704	15	11	反转点动
P0003	1	2	设用户访问级为扩展级
P0004	0	10	设定值通道和斜坡函数发生器
P1000	2	1	由键盘（电动电位计）输入设定值
＊P1080	0	0	电动机运行的最低频率（Hz）
＊P1082	50	50	电动机运行的最高频率（Hz）
＊P1120	10	15	斜坡上升时间（s）
＊P1121	10	15	斜坡下降时间（s）
＊P1040	5	20	设定键盘控制的频率值
＊P1058	5	10	正向点动频率（Hz）
＊P1059	5	10	反向点动频率（Hz）
＊P1060	10	5	点动斜坡上升时间（s）
＊P1061	10	5	点动斜坡下降时间（s）

（4）变频器运行操作

1）正向运行：当合上 SA1 时，变频器数字端口"5"为 ON，电动机按 P1120 所设置的 15 s 斜坡上升时间正向起动运行，经 15 s 后稳定运行在 560 r/min 的转速上，此转速与 P1040 所设置的 20 Hz 对应。断开 SA1，变频器数字端口"5"为 OFF，电动机按 P1121 所设置的

15 s 斜坡下降时间停止运行。

2）反向运行：当合上 SA2 时，变频器数字端口"6"为 ON，电动机按 P1120 所设置的 5 s 斜坡上升时间正向起动运行，经 5 s 后稳定运行在 560 r/min 的转速上，此转速与 P1040 所设置的 20 Hz 对应。断开 SA2，变频器数字端口"6"为 OFF，电动机按 P1121 所设置的 5 s 斜坡下降时间停止运行。

3）电动机的点动运行

① 正向点动运行：当按下按钮 SB1 时，变频器数字端口"7"为 ON，电动机按 P1060 所设置的 5 s 点动斜坡上升时间正向起动运行，经 5 s 后稳定运行在 280 r/min 的转速上，此转速与 P1058 所设置的 10 Hz 对应。放开按钮 SB1，变频器数字端口"7"为 OFF，电动机按 P1061 所设置的 5 s 点动斜坡下降时间停止运行。

② 反向点动运行：当按下按钮 SB2 时，变频器数字端口"8"为 ON，电动机按 P1060 所设置的 5 s 点动斜坡上升时间正向起动运行，经 5 s 后稳定运行在 280 r/min 的转速上，此转速与 P1059 所设置的 10 Hz 对应。放开按钮 SB2，变频器数字端口"8"为 OFF，电动机按 P1061 所设置的 5 s 点动斜坡下降时间停止运行。

4）电动机的速度调节

分别更改 P1040 和 P1058、P1059 的值，按上步操作过程，就可以改变电动机正常运行速度和正、反向点动运行速度。

2. 变频器起/停、加速、减速控制

（1）控制要求

用开关 SA 控制变频器的起/停，用按钮 SB1 和 SB2 实现电动机增速、减速控制。

（2）控制端子接线图

用开关 SA 控制变频器的起/停，用按钮 SB1 和 SB2 实现电动机增速、减速控制线路图，如图 8-12 所示。

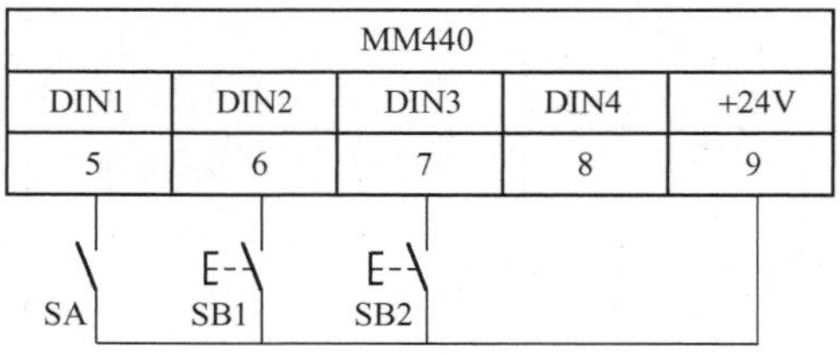

MM440				
DIN1	DIN2	DIN3	DIN4	+24V
5	6	7	8	9

SA   E-\ SB1   E-\ SB2

图 8-12 控制端子接线图

（3）设置参数

1）参数复位：在变频器停车状态下，按表 8-7 设置参数。再按下变频器操作面板（BOP）上的 ⓟ 按钮，变频器开始复位到工厂默认值。

2）电动机参数设置：为了使电动机与变频器匹配，需要设置电动机的参数。电动机参数设置见表 8-11。电动机参数设置完成后，设置 P0010 = 0，变频器当前处于准备状态，可正常运行。

3）输入端子增速、减速参数设置

在变频器在通电的情况下，完成相关参数设置，具体设置见表 8-13。

表 8-13　变频器参数设置

参数号	出　厂　值	设　置　值	说　　　明
P0003	1	3	设用户访问级为专家级
P0004	0	0	显示所有参数
P0700	2	2	命令源选择"由端子排输入"
＊P0701	1	1	ON 接通正转，OFF 停止
＊P0702	1	13	MOP（电动电位计）升速（增加频率）
＊P0703	9	14	MOP（电动电位计）升速（增加频率）
P1000	2	1	由键盘（电动电位计）输入设定值
＊P1080	0	0	电动机运行的最低频率（Hz）
＊P1082	50	50	电动机运行的最高频率（Hz）
＊P1120	10	5	斜坡上升时间（s）
＊P1121	10	5	斜坡下降时间（s）
＊P1040	5	20	设定起动后初始频率
P1031	1	1	存储设定值/在停止之前存储当前设定频率

（4）变频器运行操作

1）起停控制：当合上 SA 时，变频器数字端口"5"为 ON，电动机按 P1120 所设置的 5 s 斜坡上升时间正向起动运行，经 5 s 后稳定运行在 560 r/min 的转速上，此转速与 P1040 所设置的 20 Hz 对应。断开按钮 SA，变频器数字端口"5"为 OFF，电动机按 P1121 所设置的 5 s 斜坡下降时间停止运行。

2）增速控制：按下增速按钮 SB1，电动机增速。

3）增速控制：按下减速按钮 SB2，电动机增速。

四、实训报告要求

1. 绘制变频器接线图。

2. 编制电动机、变频器参数表和控制参数表。

五、巩固练习

1. 电动机正转运行控制，要求稳定运行频率为 45 Hz，DIN5 端口设为正转控制。画出变频器外部接线图，并进行参数设置、操作调试。

2. 利用变频器输入端子实现电动机正转、反转和点动的功能，电动机加减速时间为 4 s。DIN5 端口设为正转起动及停止控制，DIN6 端口只设为反转控制，电动机点动加减速时间为 4 s。用端口"7"（DIN3）设为正转点动控制，端口"8"（DIN4）设为反转点动控制。进行参数设置、操作调试。

项目 8-3　变频器多段速控制操作控制

一、实训目的

1. 掌握变频器多段速频率控制方式。

2. 掌握变频器的多段速运行操作过程。

二、基本知识点

多段速功能，也称作固定频率，就是设置参数 P1000 = 3 的条件下，用开关量端子选择固定频率的组合，实现电机多段速度运行。

MM440 变频器的 6 个数字输入端 DIN 可通过参数 P0701～P0706 的设置实现多段速控制。每一频率可分别由 P001～P015 参数设置，最多可实现 15 频段控制。

数字输入端 DIN1～DIN6 选择固定频率有 3 种方式：直接选择频率、直接选择频率 + ON 以及二进制编码选择频率 + ON。实现多段速控制可以采用以上三种方式，在不同方式下，其操作方法不同。

多频段控制时，电动机的正转、反转有两种实现方法：一是通过一个数字端口选择正、反向；二是由 P1001～P1015 参数设置的频率正负决定正、反向。

1. 直接选择频率（P0701 – P0706 = 15）

端子与参数设置对应见表 8-14。

表 8-14　端子与参数设置对应表

端 子 编 号	对 应 参 数	对应频率设置值	说　　明
5	P0701	P1001	
6	P0702	P1002	
7	P0703	P1003	1. 频率给定源 P1000 必须设置为 3。
8	P0704	P1004	2. 当多个选择同时激活时，选定的频率是它们的总和
16	P0705	P1005	
17	P0706	P1006	

在这种操作方式下，一个数字输入选择一个固定频率，如果有几个固定频率输入同时被激活，选定的频率是它们的总和。例如：FF1 + FF2 + FF3。

2. 直接选择频率 + ON 命令（P0701 – P0706 = 16）

在这种操作方式下，数字量输入既选择固定频率（见表 8-14），又具备起动功能。

3. 二进制编码直接选择频率 + ON 命令（P0701 – P0706 = 16）

MM440 变频器的六个数字输入端口（DIN1～DIN6），通过 P0701～P0706 设置实现多频段控制。

每一频段的频率分别由 P1001～P1015 参数设置，最多可实现 15 频段控制，各个固定频率的数值选择见表 8-15。

在多频段控制中，电动机的转动方向是由 P1001～P1015 参数所设置的频率正负决定的。六个数字输入端口，哪一个作为电动机运行、停止控制，哪些作为多段频率控制，是可以由用户任意确定的，一旦确定了某一数字输入端口的控制功能，其内部的参数设置值必须与端口的控制功能相对应。

表 8-15　固定频率选择对应表

频 率 设 定	DIN4	DIN3	DIN2	DIN1
P1001	0	0	0	1
P1002	0	0	1	0
P1003	0	0	1	1
P1004	0	1	0	0
P1005	0	1	0	1

频率设定	DIN4	DIN3	DIN2	DIN1
P1006	0	1	1	0
P1007	0	1	1	1
P1008	1	0	0	0
P1009	1	0	0	1
P1010	1	0	1	0
P1011	1	0	1	1
P1012	1	1	0	0
P1013	1	1	0	1
P1014	1	1	1	0
P1015	1	1	1	1

三、实训内容

1. 电动机三段速控制（直接选择频率方式）

（1）控制要求

用变频器数字输入端子 DIN1、DIN2 作为频率选择控制，用变频器数字输入端子 DIN5 作为起动/停止控制。

（2）控制端子接线图

电动机三段速控制接线图如图 8-13 所示。

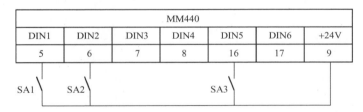

图 8-13　控制端子接线图

（3）控制状态表

电动机采用三段速控制时，三段固定频率控制状态见表 8-16。

表 8-16　三段固定频率控制状态表

固定频率	DIN2（SA2）	DIN1（SA1）	对应频率所设置的参数	频率	电动机转速/(r·min⁻¹)
OFF	0	0		0	
1	0	1	P1001	20	
2	1	0	P1002	30	
3	1	1	P1003	20 + 30	

注："0"表示对应的开关断开，"1"表示对应的开关接通。

（4）参数设置

1）参数复位，在变频器停车状态下，按表 8-7 所示设置参数。再按下变频器操作面板（BOP）上的■按钮，变频器开始复位到工厂默认值。

2）电动机参数设置

为了使电动机与变频器匹配，需要设置电动机的参数。电动机参数设置见表8-11。电动机参数设置完成后，设置P0010=0，变频器当前处于准备状态，可正常运行。

3）三段固定频率控制参数设置

在变频器在通电的情况下，完成相关参数设置，具体设置见表8-17。

表8-17 三段固定频率控制参数表

参数号	出 厂 值	设 置 值	说　明
P0003	1	3	设用户访问级为扩展级
P0004	0	0	显示所有参数
P0700	2	2	命令源选择"由端子排输入"
*P0701	1	15	直接选择频率
*P0702	12	15	直接选择频率
*P0705	15	1	ON接通正转，OFF停止
P1000	2	3	选择固定频率设定值
P1001	0	20	设置固定频率1
P1002	0	30	设置固定频率2
P1016	1	1	固定频率方式——位0 直接选择频率
P1017	1	1	固定频率方式——位1 直接选择频率
P1018	1	1	固定频率方式——位2 直接选择频率
*P1080	0	0	电动机运行的最低频率（Hz）
*P1082	50	50	电动机运行的最高频率（Hz）
*P1120	10	5	斜坡上升时间（s）
*P1121	10	5	斜坡下降时间（s）

（5）变频器运行操作

当SA3开关接通时，数字输入端口"16"为"ON"，允许电动机起动运行。将SA3断开使数字输入端口"16"为"OFF"，电动机停止运行。

1）第1频段控制。当SA1开关接通、SA2开关断开时，变频器数字输入端口"5"为"ON"，端口"6"为"OFF"，变频器工作在由P1001参数所设定的频率为20Hz的第1频段上。

2）第2频段控制。当SA1开关断开，SA2开关接通时，变频器数字输入端口"5"为"OFF"，"6"为"ON"，变频器工作在由P1002参数所设定的频率为30Hz的第2频段上。

3）第3频段控制。当按钮SA1、SA2都接通时，变频器数字输入端口"5"、"6"均为"ON"，变频器工作在由P1003参数所设定的频率为50Hz的第3频段上。

注意：3个频段的频率值可根据用户要求P1001、P1002和P1003参数来修改。当电动机需要反向转动时，只要将对应频段的频率值设定为负就可以实现。

2. 电动机正反转三段速控制（直接选择频率+ON方式）

（1）控制要求

用变频器数字输入端子DIN1、DIN2作为频率选择控制。DIN5作为反转控制。

（2）控制端子接线图

电动机正反转三段速控制接线图如图8-14所示。

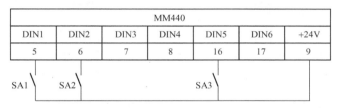

MM440						
DIN1	DIN2	DIN3	DIN4	DIN5	DIN6	+24V
5	6	7	8	16	17	9

图 8-14　控制端子接线图

（3）控制状态表

电动机正反转三段速控制时，三段固定频率控制状态见表 8-18。

表 8-18　三段固定频率控制参数表

固定频率	DIN2（SA2）	DIN1（SA1）	对应频率所设置的参数	频率	电动机转速/(r·min^{-1})
OFF	0	0		0	
1	0	1	P1001	15	
2	1	0	P1002	25	
3	1	1		15 + 25	

注："0"表示对应的开关断开，"1"表示对应的开关接通。

（4）参数设置

1）参数复位，在变频器停车状态下，按表 8-7 所示设置参数。再按下变频器操作面板（BOP）上的◎按钮，变频器开始复位到工厂默认值。

2）电动机参数设置

为了使电动机与变频器匹配，需要设置电动机的参数。电动机参数设置见表 8-11。电动机参数设置完成后，设置 P0010 = 0，变频器当前处于准备状态，可正常运行。

3）直接选择频率 + ON 方式三段固定频率参数设置

在变频器在通电的情况下，完成相关参数设置，具体设置见表 8-19。

表 8-19　三段固定频率控制参数表

参 数 号	出 厂 值	设 置 值	说　明
P0003	1	3	设用户访问级为扩展级
P0004	0	0	显示所有参数
P0700	2	2	命令源选择"由端子排输入"
＊P0701	1	16	直接选择频率 + ON
＊P0702	1	16	直接选择频率 + ON
＊P0705	15	12	ON 接通反转
P1001	0	15	设置固定频率1
P1002	5	25	设置固定频率2
P1000	2	3	选择固定频率设定值
P1016	1	2	固定频率方式——位 0 直接选择频率 + ON
P1017	1	2	固定频率方式——位 1 直接选择频率 + ON
P1018	1	2	固定频率方式——位 2 直接选择频率 + ON
＊P1080	0	0	电动机运行的最低频率（Hz）
＊P1082	50	50	电动机运行的最高频率（Hz）
＊P1120	10	3	斜坡上升时间（s）
＊P1121	10	3	斜坡下降时间（s）

（5）变频器运行操作

1）当 SA1、SA2 开关都断开时输出频率为零。

2）第 1 频段控制。当 SA1 开关接通、SA2 开关断开时，变频器数字输入端口"5"为"ON"，端口"6"为"OFF"，变频器工作在由 P1001 参数所设定的频率为 15 Hz 的第 1 频段上。

3）第 2 频段控制。当 SA1 开关断开，SA2 开关接通时，变频器数字输入端口"5"为"OFF"，"6"为"ON"，变频器工作在由 P1002 参数所设定的频率为 25 Hz 的第 2 频段上。

4）第 3 频段控制。当按钮 SA1、SA2 都接通时，变频器数字输入端口"5"、"6"均为"ON"，变频器工作在由 P1003 参数所设定的频率为 40 Hz 的第 3 频段上。

5）当 SA3 开关接通时，数字输入端口"16"为"ON"，电动机反转运行。

3. 电动机七段速度控制（二进制编码选择频率 + ON 方式）

（1）控制要求

设置输入端 DIN1 ~ DIN3 组合选择七段固定频率，采用二进制编码选择频率 + ON 命令方式，见表 8-20。此时 DIN1 ~ DIN3 都具启/停电动机功能。电动机正反转由 P1001 ~ P1007 参数设置的频率正负决定。

（2）控制端子接线图

电动机七段速度控制接线图如图 8-15 所示。

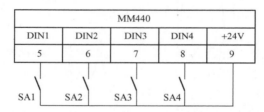

图 8-15　控制端子接线图

（3）控制状态表

电动机七段速度控制时，七段固定频率状态见表 8-20。

表 8-20　七段固定频率控制状态表

固定频率	DIN3（SA3）	DIN2（SA2）	DIN1（SA1）	对应频率所设置的参数	频率	电动机转速/r·min^{-1}
OFF	0	0	0		0	0
1	0	0	1	P1001	10	
2	0	1	0	P1002	20	
3	0	1	1	P1003	50	
4	1	0	0	P1004	30	
5	1	0	1	P1005	−10	
6	1	1	0	P1006	−20	
7	1	1	1	P1007	−50	

注："0"表示对应的开关断开，"1"表示对应的开关接通。

（4）参数设置

1）参数复位，在变频器停车状态下，按表8-7所示设置参数。再按下变频器操作面板（BOP）上的◎按钮，变频器开始复位到工厂默认值。

2）电动机参数设置

为了使电动机与变频器匹配，需要设置电动机的参数。电动机参数设置见表8-11所示。电动机参数设置完成后，设置P0010=0，变频器当前处于准备状态，可正常运行。

3）二进制编码选择频率+ON七段固定频率参数设置

参数设置见表8-21。

表8-21　七段固定频率控制参数表

参数号	出厂值	设定值	说　　　明
P0003	1	3	用户访问级为专家级
P0004	0	0	参数过滤显示全部参数
P0700	2	2	由端子排输入（选择命令源）
P0701	1	17	端子DIN1按二进制编码选择频率+ON命令
P0702	12	17	端子DIN2按二进制编码选择频率+ON命令
P0703	9	17	端子DIN3按二进制编码选择频率+ON命令
P0704	15	1	ON起动，OFF停止
P0725	1	1	端子DIN输入高电平有效
P1000	2	3	选择固定频率设定值
P1001	0	10	设置固定频率1
P1002	0	20	设置固定频率2
P1003	0	50	设置固定频率3
P1004	0	30	设置固定频率4
P1005	0	-10	设置固定频率5
P1006	0	-20	设置固定频率6
P1007	0	-50	设置固定频率7
P1016	1	3	固定频率方式——位0按二进制编码选择频率+ON命令
P1017	1	3	固定频率方式——位1按二进制编码选择频率+ON命令
P1018	1	3	固定频率方式——位2按二进制编码选择频率+ON命令
P1120	10	2	斜坡上升时间，电动机从静止停车加速到最大频率所需的时间
P1121	10	2	斜坡下降时间，电动机从最高频率减速到静止停车所需的时间

（5）操作控制

先合SA4，给变频器一个ON命令。

1）第1频段控制。当SA1开关接通，SA2和SA3开关断开时，变频器数字输入端DIN1为"ON"，数字输入端DIN2、DIN3为"OFF"，变频器工作在由P1001参数设定的频率为10Hz的频段上，电动机运行在10Hz所对应的转速上。

2）第2频段控制。当SA2开关接通，SA1和SA3开关断开时，变频器数字输入端DIN2为"ON"，数字输入端DIN1、DIN3为"OFF"，变频器工作在由P1002参数设定的频率为20Hz的频段上，电动机运行在20Hz所对应的转速上。

3）第 3 频段控制。当 SA1 和 SA2 开关接通，SA3 开关断开时，变频器数字输入端 DIN1、DIN2 为"ON"，数字输入端 DIN3 为"OFF"，变频器工作在由 P1003 参数设定的频率为 50 Hz 的频段上，电动机运行在 50 Hz 所对应的转速上。

4）第 4 频段控制。当 SA3 开关接通，SA1 和 SA2 开关断开时，变频器数字输入端 DIN3 为"ON"，数字输入端 DIN1、DIN2 为"OFF"，变频器工作在由 P1004 参数设定的频率为 30 Hz 的频段上，电动机运行在 30Hz 所对应的转速上。

5）第 5 频段控制。当 SA3、SA1 开关接通，SA2 开关断开时，变频器数字输入端 DIN3、DIN1 为"ON"，数字输入端 DIN2 为"OFF"，变频器工作在由 P1005 参数设定的频率为 -10 Hz 的频段上，电动机运行在 -10 Hz 所对应的转速上。

6）第 6 频段控制。当 SA2、SA3 开关接通，SA1 开关断开时，变频器数字输入端 DIN2、DIN3 为"ON"，数字输入端 DIN1 为"OFF"，变频器工作在由 P1006 参数设定的频率为 -20 Hz 的频段上，电动机运行在 -20 Hz 所对应的转速上。

7）第 7 频段控制。当 SA1 、SA2 和 SA3 开关同时接通时，变频器数字输入端 DIN1、DIN2 和 DIN3 为"ON"，变频器工作在由 P1007 参数设定的频率为 -50 Hz 的频段上，电动机运行在 -50Hz 所对应的转速上。

8）电动机停车的 2 种方法：

① 当 SA1 、SA2 和 SA3 开关都断开时，变频器数字输入端 DIN1、DIN2 和 DIN3 均为"OFF"，电动机停止运行。

② 电动机运行在任何频段时，断开 SA4，电动机停止。

四、实训报告要求

1. 绘制变频器接线图。

2. 编制电动机、变频器参数表和控制参数表。

3. 绘制电动机运行曲线。

五、巩固练习

1. 用变频器外部接线端子控制电动机运行，运行曲线如图 8-16 所示，要求斜坡上升时间 6 s，斜坡下降时间 3 s，试按要求设置参数接线，调试运行。

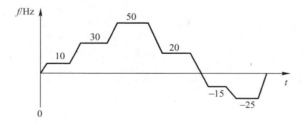

图 8-16　电动机运行曲线

2. 用开关 SA 控制变频器实现电动机 5 段速频率运转。5 段速设置分别为：第 1 段输出频率为 10 Hz；第 2 段输出频率为 20 Hz；第 3 段输出频率为 30 Hz；第 4 段输出频率为 40 Hz；第 5 段输出频率为 50 Hz。采用直接选择频率命令。画出变频器外部接线图，写出参数设置，操作调试。

项目 8-4　变频器与 PLC 联机控制

一、实训目的

1. 掌握 PLC 与变频器的连接方法与控制方式。
2. 掌握通过 PLC 对变频器实现电动机多段速控制的编程。
3. 熟悉多段频率的参数设置。

二、实训内容

1. 三段速控制（直接选择频率 + ON）

（1）控制要求

某电动机生产上要求能自动循环运行，按下电动机起动按钮，电动机起动并运行在高速 50 Hz 频率所对应的转速上，延时 10 s 后电动机降速，运行在中速 40 Hz 频率所对应的转速上，再延时 10 s 后电动机继续降速，运行在低速 20 Hz 频率所对应的转速上，然后延时 10 s 后电动机升速，又运行在高速 50 Hz 频率所对应的转速上。如此循环运行。按下停止按钮，电动机停止运行。通过 S7 - 200 PLC 和 MM440 变频器联机实现控制要求。

（2）PLC 输入/输出地址分配

根据控制要求写出 PLC 的 I/O 地址分配，见表 8-22。

表 8-22　I/O 地址分配

输入（I）			输出（O）		
外接	符号	地址	名称	符号	地址
起动按钮	SB1	I0.0	变频器输入端子	DIN1	Q0.0
停止按钮	SB2	I0.1	变频器输入端子	DIN2	Q0.1

（3）控制端子接线图

根据 PLC 输入/输出地址分配，画出接线图，如图 8-17 所示。MM440 变频器设置 3 个频段由变频器数字输入端 DIN1、DIN2 通过 P0701、P0702 以直接选择频率 + ON 命令方式控制。S7 - 200PLC 数字端 I0.0 和 I0.1 用作控制系统起动和停止控制。数字输出端 Q0.0 和 Q0.1 分别连接 MM440 变频器的 DIN1、DIN2 按时间控制它们为 ON 或 OFF，以控制电动机以高、中、低三种速度循环运行。

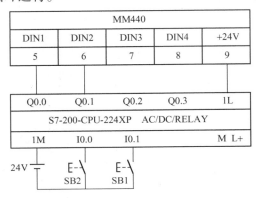

图 8-17　变频器与 PLC 联机三段速控制端子接线图

（4）控制状态表

三段速控制状态见表8-23。

表8-23 三段速控制状态表

固定频率	DIN2（SA2）	DIN1（SA1）	对应频率所设置的参数	频率	电动机转速/（r·min^{-1}）
OFF	0	0		0	
1	0	1	P1001	20	
2	1	0	P1002	30	
3	1	1		20+30	

（5）参数设置

1）参数复位，恢复变频器工厂默认值。设定 P0010 = 30，P0970 = 1。按下"P"键，变频器开始复位到工厂默认值。

2）电动机参数设置

为了使电动机与变频器匹配，需要设置电动机的参数。电动机参数设置见表8-11。电动机参数设置完成后，设置 P0010 = 0，变频器当前处于准备状态，可正常运行。

3）三段速控制参数设置

三段速控制参数设置见表8-24。

表8-24 三段速控制参数表

参数号	出厂值	设定值	说　明
P0003	1	3	用户访问级为专家级
P0004	0	0	参数过滤显示全部参数
P0700	2	2	由端子排输入（选择命令源）
P0701	1	16	端子 DIN1 直接选择频率 + ON 命令
P0702	12	16	端子 DIN2 直接选择频率 + ON 命令
P0725	1	1	端子 DIN 输入高电平有效
P1000	2	3	选择固定频率设定值
P1001	0	20	设置固定频率1
P1002	5	30	设置固定频率2
P1016	1	2	固定频率方式——位0 直接选择频率 + ON 命令
P1017	1	2	固定频率方式——位1 直接选择频率 + ON 命令
P1018	1	2	固定频率方式——位2 直接选择频率 + ON 命令

（6）PLC 程序设计

根据电动机的控制要求，设计的 PLC 梯形图程序如图8-18所示。将梯形图程序下载到 PLC 中。

2. 15 段速控制（二进制编码选择频率 + ON）

（1）控制要求

按下起动按钮，变频器起动后以 5 Hz 开始运行，以后每隔 10 s 依次按控制状态表频率

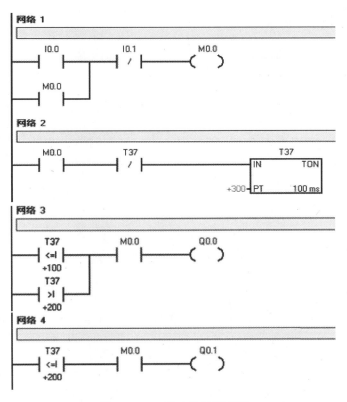

图 8-18 三段速控制梯形图

循环运行。按下停止按钮停止，电动机停止运行。通过 S7 – 200 PLC 和 MM440 变频器联机实现控制要求。

（2）PLC 输入/输出地址分配

根据控制要求写出 PLC 的 I/O 地址分配，见表 8-25。

表 8-25　I/O 地址分配

输入（I）			输出（O）		
外接	符号	地址	名称	符号	地址
起动按钮	SB1	I0. 0	变频器输入端子	DIN1	Q0. 0
停止按钮	SB2	I0. 1	变频器输入端子	DIN2	Q0. 1
			变频器输入端子	DIN3	Q0. 2
			变频器输入端子	DIN4	Q0. 3
			变频器输入端子	DIN5	Q1. 0

（3）控制端子接线图

根据 PLC 输入/输出地址分配，画出端子接线图，如图 8-19 所示。MM440 变频器设置 15 个频段由变频器数字输入端 DIN1 ~ DIN4 通过 P0701 ~ P0704 以二进制编码带 ON 命令方式选择控制。S7 –200PLC 数字输入端 I0. 0 和 I0. 1 用作控制系统起动和停止控制。数字输出端 Q0. 0 ~ Q0. 3，分别连接 MM440 变频器的 DIN1 ~ DIN4，按时间控制它们为 ON 或 OFF，以控制电动机以 15 种速度循环运行。

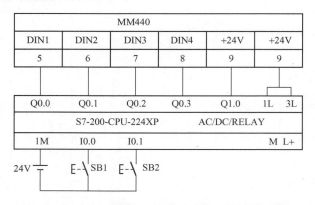

图 8-19　变频器与 PLC 联机 15 段速控制端子接线图

（4）控制状态表

15 段固定频率控制状态见表 8-26。

表 8-26　15 段固定频率控制状态表

固定频率	Q1.0（16）	Q0.3（8）	Q0.2（7）	Q0.1（6）	Q0.0（5）	频率
OFF	0	0	0	0	0	0
1	1	0	0	0	1	5
2	1	0	0	1	0	15
3	1	0	0	1	1	25
4	1	0	1	0	0	35
5	1	0	1	0	0	50
6	1	0	1	0	1	35
7	1	0	1	1	0	25
8	1	0	1	1	1	15
9	1	1	0	0	0	-10
10	1	1	0	0	1	-25
11	1	1	0	1	1	-35
12	1	1	1	0	0	-50
13	1	1	1	0	0	-30
14	1	1	1	1	0	-20
15	1	1	1	1	1	-10

（5）参数设定

1）参数复位，恢复变频器工厂默认值。设定 P0010 = 30，P0970 = 1。按下 "P" 键，变频器开始复位到工厂默认值。

2）电动机参数设置

为了使电动机与变频器匹配，需要设置电动机的参数。电动机参数设置见表 8-11。电动机参数设置完成后，设置 P0010 = 0，变频器当前处于准备状态，可正常运行。

3）参数设定

15 段速控制参数设置见表 8-27。

表 8-27　15 段固定频率控制参数表

参数号	出厂值	设定值	说　　明
P0003	1	3	用户访问级为专家级
P0004	0	0	参数过滤显示全部参数
P0700	2	2	由端子排输入（选择命令源）
P0701	1	17	DIN1 按二进制编码选择频率 + ON 命令
P0702	12	17	DIN2 按二进制编码选择频率 + ON 命令
P0703	9	17	DIN3 按二进制编码选择频率 + ON 命令
P0704	15	17	DIN4 按二进制编码选择频率 + ON 命令
P0705	15	1	DIN5 ON 起动/OFF 停止
P1000	2	3	选择固定频率设定值
P1001	0	5	设置固定频率 1
P1002	5	15	设置固定频率 2
P1004	15	35	设置固定频率 4
P1005	20	50	设置固定频率 5
P1006	25	35	设置固定频率 6
P1007	30	25	设置固定频率 7
P1008	35	15	设置固定频率 8
P1009	40	-10	设置固定频率 9
P1010	45	-25	设置固定频率 10
P1011	50	-35	设置固定频率 11
P1012	55	-50	设置固定频率 12
P1013	60	-30	设置固定频率 13
P1014	65	-20	设置固定频率 14
P1015	65	-10	设置固定频率 15
P1016	1	3	固定频率方式 - 位 0 按二进制编码选择频率 + ON 命令
P1017	1	3	固定频率方式 - 位 1 按二进制编码选择频率 + ON 命令
P1018	1	3	固定频率方式 - 位 2 按二进制编码选择频率 + ON 命令
P1019	1	3	固定频率方式 - 位 3 按二进制编码选择频率 + ON 命令

（6）PLC 程序设计

根据电动机的控制要求，设计的 PLC 梯形图程序如图 8-20 所示。将梯形图程序下载到 PLC 中。

三、实训报告要求

1. 绘制电气原理图。

2. 编制电动机、变频器参数表和控制参数表。

3. 编制 I/O 地址分配表。

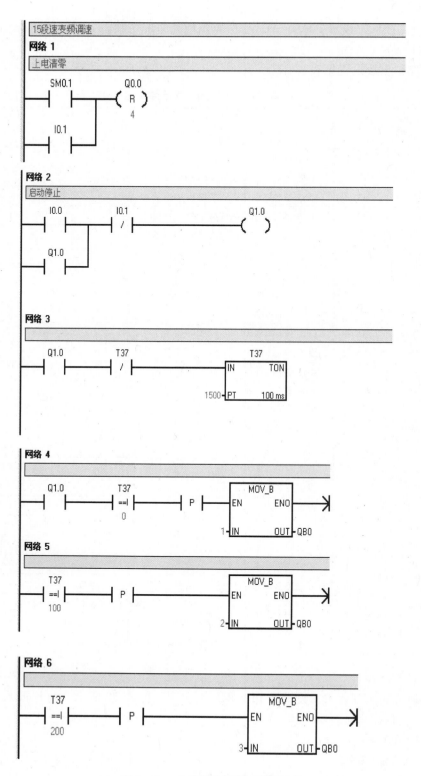

图 8-20　15 段速变频调速梯形图

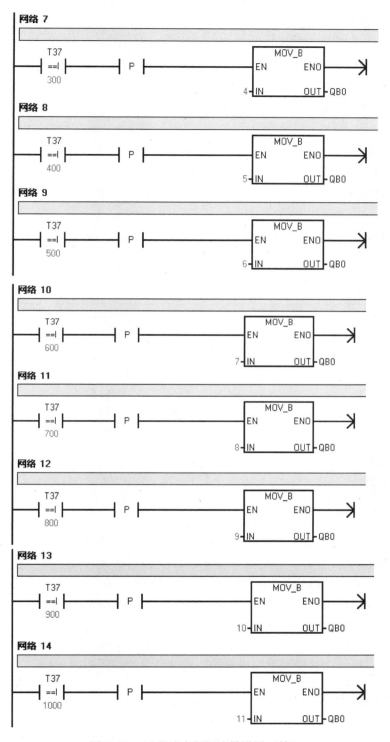

图 8-20　15 段速变频调速梯形图（续）

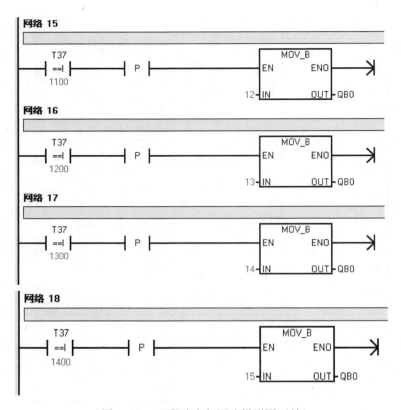

图 8-20　15 段速变频调速梯形图（续）

4. 编写梯形图和语句表。

5. 绘制电动机运行曲线。

四、巩固练习

1. 某 MM440 变频器用外部接线端子控制电动机七段速运行，变频器设置的 7 个频段由变频器数字输入端 DIN1、DIN2 和 DIN3 通过 P0701、P0702 和 P0703 以二进制编码带 ON 命令方式控制。S7-200PLC 数字输入端 I0.0 用作控制系统起动和停止，速度的改变由加速按钮 I0.1 和减速按钮 I0.2 控制。起始频率设置 10 Hz，以后每按一次加速按钮 I0.1，频率升高 5 Hz，每按一次减速按钮 I0.2，频率降低 5 Hz，频率可在（10～40）Hz 之间改变。试按要求完成接线、参数设置并编程调试运行。

2. 某 MM440 变频器调速系统，生产上要求电动机能自动循环运行，按下起动按钮，电动机将会在每隔 10 s 按频率 10 Hz、15 Hz、25 Hz、35 Hz、40 Hz 及 50 Hz 循环运行。按下停止按钮，电动机停止运行。试按要求完成接线、参数设置并编程调试运行。

项目 8-5　变频器的工频/变频切换控制

一、实训目的

1. 掌握利用 MM440 变频器输出继电器 RL1 进行工频/变频切换及故障时自动切换到工频电路的方法。

2. 掌握 PLC 与变频器的连接和切换程序的编写。

二、基本知识点

在工业生产中，一些关键设备投入运行后就不允许停机，否则会造成重大经济损失。这些设备如果由变频器拖动，则变频器一旦跳闸停机，应立即将电动机切换到工频电源。还有一些负载为了节能，采用变频器拖动，如恒压供水系统多泵控制切换，如果变频器达到满载输出时就会失去节能作用，这时应把变频器切换到工频。所以工频/变频切换电路在实际生产中经常用到。

MM440 变频器有开关量输出功能，可以将变频器当前的状态以开关量的形式用继电器输出，方便用户通过输出继电器的状态来监控变频器的内部状态量，实现控制。MM440 有 3 个数字量输出（继电器：RL1、RL2 和 RL3），分别用参数 P0731 ~ P0733 进行设置，P0731 ~ P0733 可以被设置为表 8-28 所示的状态位参数。

表 8-28　P0731 ~ P0733 参数设置值

参数设置值	功　能
52.0	变频器准备
52.1	变频器准备运行就绪（脉冲）
52.2	变频器运行
52.3	变频器故障（上电后继电器会动作）
52.4	OFF2 停车命令有效
52.5	OFF3 停车命令有效
52.6	禁止合闸
52.7	变频器报警
52.8	设定值/实际值偏差过大
52.9	PZD 控制（过程数据控制）
52.A	已达到最大频率
52.B	电动机过流限幅报警
52.C	电动机抱闸（MHB）投入
52.D	电动机过载
52.E	电动机正向运行
52.F	变频器过载
53.0	直流制动激活
53.1	变频器频率低于跳闸极限值 P2167
53.2	实际频率低于最小频率：$f\_act < P1080（f\_min）$
53.3	电流大于或等于极限值；$r0027 >= P2170$
53.4	实际频率大于比较频率 P2155
53.5	实际频率大于比较频率 P2155
53.6	实际频率大于或等于设定值；$f\_act >= setpoint$
53.7	电压低于门限值
53.8	电压高于门限值
53.A	PID 控制器的输出在下限幅值 P2292
53.B	PID 控制器的输出在上限幅值 P2291

三、实训内容

（1）控制要求

一台变频器拖动多台电动机（一拖多），变频器驱动电动机达到额定转速时，变频器内部输出继电器 RL1 动作，作为一个控制信号将电动机切换到工频电网直接供电运行，而变频器再起动其他电动机，以达到电动机软起动和节能的目的。

图 8-21 所示系统为一拖二的工频/变频切换控制主电路，要求用变频器联机 PLC 实现一拖二工频/变频切换控制。

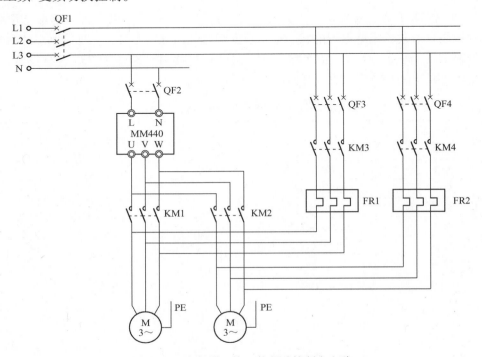

图 8-21　变频器一拖二软起动控制主电路

（2）PLC 输入/输出地址分配

根据控制要求写出 PLC 的 I/O 地址分配，见表 8-29。

表 8-29　变频器一拖二工频/变频切换控制 I/O 地址分配

输入（I）			输出（O）		
名称	符号	地址	名称	符号	地址
起动按钮	SB1	I0.0	变频器输入端子	DIN1	Q0.0
停止按钮	SB2	I0.1	M1 变频接触器	KM1	Q0.4
变频器继电器输出	RL1	I0.2	M1 工频接触器	KM2	Q0.5
			M2 变频接触器	KM3	Q0.6
			M2 工频接触器	KM4	Q0.7

（3）外部端子接线图

一拖二工频/变频切换 PLC 外部端子接线如图 8-22 所示。

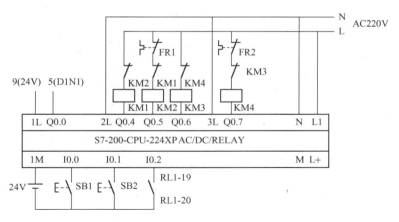

图 8-22 变频器一拖二工频/变频切换 PLC 外部端子接线图

（4）变频器参数设置

1）参数复位，恢复变频器工厂默认值。设定 P0010 = 30，P0970 = 1。按下 "P" 键，变频器开始复位到工厂默认值。

2）电动机参数设置

为了使电动机与变频器匹配，需要设置电动机的参数。电动机参数设置见表 8-11。电动机参数设置完成后，设置 P0010 = 0，变频器当前处于准备状态，可正常运行。

3）定值频率参数设置

定值频率参数设置见表 8-30。

表 8-30 定值频率参数设置表

参数号	出 厂 值	设 定 值	说 明
P0003	1	3	用户访问级为专家级
P0004	0	0	参数过滤显示全部参数
P0700	2	2	由端子排输入（选择命令源）
P0701	1	1	端子 DIN1 功能为 ON 接通正转/OFF 停车
P1000	1	3	选择固定频率设定值
P0731	52.3	53.4	变频器实际频率 > 门限频率 f_1 时继电器 RL1 闭合
P0748	0	0	数字输出不反相
P0150	3	0	回线频率 f_{hys}（Hz）
P0155	30	48	门限频率 f_1（Hz）
P2156	10	10	门限频率 f_1 的延迟时间（ms）
P1120	10	25	斜坡上升时间（S）
P1121	10	5	斜坡下降时间（S）

（5）PLC 程序设计

根据电动机的控制要求，设计的 PLC 梯形图如图 8-23 所示。将梯形图程序下载到 PLC 中。

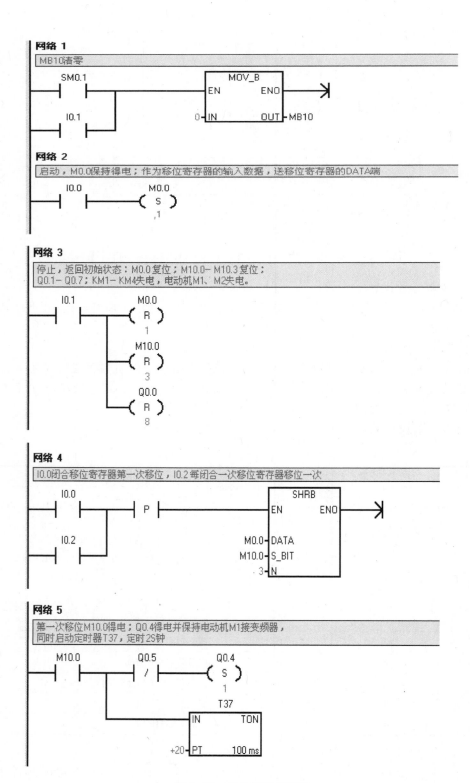

图 8-23　PLC 控制梯形图

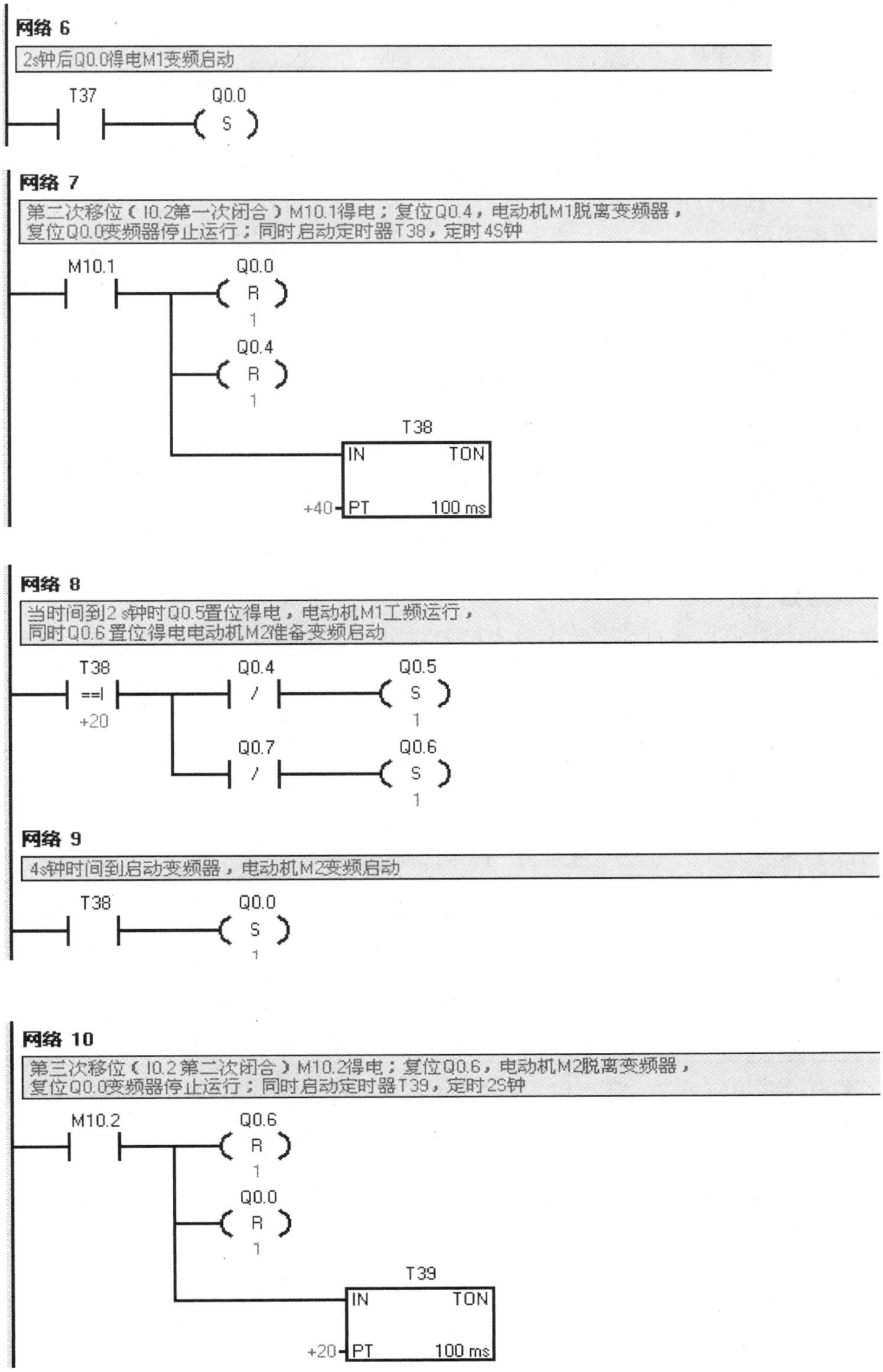

网络 6

2s钟后Q0.0得电M1变频启动

```
T37        Q0.0
─┤ ├────────( S )
```

网络 7

第二次移位（I0.2第一次闭合）M10.1得电；复位Q0.4，电动机M1脱离变频器，
复位Q0.0变频器停止运行；同时启动定时器T38，定时4S钟

```
M10.1      Q0.0
─┤ ├───┬───( R )
        │      1
        │   Q0.4
        ├───( R )
        │      1
        │         T38
        │      ┌──────────┐
        └──────┤IN     TON│
               │          │
        +40────┤PT  100 ms│
               └──────────┘
```

网络 8

当时间到2 s钟时Q0.5置位得电，电动机M1工频运行，
同时Q0.6置位得电电动机M2准备变频启动

```
T38        Q0.4      Q0.5
─┤==I├──┬──┤ / ├─────( S )
 +20    │              1
        │   Q0.7      Q0.6
        └──┤ / ├─────( S )
                       1
```

网络 9

4s钟时间到启动变频器，电动机M2变频启动

```
T38        Q0.0
─┤ ├────────( S )
               1
```

网络 10

第三次移位（I0.2第二次闭合）M10.2得电；复位Q0.6，电动机M2脱离变频器，
复位Q0.0变频器停止运行；同时启动定时器T39，定时2S钟

```
M10.2      Q0.6
─┤ ├───┬───( R )
        │      1
        │   Q0.0
        ├───( R )
        │      1
        │         T39
        │      ┌──────────┐
        └──────┤IN     TON│
               │          │
        +20────┤PT  100 ms│
               └──────────┘
```

图8-23　PLC 控制梯形图（续）

1. 绘制电气原理图。

2. 编制电动机、变频器参数表和控制参数表。

3. 编制 I/O 地址分配表。

4. 编写梯形图和语句表。

5. 绘制电动机运行曲线。

五、巩固练习

某变频器拖动控制系统,要求有工频运行和变频运行两种工作方式(用转换开关控制),在变频运行时如果变频器出现故障,应能自动切换到工频运行,同时进行报警,操作人员将转换开关扳到"工频运行"位置,进行故障排除。一方面使控制系统正式转入工频运行,另一方面解除报警。试用 PLC 实现控制功能。

项目 8-6　变频器的模拟量输入控制

一、实训目的

1. 掌握 MM440 变频器的模拟信号控制方法。

2. 掌握 MM440 变频器模拟量参数设置。

二、基本知识点

MM440 变频器可以通过 6 个数字输入端口对电动机进行正反转运行、正反转点动运行方向控制,可通过基本操作板,按频率调节按键升高和降低输出频率,从而设置正反向转速的大小,也可以由模拟输入端控制电动机转速的大小。

MM440 变频器有两路模拟量输入:端子(3、4 AIN1 + 、AIN2 -)和 10、11(AIN2 + 、AIN2 -);两组模拟量输入端,作为频率给定信号,相关参数以数组 [0] 和数组 [1] 区分,可以通过参数 P0756 分别设置每个通道属性。P0756 可设置的参数见表 8-31。

表 8-31　P0756 可设置的参数

参数号码	设定值	参数功能	说　明
P0756	0	单极性电压输入(0 ~ +10 V)	带监控是指模拟通道具有监控功能,当断线或超限,报警 F0080。
	1	带监控的单极性电压输入(0 ~ +10 V)	
	2	单极性电流输入(0 ~20 mA)	
	3	带监控的单极性电流输入(0 ~20 mA)	
	4	双极性电压输入(-10 ~ +10 V)	

除了上面这些设定范围,还可以支持常见的 2 ~10 V 和 4 ~20 mA 这些模拟标定方式。

以模拟量通道 1 电压信号 2 ~10 V 作为频率给定,需要配置表 8-32 所示的模拟输入的标定参数。

表 8-32　标定参数

参数号码	设定值	参数功能	
P0757[0]	2(X1)	电压 2 V 对应 0% 的标度,即 0 Hz	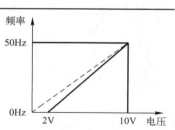
P0758[0]	0%(Y1)		
P0759[0]	10(X2)	电压 10 V 对应 100% 的标度,即 50 Hz	
P0760[0]	100%(Y2)		
P0761[0]	2	死区宽度	

以模拟量通道 2 电流信号 4～20 mA 作为频率给定，需要设置表 8-33 所示的模拟输入的标定参数。

表 8-33　标定参数

参 数 号 码	设定值	参 数 功 能	
P0757[1]	4(X1)	电流 4 mA 对应 0% 的标度，即 0 Hz	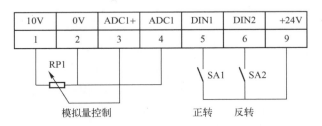
P0758[1]	0%(Y1)		
P0759[1]	20(X2)	电流 10 mA 对应 100% 的标度，即 50 Hz	
P0760[1]	100%(Y2)		
P0761[1]	4	死区宽度	

注意： 对于电流输入，必须将相应通道的拨码开关拨至 ON 的位置。

三、实训内容

1. 电位器调速控制

MM440 变频器的输出端口"1"、"2"为用户提供了一个高精度的 +10 V 直流稳压电源。外接转速调节电位器 RP1 串接在电路中，调节 RP1 时，输入端口 ADC1＋给定的模拟输入电压改变，变频器的频率输出量紧紧跟踪给定量的变化，从而平滑无级地调节电动机转速的大小。

（1）控制要求

用开关 SA1 控制实现电动机正转起停功能，用开关 SA2 控制实现电动机反转起停功能，由模拟输入端控制电动机转速的大小。

（2）控制接线图

电位器调速控制接线图如图 8-24 所示。

10V	0V	ADC1+	ADC1	DIN1	DIN2	+24V
1	2	3	4	5	6	9

RP1　　　　　　　　SA1　SA2

模拟量控制　　　　　　正转　反转

图 8-24　电位器调速控制接线图

（3）参数设置

1）参数复位，在变频器停车状态下，按表 8-7 所示设置参数。再按下变频器操作面板（BOP）上的 ⊙ 按钮，变频器开始复位到工厂默认值。

2）电动机参数设置

为了使电动机与变频器匹配，需要设置电动机的参数。电动机参数设置见表 8-11。电动机参数设置完成后，设置 P0010＝0，变频器当前处于准备状态，可正常运行。

3）电位器调速控制参数设置

设置参数见表 8-34。

表 8-34 电位器调速控制参数

参数号	出厂值	设置值	说明
P0003	1	2	设用户访问级为扩展级
P0004	0	7	命令和数字 I/O
P0700	2	2	命令源选择由端子排输入
P0701	1	1	ON 接通正转，OFF 停止
P0702	1	2	ON 接通反转，OFF 停止
P0003	1	1	设用户访问级为标准级
P0004	0	10	设定值通道和斜坡函数发生器
P1000	2	2	频率设定值选择为模拟输入
P1080	0	0	电动机运行的最低频率（Hz）
P1082	50	50	电动机运行的最高频率（Hz）

（4）变频器运行操作

1）电动机正转与调速

合上电动机正转开关 SA1，数字输入端口 DINI 为"ON"，电动机正转运行，转速由外接电位器 RP1 来控制，模拟电压信号在 0～10 V 之间变化，对应变频器的频率在 0～50 Hz 之间变化，对应电动机的转速在 0～1400 r/min 之间变化。当断开 SA1 时，电动机停止运转。

2）电动机反转与调速

合上电动机反转开关 SA2，数字输入端口 DIN2 为"ON"，电动机反转运行，与电动机正转相同，反转转速的大小仍由外接电位器来调节。当断开 SA2 时，电动机停止运转。

2. 模拟量电压输入调速控制

（1）控制要求

用 PLC 模拟量电压输出作为变频器模拟量电压输入控制变频器输出频率，来控制电动机的转速，要求电动机能正反转运行，电动机起动后以 5 Hz 的频率开始运行，以后每隔 20 s 频率增加 5 Hz 直至到 50 Hz，以此循环，正转起/停用 SA1 控制，反转用 SA2 控制。

（2）I/O 地址分配

根据控制要求写出 PLC 的 I/O 地址分配，见表 8-35。

表 8-35 I/O 地址分配表

输入（I）			输出（O）		
名称	符号	地址	名称	符号	地址
正转起/停	SA1	I0.0	变频器输入端子	DIN1	Q0.0
反转	SA2	I0.1	变频器输入端子	DIN2	Q0.4
			变频器模拟输入端子	ANI1 +	AQW0 - V
			变频器模拟输入端子	ANI1 -	AQW0 - M

（3）控制接线图

模拟量电压输入控制 PLC 外部端子接线图如图 8-25 所示。

288

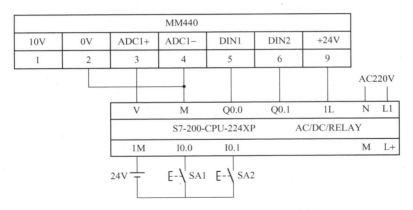

图 8-25　模拟量电压输入控制调速端子接线图

（4）参数设置

1）参数复位，在变频器停车状态下，按表 8-7 设置参数。再按下变频器操作面板（BOP）上的◎按钮，变频器开始复位到工厂默认值。

2）电动机参数设置

为了使电动机与变频器匹配，需要设置电动机的参数。电动机参数设置见表 8-11。电动机参数设置完成后，设置 P0010 = 0，变频器当前处于准备状态，可正常运行。

3）模拟量电压输入控制调速参数设置

设置参数见表 8-36。

表 8-36　模拟量电压输入控制调速参数表

参数号	出厂值	设置值	说　　　明
P0003	1	2	设用户访问级为扩展级
P0004	0	7	命令和数字 I/O
P0700	2	2	命令源选择由端子排输入
P0701	1	1	ON 接通正转，OFF 停止
P0702	1	12	ON 接通反转
P0003	1	3	设用户访问级为专家级
P0004	0	8	模拟 I/O
P0756	0	0	单极性电压输入
P0757[0]	0	0	X1
P0758[0]	0.0	0	Y1%
P0759[0]	10	10	X2
P0760[0]	100.0	100.0	Y2%
P0761[0]	0	0	死区电压
P0003	1	1	设用户访问级为标准级
P0004	0	10	设定值通道和斜坡函数发生器
P1000	2	2	频率设定值选择为模拟输入
P1080	0	0	电动机运行的最低频率（Hz）
P1082	50	50	电动机运行的最高频率（Hz）

（5）PLC 控制梯形图

PLC 控制梯形图如图 8-26 所示。

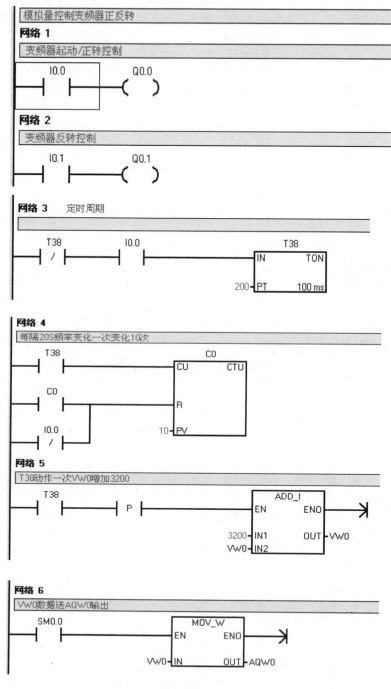

图 8-26　模拟量控制变频器输出频率梯形图

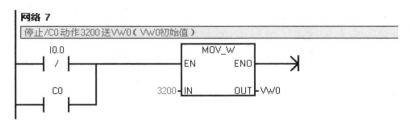

图 8-26 模拟量控制变频器输出频率梯形图（续）

3. PLC 的模拟电位器（SMB28）控制变频器模拟量输入调速

（1）控制要求

用按钮 SB1 控制实现变频器起动，用 SB2 控制实现变频器停止，由 PLC 模拟电位器控制 PLC 模拟量输出大小从而控制变频器模拟量输入量的大小来达到控制电动机转速的目的。要求变频器输出频率在(10 ~ 50)Hz 范围内可调。

（2）I/O 地址分配

根据控制要求写出 PLC 的 I/O 地址分配，见表 8-37。

表 8-37　I/O 地址分配表

输入（I）			输出（O）		
名称	符号	地址	名称	符号	地址
起动按钮	SB1	I0.0	变频器输入端子	DIN1	Q0.0
停止按钮	SB2	I0.1	变频器输入端子	DIN2	Q0.4
			变频器模拟输入端子	ANI1 +	AQW0 - V
			变频器模拟输入端子	ANI1 -	AQW0 - M

（3）控制接线图

变频器模拟量输入接线图如图 8 - 27 所示。

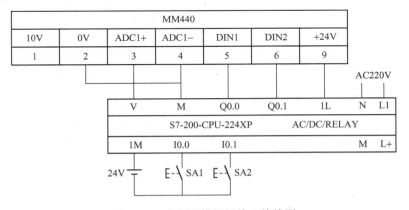

图 8-27　变频器模拟量输入接线图

（4）参数设置

1）参数复位，在变频器停车状态下，按表 8-7 所示设置参数。再按下变频器操作面板（BOP）上的◉按钮，变频器开始复位到工厂默认值。

2）电动机参数设置

为了使电动机与变频器匹配，需要设置电动机的参数。电动机参数设置见表8-11。电动机参数设置完成后，设置 P0010 = 0，变频器当前处于准备状态，可正常运行。

3）模拟量电压输入控制调速参数设置

参数设置与表8-36相同。

（5）PLC 控制梯形图

PLC 控制梯形图如图8-28所示。

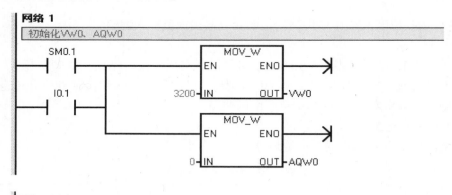

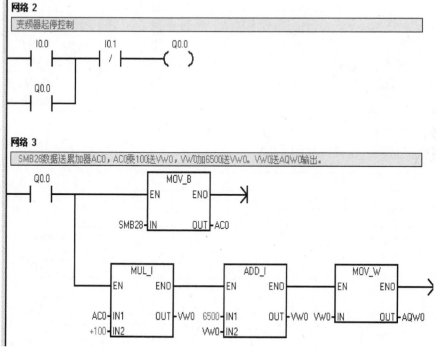

图8-28　模拟电位器控制变频器调速梯形图

四、实训报告要求

1. 绘制电气原理图。

2. 编制电动机、变频器参数表和控制参数表。

3. 编制 I/O 地址分配表。

4. 编写梯形图和语句表。

5. 绘制电动机运行曲线。

五、巩固练习

某 MM440 变频调速系统要求用 PLC 模拟量电压输出作为变频器模拟量电压输入控制变频器输出频率，来控制电动机的转速。S7 – 200 PLC 数字输入端 I0.0 用作控制系统起动，I0.1 用作控制系统停止，速度的改变由加速按钮 I0.2 控制和减速按钮 I0.3 控制。起始频率设置 10 Hz，以后每按一次加速按钮 I0.2 频率升高 5 Hz，每按一次减速按钮 I0.3 频率降低 5 Hz，频率可在 5 ~ 50 Hz 之间改变。试按要求完成接线、参数设置并编程调试运行。

项目 8-7　变频器的闭环 PID 控制

一、实训目的

1. 掌握面板设定目标值的接线方法及参数设置。

2. 掌握端子设定多个目标值的接线方法及参数设置。

3. 熟悉 PID 参数调试方法。

二、基本知识点

在实际生产中，拖动系统的运行速度需要平稳，而负载在运行中不可避免会受到一些不可预见的干扰，系统的运行速度将失去平衡，出现震荡，同时设定值存在偏差。对该偏差值，经过变频器的 P、I、D 调节，可以迅速、准确地消除拖动系统的偏差，回复到给定值。

PID 控制是闭环控制中的一种常见形式。反馈信号取自拖动系统的输出端，当输出量偏离所要求的给定值时，反馈信号成比例变化。在输入端，给定信号与反馈信号相比，存在一个偏差值。对该偏差值，经过 P、I、D 调节，变频器通过改变输出频率，迅速、准确地消除拖动系统的偏差，回复到给定值，振荡和误差都比较小，适用于压力、温度及流量控制等。

MM440 变频器内部有 PID 调节器。利用 MM440 变频器可以很方便地构成 PID 闭环控制。MM440 变频器 PID 控制原理简图如图 8-29 所示。PID 给定源和反馈源分别见表 8-38、表 8-39。

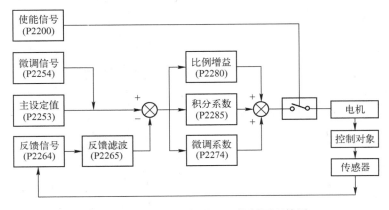

图 8-29　MM440 变频器 PID 控制原理简图

表 8-38　MM440 PID 给定源

PID 给定源	设定值	功能解释	说　　明
P2253	2250	BOP 面板设定	通过改变 P2240 改变目标值
	2224	数字量输入端子选择	固定的 PID 目标值
	755[0]	模拟通道 1	通过模拟量大小改变目标值
	755[1]	模拟通道 2	

表 8-39　MM440 PID 反馈源

PID 反馈源	设定值	功能解释	说　　明
P2264	755[0]	模拟通道 1	当模拟量波动较大时，可适当延长滤波时间，确保系统稳定
	755[1]	模拟通道 2	

三、实训内容

1. 面板设定目标值 PID 控制

（1）端子接线图

图 8-30 所示为面板设定目标值 PID 控制变频器端子接线图，模拟输出端 AIN 接入反馈信号 0~10 V（或 0~20 mA），数字输出端 DIN1 接入开关控制变频器起动/停止，给定目标值由面板（BOP）上的 ◙ 和 ◙ 按钮设定。

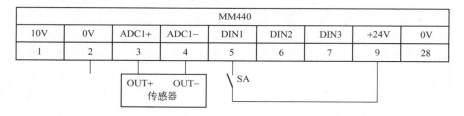

图 8-30　面板设定目标值 PID 控制变频器端子接线图

（2）用基本操作面板 BOP 设置参数

1）参数复位，在变频器停车状态下，按表 8-7 所示设置参数。再按下变频器操作面板（BOP）上的 ◙ 按钮，变频器开始复位到工厂默认值。

2）电动机参数设置

为了使电动机与变频器匹配，需要设置电动机的参数。电动机参数设置见表 8-11。电动机参数设置完成后，设置 P0010 = 0，变频器当前处于准备状态，可正常运行。

3）设置控制参数，见表 8-40。

表 8-40　控制参数表

参数号	出厂值	设定值	说　　明
P0003	1	3	用户访问级为专家级
P0004	0	0	参数过滤显示全部参数
P0700	2	2	由端子输入（选择命令源）
P0701	1	1	端子 DIN1 功能为 ON 接通正转，OFF 停车

参数号	出厂值	设定值	说　明
P0702	12	0	端子 DIN2 禁用
P0703	9	0	端子 DIN3 禁用
P0704	0	0	端子 DIN4 禁用
P0725	1	1	端子 DIN 输出为高电平有效
P1000	2	1	频率设定由 BOP 上的◙和◙键设置
P1080	0	20	电动机运行的最低频率（下限频率）（Hz）
P1082	50	50	电动机运行的最高频率（上限频率）（Hz）
P2200	0	1	PID 控制功能有效

4）设置目标参数，见表 8-41。

表 8-41　目标参数表

参数号	出厂值	设定值	说　明
P0003	1	3	用户访问级为专家级
P0004	0	0	参数过滤显示全部参数
P2253	0	2250	已激活的 PID 设定值（PID 设定信号源）
P2240	10	60	由面板 BOP 上的◙和◙键设定目标值（%）
P2254	0	0	无 PID 微调信号源
P2255	100	100	PID 设定值的增益系数
P2256	100	0	PID 微调增益系数
P2257	1	1	PID 设定值斜坡上升时间
P2258	1	1	PID 设定值斜坡下降时间
P2261	0	0	PID 设定值无滤波

5）设置反馈参数，见表 8-42。

表 8-42　反馈参数

参数号	出厂值	设定值	说　明
P0003	1	3	用户访问级为专家级
P0004	0	0	参数过滤显示全部参数
P2264	755.0	755.0	PID 反馈信号由 AIN +（模拟输入 1）设定
P2265	0	0	PID 反馈信号无滤波
P2267	100	100	PID 反馈信号的上限值（%）
P2268	0	0	PID 反馈信号的上限值（%）
P2269	100	100	PID 反馈信号增益（%）
P2270	0	0	不用 PID 反馈器的数学模型
P2271	0	0	PID 传感器反馈形式为正常

6）设置 PID 参数，见表 8-43。

表 8-43　PID 参数

参数号	出厂值	设定值	说　　明
P0003	1	3	用户访问级为专家级
P0004	0	0	参数过滤显示全部参数
P2280	3	25	PID 比例增益系数
P2285	0	5	PID 积分时间
P2291	100	100	PID 输出上限（%）
P2292	0	0	PID 输出下限（%）
P2293	1	1	PID 限幅的斜坡上升/下降时间（s）

（3）控制操作

1）按下 SA 时，变压器数字输入端 DIN1 为"NO"，变频器起动电动机。当反馈的电流（或电压）信号发生改变时，将会引起电动机速度变化。

若反馈的电流小于目标 6 V（或 12 mA）（即 P2240 值），变压器将驱动电动机升速；电动器升速会引起反馈的电流（或电压）信号变大。当反馈的电压（或电流）信号大于目标值 6 V（或 12 mA）时变频器将驱动电动机降速，从而又使反馈的电压（或电流）信号小于目标值，变频器又将驱动电动机升速。如此反复，能使变频器达到一种动态平衡状态，变频器将驱动电动机以一个动态稳定的速度运行。

2）如果需要，则目标设定值（P2240 值）可直接通过按操作面板上的◉和◉按钮来改变。若设置 P2231 = 1，由◉和◉按钮改变的目标设定值将保存在内存中。

3）断开 SA，数字输入端 DIN1 为"OFF"，电动机停止转动。

2. 端子选择 7 个目标值 PID 控制

（1）端子接线图

端子选择目标值可选择 1 个目标值、3 个目标值或 7 个目标值。MM420 变频器由输入端口 DIN1 ~ DIN3 通过 P0701 ~ P0703 设置实现多个目标值。这种方法适用于远距离控制，具有给定频率精度高、抗干扰能力强及不易损坏的特点。

端子选择目标值也有三种方式：直接选择目标、直接选择值带 ON 命令以及二进制编码选择目标值带 ON 命令。不同的方式下，其操作不同。

图 8-31 所示为端子选择 7 个目标值的 PID 控制端子接线图，数字输入端口 DIN1 ~ DIN3 组合选择 7 个目标值，采用二进制编码选择目标值带 ON 命令方式，见表 8-44，此时 DIN1 ~ DIN3 都具有起/停变频器功能。模拟输入端 AIN 接入反馈信号 0 ~ 10 V 电压或 0 ~ 20 mA 电流。

表 8-44　7 个固定目标值控制状态表

固定目标值	DIN3（SA3）	DIN2（SA2）	DIN1（SA1）	对应目标值所设置的参数	设置的目标值/%	对应的目标值/V（mA）
OFF	0	0	0		0	0
1	0	0	1	P2201	10	1（2）
2	0	1	0	P2202	20	2（4）

固定目标值	DIN3（SA3）	DIN2（SA2）	DIN1（SA1）	对应目标值所设置的参数	设置的目标值/%	对应的目标值/V（mA）
3	0	1	1	P2203	30	3（6）
4	1	0	0	P2204	40	4（8）
5	1	0	1	P2205	50	5（10）
6	1	1	0	P2206	60	6（12）
7	1	1	1	P2207	70	7（14）

注："0"表示对应的开关断开，"1"表示对应的开关接通。

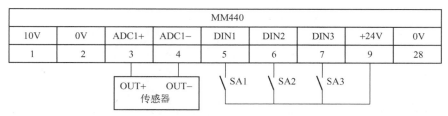

图 8-31　端子选择 7 个目标值的 PID 控制端子接线图

（2）用基本操作面板 BOP 设置参数

1）参数复位，在变频器停车状态下，按表 8-7 所示设置参数。再按下变频器操作面板（BOP）上的⊚按钮，变频器开始复位到工厂默认值。

2）电动机参数设置

为了使电动机与变频器匹配，需要设置电动机的参数。电动机参数设置见表 8-11。电动机参数设置完成后，设置 P0010 = 0，变频器当前处于准备状态，可正常运行。

3）设置控制参数，见表 8-45。

表 8-45　控制参数表

参数号	出厂值	设定值	说　　明
P0003	1	3	用户访问级为专家级
P0004	0	0	参数过滤显示全部参数
P0700	2	2	由端子牌输入（选择命令源）
P0701	1	17	端子 DIN1 按二进制编码选择目标值 + ON 命令
P0702	12	17	端子 DIN2 按二进制编码选择目标值 + ON 命令
P0703	9	17	端子 DIN3 按二进制编码选择目标值 + ON 命令
P0704	0	0	端子 DIN4 禁用
P0725	1	1	端子 DIN 输出为高电平有效
P1000	2	3	选择固定频率设定值
P1080	0	20	电动机运行的最低频率（下限频率）（Hz）
P1082	50	50	电动机运行的最高频率（上限频率）（Hz）
P2200	0	1	PID 控制功能有效
P2216	1	3	PID 固定目标值方式 - 位 0 按二进制编码选择目标值 + ON 命令
P2217	1	3	PID 固定目标值方式 - 位 0 按二进制编码选择目标值 + ON 命令
P2218	1	3	PID 固定目标值方式 - 位 0 按二进制编码选择目标值 + ON 命令

4）设置目标参数，见表8-46

表8-46　目标参数表

参数号	出厂值	设定值	说　明
P0003	1	3	用户访问级为专家级
P0004	0	0	参数过滤显示全部参数
P2253	0	2224	PID 设定值（目标值）为固定的 PID 设定值
P2201	0	10	PID 固定目标值设定值 1 < PID_FF1 > （%）
P2202	10	20	PID 固定目标值设定值 2 < PID_FF2 > （%）
P2203	20	30	PID 固定目标值设定值 3 < PID_FF3 > （%）
P2204	30	40	PID 固定目标值设定值 4 < PID_FF4 > （%）
P2205	40	50	PID 固定目标值设定值 5 < PID_FF5 > （%）
P2206	50	60	PID 固定目标值设定值 6 < PID_FF6 > （%）
P2207	60	70	PID 固定目标值设定值 7 < PID_FF7 > （%）
P2254	0	0	无 PID 微调信号源
P2255	100	100	PID 设定值的增益系数
P2256	100	0	PID 微调增益系数
P2257	1	1	PID 设定值斜坡上升时间
P2258	1	1	PID 设定值斜坡下降时间
P2261	0	0	PID 设定值无滤波

5）设置反馈参数，见表8-47。

表8-47　反馈参数

参数号	出厂值	设定值	说　明
P0003	1	3	用户访问级为专家级
P0004	0	0	参数过滤显示全部参数
P2264	755.0	755.0	PID 反馈信号由 AIN + （模拟输入 1）设定
P2265	0	0	PID 反馈信号无滤波
P2267	100	100	PID 反馈信号的上限值（%）
P2268	0	0	PID 反馈信号的下限值（%）
P2269	100	100	PID 反馈信号增益（%）
P2270	0	0	不用 PID 反馈器的数学模型
P2271	0	0	PID 传感器反馈形式为正常

6）设置 PID 参数，见表8-48。

表8-48　PID 参数

参数号	出厂值	设定值	说　明
P0003	1	3	用户访问级为专家级
P0004	0	0	参数过滤显示全部参数

参数号	出厂值	设定值	说　明
P2280	3	25	PID 比例增益系数
P2285	0	5	PID 积分时间
P2291	100	100	PID 输出上限（%）
P2292	0	0	PID 输出上限（%）
P2293	1	1	PID 限幅的斜坡上升/下降时间（s）

（3）变频器运行操作

1）按下 SA1、SA2 及 SA3 时，变频器数字输入端 DIN1、DIN2 和 DIN3 为"ON"，按二进制编码选择了对应的目标值，同时变频器起动电动机。当反馈的电流（或电压）信号发生改变时，将会引起电动机速度的变化。

若反馈的电压（或电流）信号小于目标，变频器将驱动电动机升速；电动机升速会引起反馈的电流（或电压）信号变大。当反馈的电流（或电压）信号大于目标值 6 V（或12 mA）时变频器将驱动电动机降速，从而又使反馈的电压（或电流）信号小于目标值时，变频器又将驱动电动机升速。如此反复使变频器达到一种动态平衡状态，变频器将驱动电动机以一个动态稳定的速度运行。

2）当 SA1、SA2 和 SA3 全部断开时，数字输入端 DIN1、DIN2 和 DIN3 为"OFF"，电动机停止运行。

四、实训报告要求

1. 绘制电气原理图。
2. 编制电动机、变频器参数表和控制参数表。
3. 编制 I/O 地址分配表。
4. 编写梯形图和语句表。
5. 绘制电动机运行曲线。

五、巩固练习

某 MM440 变频器调速系统通过模拟量通道 1 接入电位器的方法调节模拟量输入电压的大小，改变目标值（给定值），反馈电流信号由模拟量通道 2 输入，试画出接线图，设置变频器参数。

项目 8-8　使用 USS 协议指令控制变频器运行

一、实训目的

1. 熟悉 USS 协议指令。
2. 掌握 PLC 与变频器通信时的硬件连接。
3. 理解 PLC 与变频器通信时的参数组态及编程。

二、基本知识点

1. USS 协议

S7-200 与西门子 MicroMaster 系列变频器（如 MM440、MM420、MM430 以及 MM3 系列、新的变频器 SINAMICS G110）之间使用 USS 通信协议进行通信。通过 STEP7-Micro/

WIN32 V3.2 以上版本指令库中的 USS 指令，可简单方便地实现通信，控制实际驱动器和读取/写入驱动器参数。

USS 通信总是由主站发起，USS 主站不断轮询各个从站，从站根据收到的指令，决定是否以及如何响应。从站永远不会主动发送数据。从站在以下条件满足时应答：

（1）接收到的主站报文没有错误。

（2）本从站在接收到主站报文中被寻址。

若上述条件不满足，或者主站发出的是广播报文，则从站不会做任何响应。

对于主站来说，从站必须在接收到主站报文之后的一定时间内发回响应。否则主站将视为出错。

2. USS 协议的特点

（1）支持多点通信（因而可以应用在 RS-485 等网络上）。

（2）采用单主站的"主-从"访问机制。

（3）一个网络上最多可以有 32 个节点（最多 31 个从站）。

（4）简单可靠的报文格式，使数据传输灵活高效。

（5）容易实现，成本较低。

3. 硬件要求

（1）CPU 模块和通信端口选择

S7-200CPU 模块需要有 2 个通信口，一个通信端口使用 USS 协议实现 PLC 与 MM420 变频器通信；另一个通信端口仍使用 PPI 协议与计算机通信，通过计算机实现 PLC 程序输入和运行监控。

（2）PLC 与变频器通信线路连接

PLC 与变频器通信采用 RS485 接口。要求用一根带 9 针阳性插头的通信电缆接在 S7-200 CPU 通信口的 1（地）、3（B）和 8（A）端上，电缆的另一端对应的三根线分别接在变频器的 PE、29 及 30 端子上。S7-200 通信端口引脚分配见表 8-49。PLC 与变频器通信线路连接如图 8-32 所示。

表 8-49　S7-200 通信端口引脚分配

连接器	针	PROFIBUS 名称	端口 0/端口 1
	1	屏蔽	机壳接地
	2	24 V 返回	逻辑地
	3	RS 485 信号 B	RS-485 信号 B
	4	发送申请	RTS（TTL）
	5	5 V 返回	逻辑地
	6	+5 V	+5 V，100 Ω 串联电阻
	7	+24 V	+24 V
	8	RS 485 信号 A	RS-485 信号 A
	9	不用	10 位协议选择（输入）
	连接器外壳	屏蔽	机壳接地

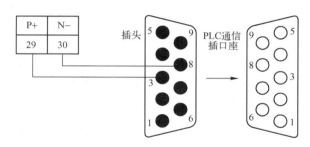

图 8-32　PLC 与变频器通信线路连接

4. USS 协议指令

使用 USS 指令，首先要安装指令库。正确安装结束后，打开指令树中的"库"项，出现多个 USS 协议指令，如图 8-33 所示，且会自动添加一个或几个相关的子程序。

（1）USS_INT 指令（初始化指令）

USS_INIT 指令初始化如图 8-34 所示。

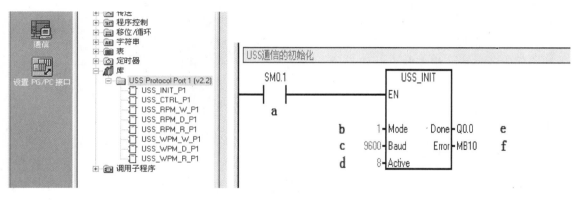

图 8-33　USS 子程序　　　　　　　　　　图 8-34　USS_INIT 指令

a. EN：初始化程序 USS_INIT 只需在程序中执行一个周期就能改变通信口的功能，以及进行其他一些必要的初始设置，因此可以使用 SM0.1 或者沿触发的接点调用 USS_INIT 指令。

b. Mode：模式选择，输入数值选择通信协议。

0——将端口分配给 PPI，并禁止 USS 协议。

1——将端口分配给 USS 协议，并启用该协议。

c. Baud：USS 通信波特率，此参数要和变频器的参数设置一致。

波特率的允许值为 2400、4800、9600、19200、38400、57600 或 115200 bit/s。

d. Active：表示激活驱动器，某些驱动器仅支持地址 0~31。每一位对应一台变频器，如第 0 位为 1 表示激活 0 号变频器，激活的变频器自动被轮询，以控制其运行和采集其状态。

e. Done：初始化完成标志。

f. Error：初始化错误代码。

（2）USS_CTRL 指令

USS_CTRL 指令如图 8-35 所示。用于控制处于激活状态的变频器，每台变频器只能使用一条该指令。

USS_CTRL（端口 0）或 USS_CTRL_P1（端口 1）指令用于控制 ACTIVE（激活）驱动器。USS_CTRL 指令将选择的命令放在通信缓冲区中，然后送至编址的驱动器 DRIVE（驱动器）参数，条件是已在 USS_INIT 指令的 ACTIVE（激活）参数中选择该驱动器。

1）EN：使用 SM0.0 使能 USS_CTRL 指令。

2）RUN：驱动装置的起动/停止控制。0 为停车，1 为起动。此停车是按照驱动装置中设置的斜坡减速，指电动机停止。

3）OFF2：停车方式 2。此信号为"1"时，驱动装置将封锁主回路输出，电动机自由停车。

4）OFF3：停车方式 3。此信号为"1"时，驱动装置将快速停车。

5）F_ACK：故障确认。当驱动装置发生故障后，将通过状态字向 USS 主站报告；如果造成故障的原因排除，可以使用此输入端清除驱动装置的报警状态，即复位。注意这是针对驱动装置的操作。

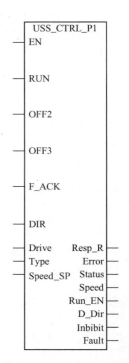

图 8-35　USS_CTRL 指令

6）DIR：电动机运转方向控制。其"0/1"状态决定运行方向。

7）Drive：驱动器地址即驱动装置在 USS 网络上的站号。从站必须先在初始化时激活才能进行控制。有效地址为 0 ~ 31。

8）Type：向 USS_CTRL 功能块指示驱动装置类型。0——MM 3 系列，或更早的产品；1——MM 4 系列，SINAMICS G110。

9）Speed_SP：速度设定值。速度设定值必须是一个实数，给出的数值是变频器的频率范围百分比还是绝对的频率值取决于变频器中的参数设置（如 MM440 的 P2009）。Speed_SP 的负值会使驱动器反向旋转，其范围为 – 200.0% ~ 200.0% 。

10）Resp_R：（收到的响应）位，确认来自驱动器的响应。对所有的激活驱动器都要轮询最新的驱动器状态信息。每次 S7 – 200 接收到来自驱动器的响应时，每扫描一次，Resp_R 位就会接通一次并更新所有相应的值。如图 8-36 所示。

11）Error：错误代码。0 表示无出错。

12）Status：驱动器的状态字。此状态字直接来自驱动器的状态字，表示了当时的实际运行状态，详细的状态字信息意义可参考相应的驱动器手册。

13）Speed：驱动器返回的实际运转速度值，实数。

14）Run_EN：运行模式反馈，表示驱动器是运行（为 1）还是停止（为 0）。

15）D_Dir：指示驱动器的运转方向，反馈信号。

16）Inhibit：驱动器禁止状态指示（0——未禁止，1——禁止状态）。禁止状态下驱动器无法运行。要清除禁止状态，故障位必须复位，并且 RUN，OFF2 和 OFF3 都为 0 。

17）Fault：故障指示位（0——无故障，1——有故障）。表示驱动器处于故障状态，驱动器上会显示故障代码（如果有显示装置）。要复位故障报警状态，必须先消除引起故障的原因，然后用 F_ACK 或者驱动器的端子或操作面板复位故障状态。

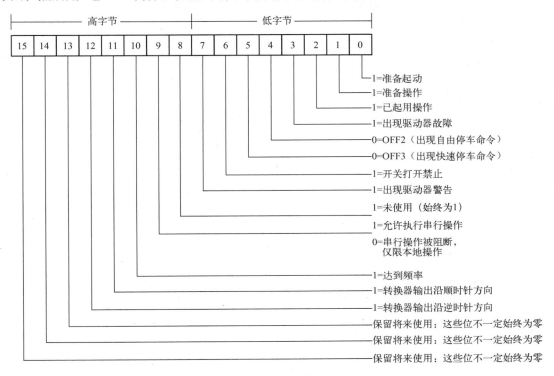

图 8-36　更新位

（3） USS_RPM（读指令）

USS_RPM 如图 8-37 所示。

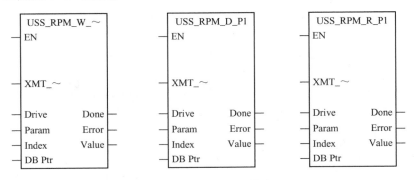

图 8-37　USS_RPM 指令

USS_RPM 指令用于读取变频器的参数，USS 协议有 3 条读指令：

1） USS_RPM_W 指令读取一个无符号字类型的参数。

2） USS_RPM_D 指令读取一个无符号双字类型的参数。

3） USS_RPM_R 指令读取一个浮点数类型的参数。

指令说明：

1）一次仅限将一条读取（USS_RPM_x）或写入（USS_WPM_x）指令设为激活。

2）EN 位必须为 ON，才能启用请求传送，并应当保持 ON，直至设置"完成"位，表示进程完成。例如，当 XMT_REQ 输入为 ON，在每次扫描时向 MicroMaster 传送一条 USS_RPM_x 请求。因此，XMT_REQ 输入应当通过一个脉冲方式打开。

3）"Drive"输入是 MicroMaster 驱动器的地址，USS_RPM_x 指令被发送至该地址。单台驱动器的有效地址是 0 ~ 31。

4）"Param"是参数号码。"Index"是需要读取参数的索引值。"数值"是返回的参数值。必须向 DB_Ptr 输入提供 16 B 的缓冲区地址。该缓冲区被 USS_RPM_x 指令用于存储向 MicroMaster 驱动器发出的命令结果。

5）当 USS_RPM_x 指令完成时，"Done"输出 ON，"Error"输出字节，"Value"输出包含执行指令的结果。"Error"和"Value"输出在"Done"输出打开之前无效。

（4）USS_WPM（写指令）

USS_WPM 指令如图 8-38 所示。

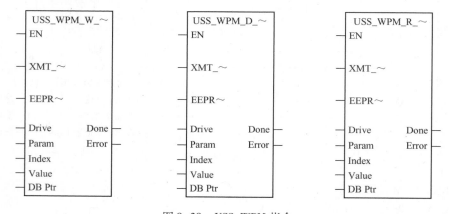

图 8-38　USS_WPM 指令

USS_WPM 指令用于写入变频器的参数，USS 协议共有 3 种写入指令：

1）USS_WPM_W（端口 0）或 USS_WPM_W_P1（端口 1）指令写入不带符号的字参数。

2）USS_WPM_D（端口 0）或 USS_WPM_D_P1（端口 1）指令写入不带符号的双字参数。

3）USS_WPM_R（端口 0）或 USS_WPM_R_P1（端口 1）指令写入浮点数。

指令说明：

1）一次仅限将一条读取（USS_RPM_x）或写入（USS_WPM_x）指令设为激活。

2）当 MicroMaster 驱动器确认收到命令或发送一则错误条件时，USS_WPM_x 事项完成。当该进程等待应答时，逻辑扫描继续执行。

3）EN 位必须为 ON，才能启用请求传送，并应当保持打开，直至设置"Done"位，表示进程完成。例如，当 XMT_REQ 输入为 ON，在每次扫描时向 MicroMaster 传送一条 USS_WPM_x 请求。因此，XMT_REQ 输入应当通过一个脉冲方式打开。

4）当驱动器打开时，EEPROM 输入启用对驱动器的 RAM 和 EEPROM 的写入，当驱动器关闭时，仅启用对 RAM 的写入。注意：该功能不受 MM3 驱动器支持，因此该输入必须关闭。

5）其他参数的含义及使用方法可参考 USS_RPM 指令。

三、实训内容

1. PLC 通过 USS 协议控制变频器的运行

（1）控制要求

S7-200 PLC 通过 USS 协议控制 MM440 变频器，来控制电动机的起动、制动停止、自由停止和正反转，设定运行速度 1、速度 2，并能够通过 PLC 读取变频器参数。

（2）PLC 输入/输出地址分配

根据控制要求写出 PLC 的 I/O 地址分配，见表 8-50。

表 8-50　I/O 地址分配表

输入（I）			输出（O）		
名称	符号	地址	名称	符号	地址
起动按钮	SA	I0.0	初始化完成标志位	Done	Q0.0
反转按钮	SB1	I0.1	运行模式反馈	Run-EN	Q0.1
OFF 2 按钮	SB2	I0.2	驱动装置的运转方向运	D-Dir	Q0.2
OFF 3 按钮	SB3	I0.3	驱动装置禁止状态指示	Inhibit	Q0.3
故障复位按钮	SB4	I0.4	故障指示位	Fault	Q0.4
60% 速度按钮	SB5	I0.5			
80% 速度按钮	SB6	I0.6			
读取参数按钮	SB7	I0.7			

（3）PLC 控制接线图

PLC 通过 USS 协议控制变频器的运行接线图如图 8-39 所示。

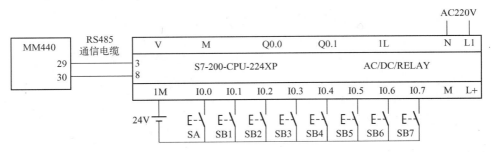

图 8-39　PLC 通过 USS 协议控制变频器的运行接线图

（4）参数设置

1）参数复位，在变频器停车状态下，按表 8-7 所示设置参数。再按下变频器操作面板（BOP）上的◎按钮，变频器开始复位到工厂默认值。

2）电动机参数设置

为了使电动机与变频器匹配，需要设置电动机的参数。电动机参数设置见表 8-11。电动机参数设置完成后，设置 P0010 = 0，变频器当前处于准备状态，可正常运行。

3）通信控制参数设置，见表 8-51。

表 8-51 变频器通信控制参数

参数号	出厂值	设定值	说　　明
P0003	1	3	用户访问级为专家级
P0004	0	7	参数过滤命令和 I/O 参数
P0700	2	5	COM 链路的 USS 设置
P0004	0	10	参数过滤设定值通道
P1000	2	5	COM 链路的 USS 设置
P1120	10	5	斜坡上升时间，电动机从静止停车加速到最大频率所需的时间
P1121	10	5	斜坡下降时间，电动机从最高频率减速到静止停车所需的时间
P0004	1	20	参数过滤通信设置
P2000	50.00	50.00	基准频率
P2009	0	0	变频器 USS 标准化
P2010	6	6	变频器 USS 波特率 9600 bit/s
P2011	0	0	变频器 USS 地址
P2012	2	2	USS PZD 的长度
P2013	127	127	USS PKW 的长度
P2014	0	300	USS 停止发报时间
P0971	0	1	参数将保存入 MM 440 的 EEPROM 中

（5）PLC 程序设计

根据电动机的控制要求，设计的 PLC 梯形图如图 8-40 所示。将 PLC 梯形图程序下载到 PLC 中。

2. PLC 通过 USS 协议控制变频器自动多段速运行

（1）控制要求

某拖动系统利用 S7 - 200 PLC 通过 USS 协议控制 MM440 变频器，来控制电动机，要求变频器起动后，电动机以频率 10 Hz 开始运行，每隔 20 s 分别按 15 Hz、25 Hz、35 Hz、40 Hz、50 Hz、45 Hz、30 Hz 及 20 Hz 自动循环运行。

1）按下 SB1 起动变频器。

2）按下 SB2 停止变频器。

3）按下 SB3 电动机自由停车。

4）按下 SB4 电动机快速停止运行。

5）按下 SB5 变频器故障复位。

6）按下 SB6 电动机反转。

（2）PLC 控制接线

PLC 控制接线如图 8-41 所示。

（3）PLC 输入/输出地址分配

根据控制要求写出 PLC 的 I/O 地址分配，见表 8-52。

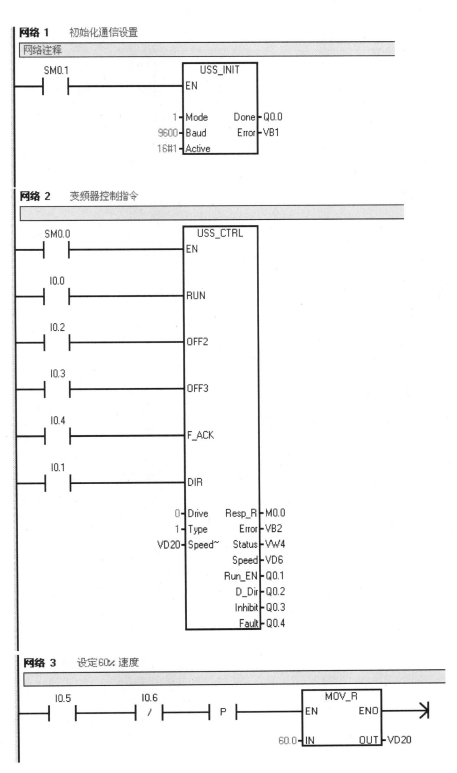

图 8-40　PLC 梯形图

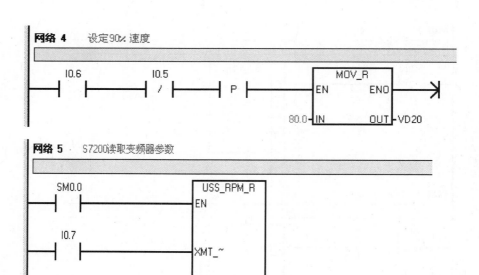

图 8-40　PLC 梯形图（续）

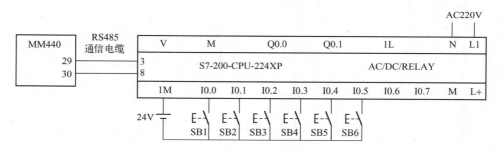

图 8-41　PLC 控制接线图

表 8-52　I/O 地址分配表

输入（I）			输出（O）		
名称	符号	地址	名称	符号	地址
起动按钮	SB1	I0.0	初始化完成标志位	Done	Q0.0
停止按钮	SB2	I0.1	运行模式反馈	Run－EN	Q0.1
自由停车按钮	SB3	I0.2	驱动装置的运转方向	D－Dir	Q0.2
快速停车按钮	SB4	I0.3	驱动装置禁止状态指示	Inhibit	Q0.3
故障复位按钮	SB5	I0.4	故障指示位	Fault	Q0.4
反转按钮	SB6	I0.5			

（4）参数设置

1）参数复位，在变频器停车状态下，按表 8-7 所示设置参数。再按下变频器操作面板

（BOP）上的◉按钮，变频器开始复位到工厂默认值。

2）电动机参数设置

为了使电动机与变频器匹配，需要设置电动机的参数。电动机参数设置见表 8-11。电动机参数设置完成后，设置 P0010 = 0，变频器当前处于准备状态，可正常运行。

3）通信控制参数设置，与表 8-51 相同。

（5）PLC 程序设计

根据电动机的控制要求，设计的 PLC 梯形图如图 8-42 所示。将 PLC 梯形图程序下载到 PLC 中。

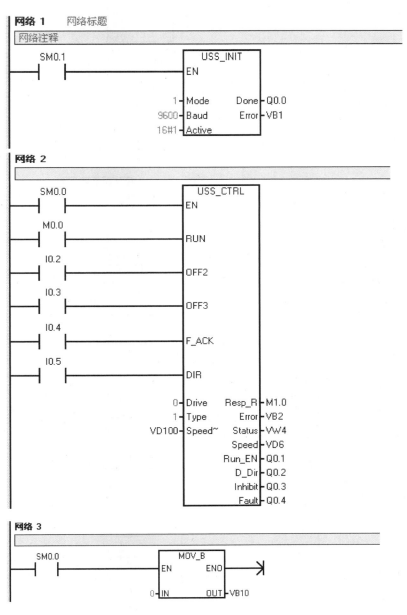

图 8-42　PLC 梯形图

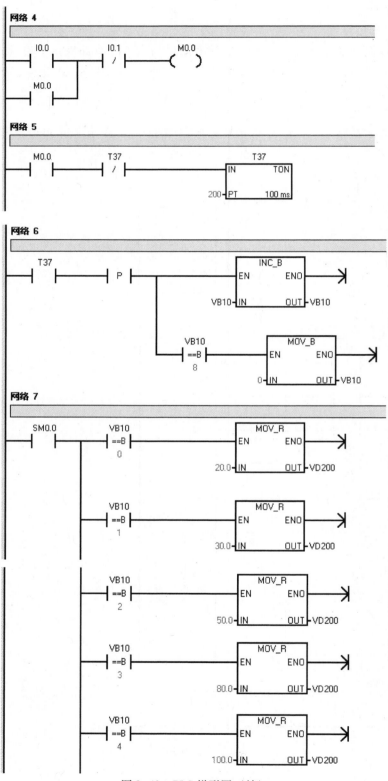

图 8-42　PLC 梯形图（续）

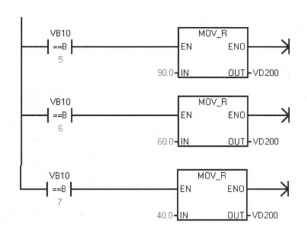

图 8-42 PLC 梯形图（续）

四、实训报告要求

1. 绘制电气原理图。
2. 编制电动机、变频器参数表和控制参数表。
3. 编制 I/O 地址分配表。
4. 编写梯形图和语句表。
5. 绘制电动机运行曲线。

五、巩固练习

某拖动系统使用 USS 协议控制，变频器运行曲线如图 8-43 所示。

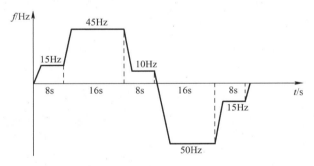

图 8-43 变频器运行曲线图

按下 SB0 起动变频器；按下 SB1 变频器停止运行；按下 SB2 电动机自由停车；按下 SB3 电动机快速停止运行；按下 SB4 变频器故障复位；按下 SB5 时电动机反转。

第9章　监控组态软件

9.1　组态王软件

组态王（Kingview）是亚控科技根据当前的自动化技术的发展趋势，面向低端自动化市场及应用，以实现企业一体化为目标开发的一套软件。

1. 组态王软件的特点

组态王具有适应性强、开放性好、易于扩展、经济以及开发周期短等优点。通常可以把这样的系统划分为控制层、监控层和管理层三个层次结构。其中监控层对下连接控制层，对上连接管理层，它不但可以实现对现场的实时监测与控制，且在自动控制系统中完成了上传下达、组态开发的重要作用。通过对监控系统要求及实现功能的分析，采用组态王对监控系统进行设计。组态王也为试验者提供了可视化监控画面，有利于试验者实时现场监控。而且，它能充分利用 Windows 的图形编辑功能，方便地构成监控画面，并以动画方式显示控制设备的状态，具有报警窗口、实时趋势曲线等，很容易生成各种报表。它还具有丰富的设备驱动程序和灵活的组态方式、数据链接功能。

2. 建立组态王工程的一般过程

（1）建立新工程

要建立新的组态王工程，首先为工程指定工作目录（或称"工程路径"）。组态王用工作目录标识工程，不同的工程应置于不同的目录。工作目录下的文件由组态王自动管理。

1）起动组态王，弹出工程管理器，如图 9-1 所示界面。

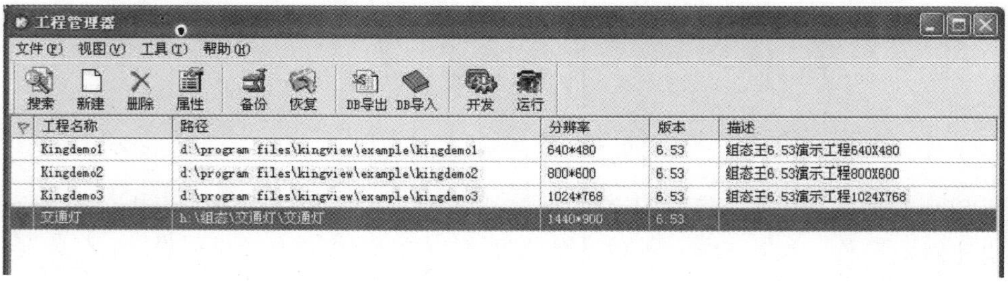

图 9-1　工程管理器

2）选择菜单"文件\新建工程"或单击"新建"按钮，弹出如图 9-2 所示界面。

3）单击"下一步"。弹出"新建工程向导之二对话框"，如图 9-3 所示界面。

在工程路径文本框中输入一个有效的工程路径，或单击"浏览…"按钮，在弹出的路径选择对话框中选择一个有效的路径，如图 9-4 所示界面。

4）单击"下一步"，弹出"新建工程向导之三对话框"，如图 9-5 所示。

在工程名称文本框中输入工程的名称，该工程名称同时将被作为当前工程的路径名称。在工程描述文本框中输入对该工程的描述文字。工程名称长度应小于 32 B，工程描述长度应小于 40 B，如图 9-6 所示。

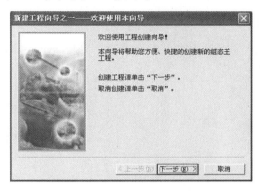

图 9-2　新建工程向导一

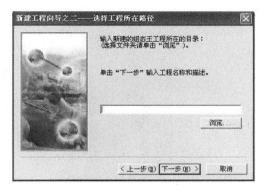

图 9-3　新建工程向导二

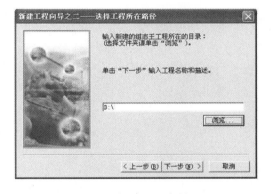

图 9-4　新建工程向导二

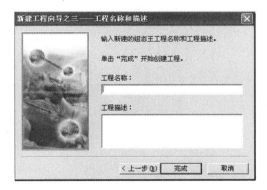

图 9-5　新建工程向导三

5）单击"完成"，完成工程的新建。系统会弹出对话框，如图 9-7 所示，询问用户是否将新建工程设为当前工程。

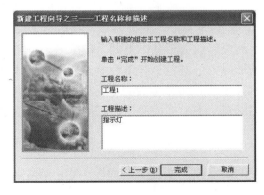

图 9-6　新建工程向导三

图 9-7　是否设为当前工程对话框

6）单击"是"按钮，则将新建的工程设为组态王的当前工程。定义的工程信息会出现在工程管理器的信息表格中。双击该信息条或单击"开发"按钮或选择菜单"工具\切换到开发系统"，进入组态王的工程浏览器，如图9-8所示，并起动组态王开发系统。建立的工程路径为D:\工程1（组态王画面开发系统为此工程建立目录D:\工程1并生成必要的初始数据文件。这些文件对不同的工程是不相同的。因此，不同的工程应该分置不同的目录。）。

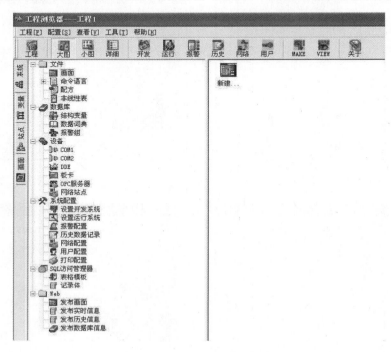

图9-8　工程浏览器

（2）创建组态画面

进入组态王开发系统后，就可以为每个工程建立数目不限的画面，在每个画面上生成互相关联的静态或动态图形对象。这些画面都是由组态王提供的类型丰富的图形对象组成的。系统为用户提供了矩形（圆角矩形）、直线、椭圆（圆）、扇形（圆弧）、点位图、多边形（多边线）和文本等基本图形对象，以及按钮、趋势曲线窗口、报警窗口、报表等复杂的图形对象。提供了对图形对象在窗口内任意移动、缩放、改变形状、复制、删除及对齐等编辑操作，全面支持键盘、鼠标绘图，并可提供对图形对象的颜色、线型和填充属性进行改变的操作工具。"组态王"采用面向对象的编程技术，使用户可以方便地建立画面的图形界面。用户构图时可以像搭积木那样利用系统提供的图形对象完成画面的生成。同时支持画面之间的图形对象复制，可重复使用以前的开发结果。

1）定义新画面

进入新建的组态王工程，选择工程浏览器左侧大纲项"文件\画面"，在工程浏览器右侧用鼠标左键双击"新建"图标，弹出对话框如图9-9所示。

在"画面名称"处输入新的画面名称，如"十字路口交通灯"，其他属性目前不必更改。单击"确定"按钮进入组态王画面开发系统。如图9-10所示。

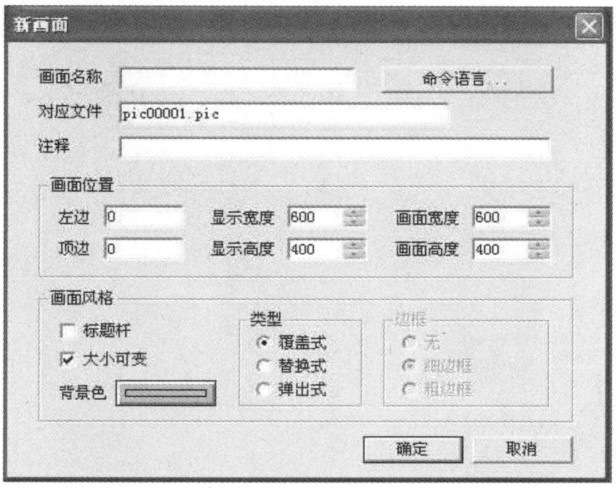

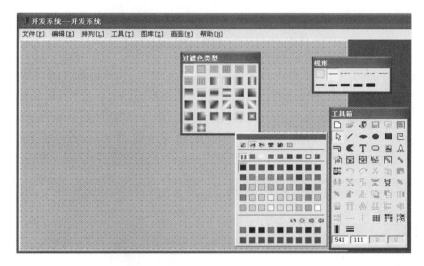

图 9-9　新建画面

图 9-10　组态王开发系统

2）在组态王开发系统中，从工具箱中分别选择"直线"、"椭圆"和"文本"等图标，绘制如图 9-11 所示画面。

在工具箱中选中"椭圆"，拖动鼠标在画面上画一圆形。用鼠标在工具箱中单击"显示调色板"，从下面的色块中选取相应颜色作为填充色。在工具箱中选中"文本"，此时鼠标变成"I"形状，在画面上单击鼠标左键，输入"####"文字。在调色板窗口单击第一行第四个"文本色"按钮，从下面的色块中选取黄色作为字符色。

3）选择"文件\全部保存"命令保存现有画面。

（3）定义 I/O 设备

组态王把那些需要交换数据的设备或程序都作为外部设备。外部设备包括：下位机（PLC、仪表、模块、板卡和变频器等），它们一般通过串行口和上位机交换数据；其他 Windows 应用程序，它们之间一般通过 DDE 交换数据；网络上的其他计算机。只有在定义了外部设备之后，组态王才能通过 I/O 变量和它们交换数据。为方便定义外部设备，组态王

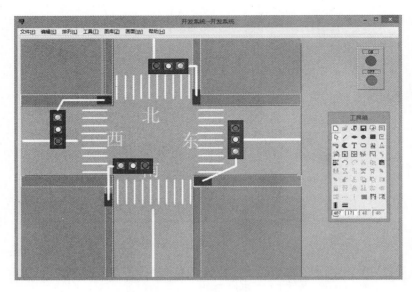

图 9-11　创建图形画面

设计了"设备配置向导",引导用户一步步完成设备的连接。本例中使用西门子 S7 – 200 系列 PLC 和组态王通信。

1）选择工程浏览器左侧大纲项"设备\COM1",在工程浏览器右侧用鼠标左键双击"新建"图标,运行"设备配置向导",进行生产厂家、设备名称以及通信方式的设置,如图 9–12、9–13 所示。

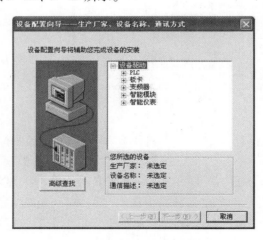

图 9–12　设备配置向导一

图 9–13　设备配置向导二

2）单击"下一步"按钮,弹出"设备配置向导—逻辑名称",如图 9–14 所示界面。

3）为外部设备取一个名称,输入 PLC,单击"下一步"按钮,弹出"设备配置向导",如图 9–15 所示界面。

4）为设备选择连接串口,假设为 COM1,单击"下一步"按钮,弹出"设备配置向导",如图 9–16 所示界面。

图 9-14　设备配置向导三

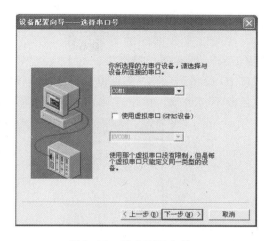

图 9-15　设备配置向导四

5）填写设备地址，假设为 0，单击"下一步"按钮，弹出"设备配置向导"，如图 9-17 所示界面。

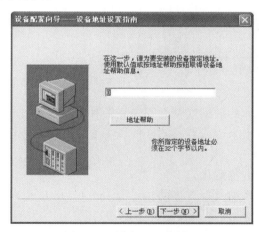

图 9-16　设备配置向导五

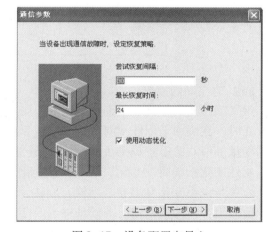

图 9-17　设备配置向导六

6）设置通信故障恢复参数（一般情况下使用系统默认设置即可），单击"下一步"按钮，弹出"信息总结"，如图 9-18 所示界面。

7）请检查各项设置是否正确，确认无误后，单击"完成"。

设备定义完成后，可以在工程浏览器的右侧看到新建的外部设备"PLC"。在定义数据库变量时，只要把 I/O 变量连接到这台设备上，它就可以和组态王交换数据了。

（4）构造数据库

选择工程浏览器左侧大纲项"数据库\数据词典"，在工程浏览器右侧用鼠标左键双击

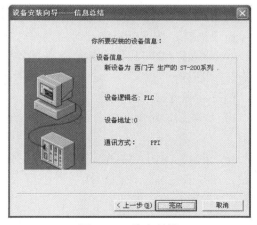

图 9-18　信息总结

"新建"图标，弹出"定义变量"对话框，如图9-19所示。此对话框可以对数据变量完成定义、修改以及数据库的管理工作。在"变量名"处输入变量名，如"起动"按钮；在"变量类型"处选择变量类型，如I/O离散；在"连接设备"中选择先前定义好的I/O设备如"新IO设备"；在"寄存器"中定义为M0.0；在"数据类型"中定义为Bit类型。其他属性目前不必更改，单击"确定"按钮即可。

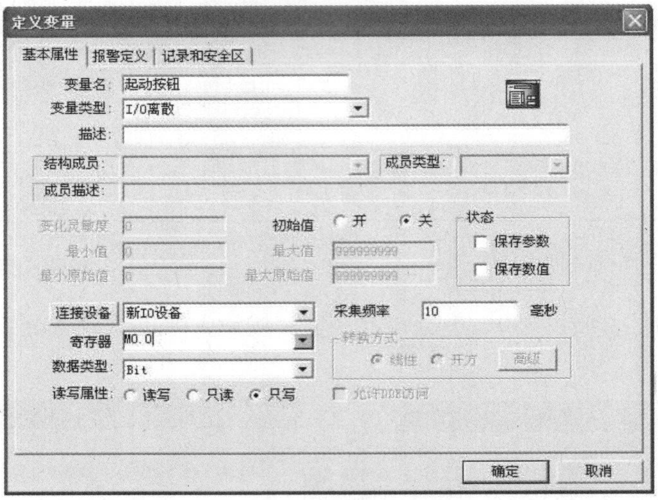

图9-19　创建I/O变量

（5）建立动画连接

定义动画连接是指在画面的图形对象与数据库的数据变量之间建立一种关系，当变量的值改变时，在画面上以图形对象的动画效果表示出来；或者由软件使用者通过图形对象改变数据变量的值。组态王提供了21种动画连接方式：

属性变化：线属性变化、填充属性变化及文本色变化。

位置与大小变化：填充、缩放、旋转、水平移动及垂直移动。

值输出：模拟值输出、离散值输出及字符串输出。

值输入：模拟值输入、离散值输入及字符串输入。

特殊：闪烁、隐含。

滑动杆输入：水平、垂直。

命令语言：按下时、弹起时以及按住时。

一个图形对象可以同时定义多个连接，组合成复杂的效果，以便满足实际工作中任意的动画显示需要。

创建动画连接

1）选取图形对象，单击右键，选中动画连接，可弹出"动画连接"对话框，如图9-20所示。

2）用鼠标单击"填充属性"按钮，弹出对话框如图9-21所示。单击表达式后的"?"按钮，选择变量名。在刷属性一栏中可根据设计要求，修改不同状态时的填充颜色，单击"确定"按钮，完成修改。

3）用鼠标单击"离散值输入"按钮，弹出对话框如图9-22所示。

318

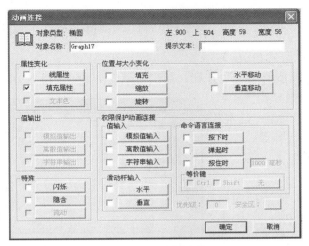

图 9-20　动画连接

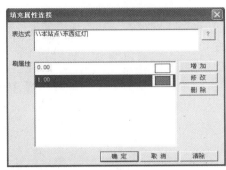

图 9-21　填充属性

4）单击变量名后的"？"按钮，弹出对话框如图 9-23 所示。

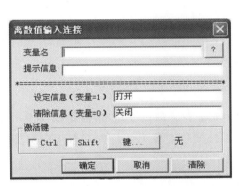

图 9-22　离散值输入连接

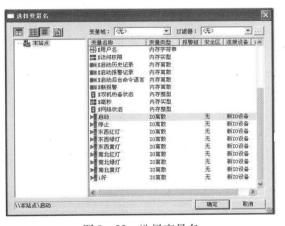

图 9-23　选择变量名

5）单击"确定"按钮，弹出画面命令语言对话框，如图 9-24 所示。

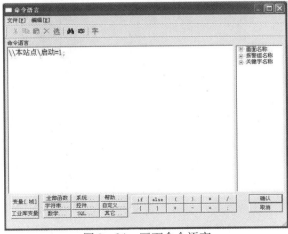

图 9-24　画面命令语言

在编辑框处输入命令语言：

\\本站点\启动 = 1;

单击"确认"及"确定"按钮，回到开发系统。

6）若系统有模拟量输入，则单击"模拟值输入"按钮，弹出对话框如图 9 – 25 所示。

7）在"变量名"处输入"变量名称"或单击变量名后的"?"按钮，其余属性目前不必更改。单击"确定"按钮，再单击"确定"按钮，返回组态王开发系统。

8）选择"文件 \ 全部保存"菜单命令。

（6）程序的运行与调试

组态王工程已经初步建立起来，进入到运行和调试阶段。在组态王开发系统中选择"文件 \ 切换到View"菜单命令，进入组态王运行系统。在运行系统中选择"画面 \ 打开"命令，从"打开画面"窗口选择"十字路口交通灯"画面。显示组态王运行系统画面，即可看到按钮和指示灯在动态变化。

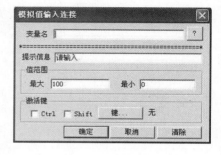

图 9 – 25　模拟值输入连接

项目 9–1　基于组态王软件的交通灯模拟仿真

一、实训目的

1. 掌握 PLC 控制的交通灯系统程序设计。

2. 熟悉组态王软件的设计过程。

二、实训内容

交通灯控制是城市交通系统中必不可少的设备。某十字路口交通灯布局如图 9–26 所示，信号灯分东西、南北两组，分别有红、黄、绿三种颜色。在交通灯控制系统中有如下具体控制要求：

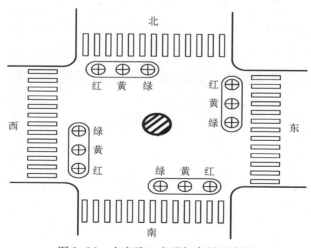

图 9–26　十字路口交通灯布局示意图

1. 采用 PLC 控制。

2. 按下起动按钮，交通灯开始变换；按下停止按钮，交通灯立即停止变换。然后按下起动按钮继续变换；按退出按钮则交通灯停止变换。

3. 接通起动按钮后，信号灯开始工作，南北方向红灯、东西方向绿灯同时亮。

4. 东西绿灯亮20 s后，闪烁3 s后灭，接着东西方向黄灯亮，2 s后灭，接着东西方向红灯亮，25 s后东西方向绿灯又亮，……如此不断循环，直至停止工作。

5. 南北方向红灯亮25 s后，南北方向绿灯亮，20 s后南北方向绿灯闪烁3 s后灭，接着南北方向黄灯亮，2 s后南北方向红灯又亮，……如此不断循环，直至停止工作。

三、实训步骤

1. 按控制要求，设计顺序功能图并编制梯形图程序。

2. PLC 程序下载、编译并调试。

3. 利用组态王软件，设计图形界面（定义画面）。

4. 定义设备，并构造数据库（定义变量）。

5. 建立动画连接。

6. 联机运行、调试。

四、实训报告要求

1. 设计顺序功能图。

2. 列出 I/O 地址分配表。

3. 编制 PLC 梯形图程序。

4. 利用组态王软件，设计仿真界面。

项目 9-2　基于组态王软件的运料小车控制系统模拟仿真

一、实训目的

1. 熟悉采用 PLC 控制运料小车。

2. 熟悉组态王软件的设计过程。

二、实训内容

运料小车系统如图 9-27 所示。小车原位在左 SQ1 处，当按下起动按钮 SB1，系统运行，小车前进，同时指示灯亮。当运行至料斗下方 SQ2 处时，料斗打开给小车加料，延时8 s后料斗关闭。小车后退返回至 SQ1 处，打开小车底门卸料，6 s后卸料完毕，如此循环。当按下停止按钮 SB2 时，小车执行完一个周期，回到原点停止，同时指示灯灭。

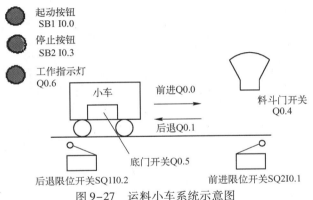

图 9-27　运料小车系统示意图

要求运料小车的运行具有以下几种方式：

1. 手动操作：用各自的控制按钮，一一对应地接通或断开各负载的工作方式。
2. 单周期操作：按下起动按钮，小车往复运行一次后，停在后端等待下次起动。
3. 连续操作：按下起动按钮，小车自动连续往复运动。

三、实训步骤

1. 按控制要求，设计顺序功能图并编制梯形图程序。
2. PLC 程序下载、编译并调试。
3. 利用组态王软件，设计图形界面（定义画面）。
4. 定义设备，并构造数据库（定义变量）。
5. 建立动画连接。
6. 联机运行、调试。

四、实训报告要求

1. 设计顺序功能图。
2. 列出 I/O 地址分配表。
3. 编制 PLC 梯形图程序。
4. 利用组态王软件，设计仿真界面。

9.2 触摸屏

在工艺过程日趋复杂、对机器和设备功能的要求不断增加的环境中，获得最大的透明性对操作员来说至关重要。人机界面（HMI）提供了这种透明性。HMI 是人（操作员）与过程（机器/设备）之间的接口，PLC 是控制过程的实际单元。因此，在操作员和 WinCC flexible（位于 HMI 设备端）之间以及 WinCC flexible 和 PLC 之间均存在一个接口。HMI 系统承担下列任务：

- 过程可视化。
- 操作员对过程的控制。
- 显示报警。
- 归档过程值和报警。
- 过程值和报警记录。
- 过程和设备的参数管理。

Smart Line IE 触摸屏是西门子（SIEMENS）公司的产品，Smart 700 IE 和 Smart 1000 IE 是专门与 S7－200 和 S7－200 Smart 配套的触摸屏，分别为 7 in 和 10 in。采用 800×480 像素高分辨率宽屏、64 KB 色真彩色显示，集成了以太网端口和 RS－422/485 端口。Smart 700 IE 的价格便宜，其结构如图 9-28 所示。

通过 RS－485/422 接口（图 9-29a）或以太网接口（图 9-29b）将组态 PC 与 Smart Panel 连接。

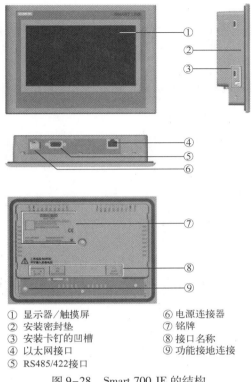

① 显示器/触摸屏　　　　　　⑥ 电源连接器
② 安装密封垫　　　　　　　　⑦ 铭牌
③ 安装卡钉的凹槽　　　　　　⑧ 接口名称
④ 以太网接口　　　　　　　　⑨ 功能接地连接
⑤ RS485/422接口

图 9-28　Smart 700 IE 的结构

操作系统起动后，装载程序将打开，操作面板如图 9-30 所示。

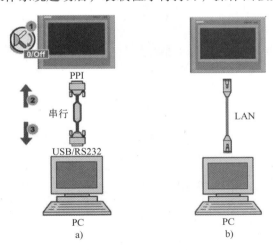

图 9-29　组态 PC 与 Smart Panel 连接

图 9-30　操作面板

单击"Transfer"按钮，将 HMI 设备设置为"Transfer"模式。

单击"Start"按钮，起动 HMI 设备上的项目。当面板带有 WinCC flexible 项目时，如果用户在延迟时间内未做任何操作，则该项目会自动起动；当面板上并未带有 WinCC flexible 项目时，如果在延迟时间内未做任何操作，则面板会自动切换至"Transfer"模式。

单击"Control Panel"按钮打开 HMI 设备的控制面板。

可以在控制面板中进行各种设置，例如传送设置。

触摸需要输入的操作员控件时（给定值、报警上下限），屏幕键盘会出现在 HMI 设备触摸屏上，如图 9-31 所示。

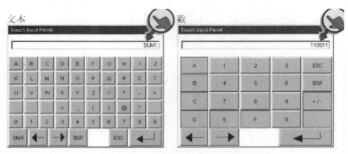

图 9-31　字母和数字输入软键盘

9.3　WinCC flexible

WinCC flexible 是 SIEMENS 公司工业全集成自动化（TIA）的子产品，是一款面向机器的自动化概念的 HMI 软件。WinCC flexible 用于组态用户界面以操作和监视机器与设备，提供了对面向解决方案概念的组态任务的支持。WinCC flexible 与 WinCC 十分类似，都是组态软件，而前者基于触摸屏，后者基于工控机。

WinCC flexible 2008 软件的安装步骤是：先装 Wincc flexible 2008 CN。其次安装 Wincc flexible 2008_SP2。最后安装 Smart panel HSP。

按向导提示，确认"下一步"，按下"完成"，软件安装完毕。

1. 制作工程的一般步骤

（1）编写 PLC 控制程序，设置 PLC 与 Smart 700 的通信参数，一同下载到 PLC 中。

（2）组态 Smart 700，运行 WinCC flexible，选择设备 Smart 700。

（3）建立 Smart 700 与 PLC 通信连接，端口和波特率与（1）一致。

（4）新建变量，建立与 PLC 输入、输出变量的连接。

（5）组态画面，如按钮、指示灯、I/O 域、棒图以及趋势图等，保存并编译项目。

（6）通过 PC（USB）/PPI 或以太网方式将组态好的项目下载到 Smart 700（见图 9-29）。

（7）运行项目，用 PPI（MPI）连接 PLC 和 Smart 700，调试运行结果。

步骤（5）中的组态画面通常包括：组态界面布局、通信组态、创建画面、画面制作、报警配置、用户管理、使用配方以及多语言项目等。画面制作用到的工具如图 9-32 所示。具体操作参见 Wincc flexible 2008 手册。

2. 实例

图 9-33 和 9-34 是某工厂加氢工艺的组态画面，图 9-33 是第一页，第一行是测量值，由

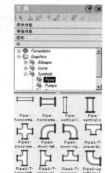

图 9-32　画面制作的工具

PLC 变量传递来；第二行是报警上限设定值，从触摸屏输入；第三行是报警灯，正常工况是绿色，报警时是红色；第四行是阀门开度。图 9-34 是第二页，主要是四个变量的趋势图。

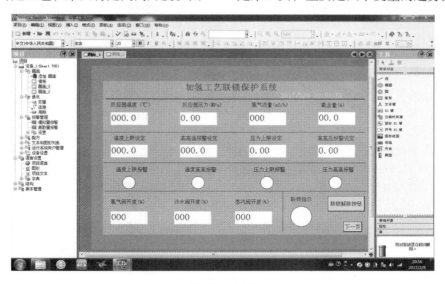

图 9-33　画面 1

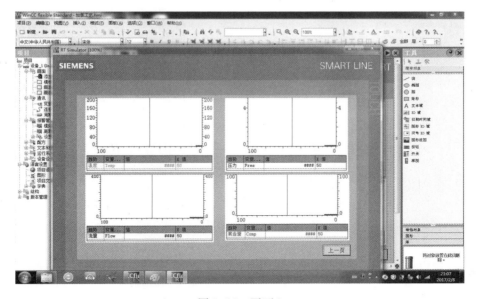

图 9-34　画面 2

3. 注意事项

（1）画面的布局及艺术性与个人审美等有关。

（2）与 PLC 变量有关的称为外部变量，要建立连接。

（3）通信时，对 PLC 和触摸屏通信设置，注意端口和波特率要一致。

参 考 文 献

[1] 张运波，郑文．工厂电气控制技术［M］.6 版．北京：高等教育出版社，2014.

[2] 吕厚余，邓力，等．工业电气控制技术［M］.北京：科学出版社，2007.

[3] 何亚平，等．工厂电气控制技术［M］.北京：清华大学出版社，2012.

[4] 郑凤翼，杨洪升，等．怎样看电气控制电路图［M］.2 版．北京：人民邮电出版社，2008.

[5] SIEMENS AG. S7 – 200CN 可编程序控制器系统手册［Z］.2008.

[6] 廖常初．PLC 编程及应用［M］.4 版．北京：机械工业出版社，2014.

[7] SIEMENS MICROMASTER440 12kW – 250 kW 使用手册［Z］.2010.

[8] 严盈富，罗海平，等．监控组态软件与 PLC 入门［M］.北京：人民邮电出版社，2006.